U0430141

生命科学实验指南系列

生物实验室管理手册

——领导你的实验室

At the Helm：Leading Your Laboratory

（第二版）

〔美〕 K. 巴克 著
王维荣 译

科 学 出 版 社
北 京

图字：01-2013-4608 号

内 容 简 介

实验室的负责人要组建、领导研究团队，管理人事和机构，申请科研经费，同时还要出科研成果以保持学术的领先地位。但是，许多实验室管理者往往缺少经营管理意识以及相应的知识储备。本书为实验室管理者提供了全面的指导，通过对众多科研管理人员的访问及相关资料的搜集，运用生动而丰富的例证，讨论了一系列管理中具有挑战性的问题以及可以促进成功的技巧。

对于所有对实验室管理和实践感兴趣的愿意思考的读者，对于教育者、管理者以及仅仅是从兴趣出发的人，这本书都是不可不读的。

图书在版编目(CIP)数据

生物实验室管理手册：领导你的实验室／(美)巴克(Barker, K.)著；王维荣译. —2 版. —北京：科学出版社，2014.3
(生命科学实验指南系列)
书名原文：At the helm: leading your laboratory
ISBN 978-7-03-039993-9

Ⅰ.①生…　Ⅱ.①巴…②王…　Ⅲ.①生物学-实验室管理-手册
Ⅳ.①Q-338

中国版本图书馆 CIP 数据核字(2014)第 041785 号

责任编辑：李　悦／责任校对：刘小梅
责任印制：徐晓晨／封面设计：陈　敬

科学出版社 出版
北京东黄城根北街 16 号
邮政编码：100717
http://www.sciencep.com
北京凌奇印刷有限责任公司 印刷
科学出版社发行　各地新华书店经销
*
2014 年 3 月第　一　版　开本：787×1092 1/16
2020 年 7 月第五次印刷　印张：20 3/4
字数：489 000
定价：98.00 元
(如有印装质量问题，我社负责调换)

第二版前言

2002 年本书第一版出版后，世界已经发生了巨大改变，实验室也随之发生了或好或坏的改变。

工作场所是多样的，而工作是有弹性的。基金和希望常常潮起潮落，提供给来自美国之外其他国家的科学家培训生的签证或增或减，开源出版正在增加，技术在飞跃。交流和合作的途径使科学家们跨越地球聚集在一起工作，因许多项目都是学科交叉的，科学家们更加频繁地与团队合作，这些在学院、国会、市政会议上都能见到。

尽管学术训练对于研究型科学家来说仍然是基石性的，但培训生不再希望学生生涯是他们唯一可能的职业生涯，或者是他们最大可能的工作场所。更多的学生和博士后计划组建他们自己的公司或者初创企业，去法学院或商学院、或到高中去教书。因此，实验室 PI 只好自己培养来自世界各地的带有不同期望和目的的实验室成员，因而带来了交流和动机之外的挑战。

对于新实验室 PI 来说，遭遇这些挑战会有更多的选择资源，曾经有人总结了指导的重要性，导师计划能够帮助新上任的科学家们找到他们的方法。越来越多的机构为教职员工和培训生们提供了与专业发展相关的课程，让他们认识到他们正处于一个不可预知的世界，学会如何写作、如何组织，以及如何与为服务于他们的任何职位和工作的科学家们友好相处。书籍、课程和博客都是实验室 PI 的平台，通过它们，实验室 PI 们可以向专家学习或者相互探讨。本书的新版就是为了满足近年来实验室管理已经发生的一些变化的需要。

没有改变的是实验室负责人从事科学研究及运行一个实验室的创造力。本书的第一版发行给了我到处讲演和专题讨论的机会，当我与科学家们讨论本书时，我为科学家们的精神——他们的创造性、远大的志向，以及运行实验室的决心——所折服。我还被多个部门，如人力资源部、能力开发部、院长办公室等的聪明人所鼓舞，他们热衷于支持那些立志成为最好科学家的科学家们，以及积极主动的学生、博士后和初级研究人员。

K. 巴克

第一版前言

完成研究生课程并开始博士后的工作，其变化是一种量变，也是比较容易处理的。但当一个人从受训阶段或实验台工作转为实验室主管研究员（principle investigator，PI）时，其变化不再是量变，而是质变，这种变化是很多科研工作者完全没有意识到的。这么多年来所受的训练却完全无法应对研究工作以外的人际关系、处事策略、经费申请等方面的需求。

《生物实验室管理手册》这本书旨在提醒 PI 们，他们实际上已经完全具备了处理纷繁复杂的实验室管理工作的能力。管理实验室同样可以用他们受训期间所学到的那些技巧，即步骤分析、优先次序的确定和执行，以及人际交往等。两者所用的词汇可能不尽相同，但过程却是一样的——而 PI 们往往是在度过了几年不愉快的时光之后才意识到这一点。

本书的大部分内容建立在与 PI 们的对话之上。相对于与实验室外部成员的交流，PI 们似乎更关注如何处理与实验室内部成员的关系。与此相应，本书集中讨论实验室内部人员的问题，而其他一些与科学上的成功密切相关的内容，如基金申请和机构内的政治策略等，本书较少涉及。但是，我们尽可能地在每个章节最后的阅读资料中给出了书中没有涉及的内容。实验室经营上很多有形的细节问题都在我早些时候所写的《分子生物学实验室工作手册》中有了详细的叙述，因此没有在本书中重复，同时可能很多问题在内容上会涉及多个章节，但为了简明起见只在一章中展开了讨论。

本书引用科学家的话主要是为了说明观点，同时也告诉了大家对任何一个问题都会有认识上的差异。科学家的话一般都以匿名的形式出现，因为在匿名的情况下人们可以更自由地针对人事关系发表个人观点。引用并不一定代表大多数人的想法，有时还是有争议的甚至煽动性的，但这同时也反映了 PI 们面对的状况的复杂程度。

令人欣慰的是，我发现了一些严格的规律。例如，如果你是一个小型实验室的管理者，可能只有很少几个学生需要完成他们的论文，那么你只要稍加点拨就万事大吉了，但是这其中的每个人都发展出了不同场合下的处理人际关系的方式。我尝试从特例中归纳出一般的建议，并保留了对特例应有的尊重。

然而，的确在一些成型的模式中，初出茅庐的 PI 们犯下不少同样的错误。他们未经深思熟虑便急着为实验室招兵买马，却往往以遗憾而告终；他们对实验室成员过于友好；他们把实验室的问题积压起来，然后发现事情太过繁杂，实在难以应对。几经周折，他们逐渐接受了这样一个事实：他们不可能掌控所有的事情，也不能控制所有的成员，他们必须对不同的人、不同的事区别对待，而不是有意地将区别抹杀。

看到众多各有千秋的实验室，我着实大吃一惊。在采访之前预测某个人的实验室究竟属于哪种类型是颇具诱惑性的，我的错误率实在不低。与我交流的每一位 PI 都在实际工作中按自己的方式逐渐探索出一种极具个人特色的，将研究、交际及个人满足有效地整合在一起的方法。我希望这本书中提及的来自各实验室领导者的经验与建议能有助于 PI 们尽快实现由实验者到管理者的角色转变，并使其对自身的才干更加自信。

K. 巴克

致　谢

本书的大部分内容取材于对PI们以及许多实验室相关人员的访谈，其中多数的访谈至少进行了1小时以上，或者占用了他们忙碌了一天中的很长时间。我非常高兴能够与他们进行亲切而深刻的访谈。这些访谈的材料被整合到了本书中。书中还引用了来自访谈中的评述，它们在书中被匿名列出。这种匿名的做法是为了保护谈话人以及他们实验室成员的隐私，保证PI们能坦率地发表意见而不至于感到不舒服。

感谢所有慷慨邀请我去他们实验室的人，并感谢他们教给我更多对科学中的创新性领导关系的知识，而这些正是我能从这些章节中收获到的。

许多观点还来自于一些更小型的、更偶然的、但并非是不重要的谈话。书中并没有列出全部人的姓名，但是如果有人与我谈话了，有可能内容包含在内，可能会出现在本书的某些地方，在此表示感谢！对于采访和谈话，我要感谢：

Alan Aderem, Ph. D. , *Institute for Systems Biology*
John Aitchison, *Institute for Systems Biology*
Matthew Albert, *The Rockefeller University*
Janis Apted, *Director of Faculty Development*, *M. D. Anderson Cancer Center*
Jeanne Barker, *Merck*
Laura Blinderman, *Mercer County Community College*
Gerd Blobel, *Children' s Hospital of Philadelphia*;
George Bonnet, *Fred Hutchison Research Center*
Mary Brenan Bradley, *Washington University*
Joan Brugge, *Harvard University*
Mary A. Buchanan, *Stratagene*
Livia Casiola—Rosen, *Johns Hopkins University*
Margaret Chou, *University of Pennsylvania*
Fred Cross, *The Rockefeller University*
Anindya Dutta, *Harvard Medical School*
Hongxia Fan, *Merck*
David Foster, *Hunter College of CUNY*
Irwin Gelman, *Mount Sinai School of Medicine*
Carla Grandori, *Fred Hutchison Cancer Research Center*
Michinari Hamaguchi, *Nagoya University School of Medicine*
Carrie Harwood, *University of Iowa*
Mike Jacobs, *Biolab*
Jennifer Keyes, *Institute for Systems Biology*
Jane E. Koehler, *University of California*, *San Francisco*
Sally Kornbluth, *Duke University*
Sue Leschine, *University of Massachusetts*
Anne Lobeck, *Western Washington University*

Bruce Mayer, *University of Connecticut*
Julie McElrath, *Fred Hutchison Research Center*
John McKinney, *The Rockefeller University*
Peter Newburger, *University of Massachusetts Medical School*
Melissa Pope, *The Rockefeller University*
Dan Portnoy, *University of California, Los Angeles, Berkeley*
Maureen A. Powers, *Emory University School of Medicine*
Ellen Prediger, *Ambion, Inc.*
Jeffrey Ravetch, *The Rockefeller University*
James Riggs, *Rider College*
Lee Riley, *University of California, Los Angeles, Berkeley*
Jim Roberts, *Fred Hutchison Research Center*
Antony Rosen, *Johns Hopkins University*
Mark Roth, *Fred Hutchison Cancer Research Center*
Michael P. Rout, *The Rockefeller University*
David Russell, *University of Washington*
Vijayasaradhi Setaluri, *The Bowman Gray School of Medicine, Wake Forest University*
Mike Skinner, *Washington State University at Pullman*
Mark Stoeckle, *The New York Hospital - Cornell Medical Center*
Lee R. Strucker, *Fred Hutchinson Cancer Research Center*
Ken Stuart, *Seattle Biomedical Research Institute*
Marius Sudol, *Mt. Sinai School of Medicine*
Jane Thorson, *University of Michigan*
Jane Tramontana, *Cabarrus Lung Associates*
Lu—Hai Wang, *Mt. Sinai School of Medicine*
Kim Williams, *Fred Hutchinson Cancer Research Center*

有几位朋友帮助审阅了草稿或有关章节，我要感谢 Gerd Blobel、Bruce Mayer、Alan Aderem、Mike Skinner、Jeanne Barker、David Crotty、Margaret Chou、

Sally Kornbluth、Lilian Gann、Jane Roskams、David Stewart 和 Jan Witkowski。感谢他们在修正非常粗糙的草稿过程中所给予的非常有用的意见。还要感谢 William Brock 和 Justin Menkes，他们给予了其他人没有发现的建议和忠告。

虽然路途遥远，与冷泉港实验室出版社团队的合作仍然很愉快。感谢 John Inglis、Liz Powers、Denise Weiss、Nora McInerney、Judy Cuddihy、Dorothy Brown、Rena Steuer、Susan Schaefer、Mary Cozza、Jan Argentine 和 Jody Tresidder。Jan 和 Mary 在整个的撰写过程中，发挥了多方面的专长。Mary 一直跟随着我。Jody 是后来的，在很短的时间内她参与了高强度的工作，我认为她做得相当好。Maria Smit 参加了第二版的工作，我只能说："Maria，我真希望我能更早得遇见你"！Jim Duffy 为本书拍摄的封面体现了本书的精神，表达了实验室的全貌是忙碌的，但又是一个令人神往的地方。

K. 巴克

目　　录

第 1 章

知道你要什么

人人都向往的实验室

是什么造就了一个好实验室？

Delbruck 和 Luria 领衔的团队用了大约 15 年的时间，取得巨大成功的同时也克服了诸多问题，在所有成员（包括曾经在此的众多的成员）的共同努力下，将她（冷泉港实验室）建设成为了一个在 20 世纪罕见的（科学）避难所，一个精神理想国，一种雅典式的闪光体，一个由微妙纽带、认知的兴奋、项目成功的希望和风格的真正自由所维系起来的智慧群体。

Judson（1996，p. 45）

可能多年来你一直在想，作为实验室的管理者或主要研究员（PI）所运行的实验室的样子，曾经有多少次你喃喃自语："如果我拥有一个实验室，我会……"突然有一天，在经历研究生院和博士后工作多年后，你真的拥有了自己的实验室。在即将开始那些你已梦想多年的研究工作时，你却发现，放在你面前的不是一部上好机油且经久耐用的机器，而是一堆的零件和材料，需要由你自己打磨和组装。那些本应在一个已经建好的实验室能够完成的事情，现在可能无法完成。你必须确定一个实验室应该是什么样的，你的实验室又应该是什么样子，然后制订计划，让你的实验室梦想成真。

一个充满快乐的实验室并不是一种奢望，恰恰是吸引优秀人才、维持热情和科学竞争力的必要条件。你可能在会议上、茶歇中、杂志俱乐部里听说过那些优秀的实验室，这些实验室好像拥有所有的东西，所有的人都向往去那里。学生们憧憬这些"好"的实验室，任何研究所的学生都会告诉你哪些是好实验室，虽然不必告诉你为什么他们对这些实验室情有独钟。

> 我设法将实验室保持成一个快乐的、舒适的工作场所——如果我是一个学生或者技术员，我会愿意在那种地方工作。我可能因此而牺牲了一些生产力，但是如果把它变成一个"压力锅"，我怀疑我将无以应对。

大多数 PI 在他们被培养的过程中就形成了一种概念：好的实验室应该是"最快乐"的实验室。这个实验室通常是对科学的热爱初次爆发的地方，而这正是他们对科学渴望的鼓舞。为了吸引人才，这个实验室必须表现为一个孕育优异科学和成功的地方。

- **实验室的成员是快乐的。**这里是一个即使没有实验在进行，人们也喜欢待的地方。这里也是大家不仅仅是为了工作，而是还能寄托情感和激发灵感的地方。最重要的是，工作是他们专业和个人生活的核心，他们热情高涨，因此实验室是繁忙的。一个快乐的实验室是每个工作者和 PI 能在工作中找到乐趣的地方，一个令人舒适、令人兴奋，而且启发人的地方。实验室工作者可能会在实验室，而不是在家里，待更长的时间，甚至可以说实验室就是"家"。

- **实验室应该有一种特殊的个性和明确的文化。**虽然实验室的成员可能从来不明说，但是他们都认可他们共同拥有某些品质。这不是抹杀个性——事实上通常的情况是，实验室成员的关系越紧密，越能体现突出的个性。不管是对于结合蛋白质还是棒球比赛、不管是对于酵母还是政治，同样的价值观和热情都得到了共享。存在着根本而显而易见的工作哲学，来自其他实验室的人也会认同这一点，实验室拥有自己的习惯和自己的文化。
- **实验室的领导者是成功的，或显然将会成功。**实验室的成功通常由 PI 的显著成功来衡量，这在刚开始时尤为明显。成功的 PI 们有资金，在高水平的杂志上发表过很多文章，会被邀请在会议上作报告。可能他们的研究课题被认为非常热门，这显然使他们更加成功。他们或者已经得到提升，或有希望很快提升。
- **一个好的实验室是成功的。**实验室有大量令人兴奋的课题，在这里工作的人们对于研究的课题已经发表了文章或者非常有希望发表文章。如果 PI 之前有博士后和学生，而他们已经找到了不错的工作或博士后位置，这些都表明实验室的领导者不但技艺高超，而且知道怎样并且愿意将自己的技能传授给实验室的其他人。

一个成功实验室的特质

以下所列 5 点被认为是所有组织成功的关键。

- 一种品质或独特的产品
- 合适的时机
- 充分的资金
- 人才资源
- 有效的管理

尽管这些被认为是“商业语言”，但它们与下面的成功实验室 5 要素非常相像。

- **科研出色。**如果实验室在科研上优秀，那么实验室的成员就会被调动起来。如果实验室不仅在科研上优秀，而且有产业导向，那么你将更有可能研制出产品。
- **政治精明。**你必须有自己的方向，知道你想去哪里，什么时候开始。时机和计划至关重要——对于制订大型计划、坚持课题计划、改变研究领域、招聘人员——对于几乎所有的事。
- **资金。**你或者通过捐助，或者通过自身，或者提出项目，都必须花费时间去获得你所需要的资金。你不仅要提出想法，还要把它推销出去。
- **聪明而热情的人在实验室工作。**优秀的人才是一种资源，而不是一种立即可补充的商品。挑选了错误的人员，或者在错误的时间人员过少或过多，都会使整个帝国沉没。
- **一个领导者。**也就是你自己。你驾驭着科研和实验室向前发展，你为好的科学研究提供了灵感、组织和模式。

大多数 PI 都同意一种说法：为了 PI 和实验室成员的成功，一个实验室必须同时培养优秀的科学和优秀的个性。你需要好的项目、好的人员，而他们也需要你。但你并不一定要在 *Nature* 杂志上发表文章来营造一个伟大的实验室。无论外界环境如何，你都可以因地制宜地创建一个优秀的实验室，无论是与 3 个或 30 个人在一起，你都可以使实验室成为每个人都向往的地方。

从合适的地方开始

在团队内合作工作

人们可以在任何地方找到工作，但是他们更愿意在一个与他们自身文化紧密联系的团体内工作。这种文化能够创造并维持员工之间强烈的文化联系。因此，这些团体对于找到并留住优秀员工就具有了强大的竞争优势。我们相信，如果团体的核心文化与员工的价值取向之间保持高度一致时，那么个人和团体都会取得巨大成功。可见这些团体懂得找到并留住能够共享企业核心价值的员工是多么的重要。

Harris 和 Brannick（1999，p. XIV）

对成功与产出的定义不仅仅取决于 PI，还有实验室所在的研究所。成功可以是任何事情，如一种抗肿瘤药物的生产，甚至一位单身母亲的艰苦毕业。但你关于成功的定义必须和研究所的目标一致。不是所有的研究所都支持各种实验室。虽然找工作可能很难，而且机会不是很多，但你还是应该找到一个能让你建立自己实验室的那种研究所。否则，寻找资金和人员可能会是一场战役，而且如果没有从与上级组织的共同目的出发，工作将会异常艰辛。

你必须找到这样一份工作，在这里你被期望做出色的科学工作，并且能得到很好的待遇。如果你被期望得到资助，这就像被准予了一个打猎许可一样，仅此而已。

大多数 PI 都已经发现，底线就是你能找到这样一个研究所，在这里有一群人能与你一起工作，去你能够做你想要做的事的地方，不要因为得到工作的喜悦或者满足于一次会议和会见的成功而错误地认为你可以在不考虑单位要求的前提下建立一个优秀的实验室。如果不能与研究所在期望上达成共识，一个单独的实验室几乎不可能获得成功。

在接受任何工作之前，仔细调查一下单位的状况。与尽可能多的人交流看法：你未来的同事是否快乐？他们是否热爱科学？系里是否有足够的资源用来完成工作？技术人员的工资是否较高并且满意？小心官僚主义，过度滋长的官僚主义有其故有的思维模式，并且有可能不会顾及你的意志。人际关系，即你可以通过认识的人来了解他所熟悉的某个单位的运行情况。要自始至终牢记你的目标——你能否在这个地方实现你的理想？

不管你多么肯定将要去的单位会如何如何支持你的观点，你只有到了那里才会知道情况究竟如何。即使你到了那里，你也要用一段时间来了解并融入这个团体，因为任何地方都有其复杂性并影响你的工作，从聘用到获取资助。一旦发现实际情况与预期不同，你也不必离开，但必须了解单位的发展目标和氛围，从而为你的需要进行磋商。

产业与学术：其实并不简单

学术实验室与产业实验室的区别已经不像一个世纪前那么泾渭分明了，现在往往通过实验室所属的单位性质来划分。某些产业实验室，尤其是一些规模小、富有活力的新兴生物技术公司的实验室，是非常平等和活跃的，甚至比大学的实验室要更自由。而某些产业实验室，尤其是大型制药公司的实验室，可能会更加纪律严明、死板和等级森严。一些大公司的实验室，即使是在同一家公司内部，也不会被认可为学术实验室。而小型自由艺术类学院的实验室和大型的大学实验室之间，也是大相径庭的。

不管他们选择干什么，大多数科学家都是带着独立工作的目的在实验室成长起来的。这通常被当成是研究工作的黄金标准，而研究所通常被认为是能满足这一要求的地方。实验室的大多数训练是具有学术导向的，然而，不但学术/企业的文化差异难以区分，而且并没有足够的学术岗位可供选择。

下面的讨论是对科学和产业进行比较得出的一般性结论，可供参考。

学术自由和激励

耶鲁大学，一个每天都残酷无情地在上演着高风险竞争的地方，没有一个研究生不懂得这个道理，即优秀的研究工作是获得成功的关键。这种研究不仅仅是做研究，它应该是重要的、开辟性的、入时的、富有资金的，并且能在最著名的科学杂志上持续发表研究论文。凭借这种标准，分子生物学家有着注定的优势。虽然他们只把注意力集中在少数模式生物（酵母、细菌、病毒、果蝇和小鼠）上，但是他们在遗传密码、基因调控和生化途径等方面揭示了令人惊异并且非常满意的生物形式之间的统一。他们在高度组织化的、有良好资助的实验室里进行着团队协作，但随金钱而来的是空间、权利、声望，还有傲慢。

Vermeij（1997，p. 127）

DNAX 是怎样开放的？参观者可以自由地进入实验室，无需通报或登记。这里没有新人雇佣前的毒品检测，没有服装编号，没有严格的笔记本形式的流程，以及实验室每天、每夜、每个周末不停地工作；设备在拥挤的走道里运行；讨论会每天都要进行；长期忍受着发表论文的压力。这种气氛反映了由个人野心，而不是由任何组织、学院或产业所驱动着的工作热情。

Kornberg（1995，p. 152）
Arthur Kornberg，诺贝尔生理或医学奖获得者
DNAX 的共同创始人

George Boyajian 从学院跳槽到产业，现在是一家金融与策划投资公司的科技部管理经理，他说："私有部门工作能提供更多的个人表现的自由，如果想获得资金，有非

常多的途径可以让你获得资助。”

Kreeger（2000a，p. 28）

- 事实上，科学家们会被告知哪些项目他们必须要在产业部门完成，但他们在学院内会获得更多的学术自由。这种独立性是学院的主要优势之一，会影响那些聘用的人，以及那些 PI 甚至整个单位所期望的人。然而，一般情况是那些项目必须是在有资助或者可能是一种公司政策上的选择的情况下才有可能进行。而在学院，正是你的项目、你的工作、你和你的实验室作了这些决定。

> 一个像学术健康中心这样的地方，是非常复杂的，带有冲突的价值观……因为必须通过商业运作，会出现学术和协作观点的冲突。这里有大量的资源，但却丢失了独立性。

- 学院不仅允许你有更多的灵活性，还允许你致力于远程目标项目。在企业，你必须集中精力于短期目标，而将你的工作看成是一种药物或一种治疗方法诞生的一部分。
- 热点项目必须保守秘密，以确保发表的优先权。在企业，有多种形式的原因要求保证项目的秘密性，这就要求一些人与同一领域的科学家共同努力。
- 企业的一些项目可能会不加说明地被放弃，而不会顾及你是谁？你所拥有的自由度在很大程度上取定于你的职位和公司的政策。它也取决于产品、精力以及股东在决策上的改变。这些对于你的士气和实验室的情绪会有灾难性的影响。

> 筛选！筛选！筛选！这是我们公司里每个人都在做的事情。免疫学家在筛选、细胞生物学家在筛选，这令人沮丧，不久之后，人们开始思考金钱，金钱激励了他们，奖金取代了科学成为了他们的驱动力。

- 在一些公司，人们靠奖金和一些其他的直接雇用回报生活。这些损害了他们对学术的热情。

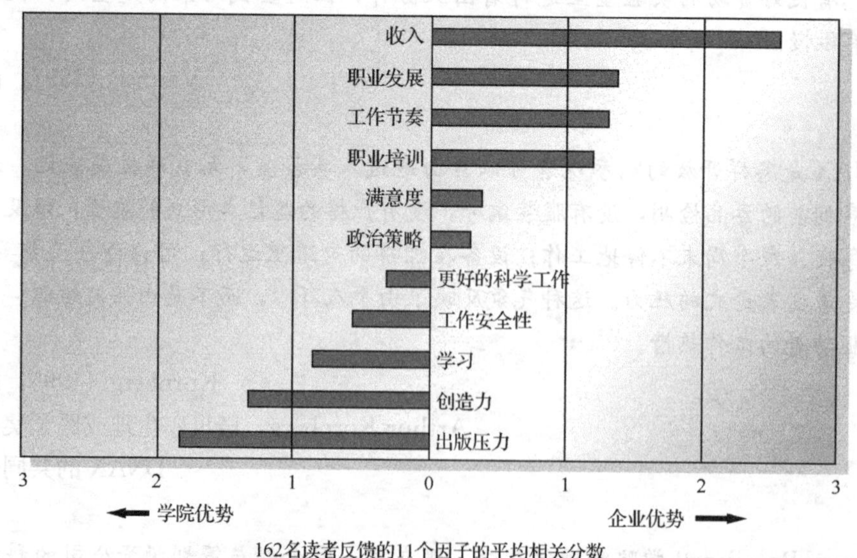

图 1　学术界与企业界工作之间的区别（经允许引自 Grimwade 2001，p. 29）

工作条件

- 在企业，资金、人员、设备、支持性服务更容易得到，大规模的平台技术也可以获得。
- 在学院，PI 通常承受教学和资金的压力。尤其是对于刚起步的科学家，在学院工作可能要比在产业部门工作的压力更大。通常，在学院里刚起步的助理教授要花 3～7 年的时间来建立实验室、得到职业声誉、获得资金、从事教学，并从事繁冗的官僚工作。
- 在企业，PI 可以在博士后期间拥有自己的实力之后参与进来。他们可以立即运用他们的研究潜力，使用好的人员和足够的金钱，在他们的策划下完成他们的实验。他们并没有太多杂事，而且有很多的资源可以利用。
- 企业鼓励团队合作的能力，这对于升级是必需的。学术任职委员会尽管认识到了团队协作对解决问题的重要性，但他们还是为了评估和嘉奖进行着争斗。
- 在企业，设备更新，供给也更及时，安全事务通常强调得更为严格。

> 依赖于资助是可怕的。如果我不能继续获得资助，我将不得不让 6 个人走。我的地位将岌岌可危。我能这样过 10 年吗？这是多么可怕的负担！

合 作 者

领导行为是史克必成公司（SmithKline Beecham，SB）保持成功的关键因素。管理者依据他们推动企业文化的能力得到嘉奖和提升。而且聘用人员被告知他们的领导希望他们做什么，包括参与挑战性和有意义的工作，支持他们改善工作过程的努力，他们的贡献将会得到认可和嘉奖。他们的表现将给予诚实和公开的回报，他们将会被用诚实公正的方式以一个真正的团队成员来对待。

Harris 和 Brannick（1999，p. 75）

- 企业部门的团队协作与学术部门相比则更为常见，PI 必须能够与他们实验室内、外的人们很好的协作。很多人被吸引到企业主要是因为这种团队精神的文化。企业比学院更善于培养多元化的思维方式，这是因为企业的研究更加注重对问题的解决。相对于传统的院系的单向方式，许多人更喜欢这种多学科的、解决问题的、团队精神的气氛。随着科学的现代进展，团队协作越来越重要。
- 在学院，博士后被认为还在受训练，而在企业，博士后更趋向于一个准科学家。学院里的培养生制度能够实现一部分人的培养计划，但另一些人更喜欢得到企业专家的关注。史克必成公司蛋白质生物化学部门的助理经理 Randall Slemmon 描述了学院实验室人员与企业实验室人员的一个区别："对于研究生，你教他们知识并且培养他们成长，而我现在指导的人，他们有的比我还年长，在某些方面有更多的经验和资历。他们是职业人员，所以必须用不同的方法对待他们"（Kreeger 2000a，p. 28）。

- 在企业的多数部门存在着一条报告路线，每个人都要向另一些人报告，好像没有妥协可言。实验室的工作人员对等级制度都有怨言，因为荣誉并不总是给予那些完成工作的人。
- 可是在企业，技术人员可以提升他们的地位，事实上没有博士学位也可以当PI。这种情况很少见，但并不是没有。很多情况下，通常因为金钱和利益，技术人员在一个企业中工作的时间比在大学里要长。长期的雇员带来了稳定性，但却缺少了几年一次补充兴奋和激情新鲜血液的机会。

个人问题

- 一些公司，尤其是医药公司，能很好地考虑工作和生活的平衡性。通常，一些较小的公司更加倾向于尝试创新的方案。
- 大公司在利益上投入更多，而较小的公司更多地考虑工作和生活问题，如选择助理和兼职，或者灵活地安排工作时间。
- 而私人企业允许选择不同的福利形式，在大多数正式的公司里，一个独立的部门经理可以有效地阻止弹性的时间安排。一个有权益且有创造力的管理者可以通过操纵规则来获取看似无形的福利。
- 企业员工的工资通常比较高（Zielinska 2008；Akst 2009），尤其在一些大公司，工资比相同职位的学院的人要高，对于PI及实验室的工作人员，这的确是真的。很多公司提供绩效奖金，而有些公司还提供股票选择。
- 企业更加容易拥有一种社会生活，而学院里的新PI可获得很长的空闲时间，这可使家庭生活更加轻松。学院里虽然需要更多时间去工作，但PI们对他们自己时间的安排通常有更大的自由，如一周工作110h，然后去过一个月的长假，或者某一周内的某几天下午3点就离开去接孩子。

对组织的其他影响

对于所有的在商学院的报告以及在讲到美国公司的“扁平组织”(flat organization)的优势中，外科医生保持了一个旧体制的等级观念。当出现问题时，主治医生将负全部责任。是否是一个实习医生因手滑而切断了大动脉没有差别；是否是护士给错了剂量，而主治医生正躺在家里的床上，也是无所谓的。在M. & M. 责任的重担压在了主治医生的肩上。

Gawand（2000，p.11）

在学院内

学院的研究机构与公司的不同，学院之间也存在非常大的区别。例如，医学院和研究生院，可能在文化上完全不同。目的不同，培养方式也不同；医学院里一个非临床的项目可能不会吸引任何人。

一个小的学院或者大学，对于一些人来说是一个热心于与学生们友好工作的地方。如果评判一个导师的成功和个人幸福可以用学生的成功和幸福来衡量的话，那么小的学院和大学是理想的。然而，对于热情但并不熟练的学生来说，项目应该能够得到控制，……你是否能发表足够的文章来获取资金？大多数小地方可能没有足够的资金用于购买昂贵的、专业化设备以满足一些项目的需要，或者没有其他资源可用，而且你周围可能没有足够的合作者，以至于在你的领域内完全感觉不到幸福的兴奋。

研究生院的人与医学院的人相比，需要更多的指导，在医学院，你的未来都已被制订了蓝图，做一名导师也更加容易。

另外，在一所大规模的具有竞争性的大学里，维持一个与学生互动的小的实验室是很困难的。你越是成功，或者你对可能失败的担心越大、成长的阻力越大。

正教授的遗传学

有一种假说，在学院的成功需要特定的表型。为了理解这种不同寻常的特性是如何产生的，我们用人类克隆的观点来阐述从学生到教授转变过程中所发生的分子事件。大量的研究生克隆样本经过几轮随机突变，再用没有牙医保险的最少金钱培养基进行筛选。对此轮选择中存活下来的学生进行进一步筛选，这次筛选使用自动售货机销售的快餐作为唯一碳源，要求长时间工作，满足这些要求的克隆被命名为“博士后”。为了在这些博士后中筛选出助理教授，样本被进一步诱变，从中筛选出能够将深奥的实验结果转变为一篇 50 分钟的会议报告的能力。最后，有两种方式来评判这些助理教授们有否具有成为正教授的潜质：首先，检测他们过表达并在表面展现压力蛋白（如 Hsp70，热激蛋白或热休克蛋白 70）的能力。那些通过这种筛选的助理教授（被称为“挺住”突变株）被融合到 M13 衣壳蛋白上，并在噬菌体上进行展示，然后流过一根亲友团成员交联的层析柱，将那些在功能上不能相互作用的克隆鉴定出来，这些人就称为正教授。虽然这些克隆是相互独立的，但是他们却拥有一些共同的表型。这些表型包括：不停地谈论他们自己的课题、不能准确地判断完成实验台工作的时间、确信他们的每一个想法都是能产出优秀论文的课题。所有这些特性的连锁性表明这些表型是协同调控的，大量的实验已经鉴定出一个可能的全局调控子。博士后以及研究生阶段过表达这种基因产物能否加速从研究生到正教授的进化过程，这项研究正在进行。

作者不详

在企业内

大公司与较小型的以产品驱动的公司相比，项目的研究目的要更加学术化。然而，在大公司里你不必经常声称你的工作已经完成了，因为你的上司可能更看重时限而不是结果。

在刚刚起步的公司工作的人通常都对工作场所有着极大的热情。同伴间是友爱的，节奏是快速和密切的，每个人都感到受关注而能积极地投入工作。但是一个刚刚起步的公司随着自身的成长会发生改变。

组织外部的力量

学院的地理位置会从多方面影响实验室工作人员的种类，从而影响所进行科学的种类。在一个与世隔绝的安静角落里的PI，会发现他更容易吸引学生，但是这些学生比更中心和更活跃地方来的学生或博士后要被动得多。

> 学生们更为朴素，他们没有什么经验。他们看得见游戏，但是他们并不认为他们是游戏中的一部分。出色的工作是由“其他人”完成的。而他们只是旁观者。

《科学家》杂志的一系列文章指出，科学工作室的位置对于吸引人员有非常重要的影响。在这里，人们可以随心所欲地生活，没有工作的困扰。为了成为一个成功人士，竞争是非常激烈的。

而在一个人们非常失望想要离开的地方，当聘用广告发出几周之后，那些称职的人才做出反应。不管在什么地方越临近大学或者科技公司，就越有可能找到你所要的人选。

保证一个好的开始

没有一个人能够在一个学期内完成下列工作：教3门课、管理一项每年25万美金的项目、指导7个研究生、写4篇重要的文章、参加5次国际会议、在6个委员会中任职，每一个项目都做得很出色。然而，确实有很多学院希望你有这样的表现，你愿意为其中的一家工作吗?

Dantzig（1995，p. 3）

寻找和申请一项工作是一个相当漫长的过程，一个好的建议就是从你做博士后的最后一年起就开始进行。写信、交谈、阅读（与寻找工作和谈判相关的参考文献列在本章后）。**思考**。通过搜寻，将你自己展示在每一个地方，从而决定这里是否是做自己工作和想要的生活的最好地方。关注能够实现你目标的任何可能的工作，这是至关重要的。

在接受工作之前，你必须对空间大小和教学责任进行谈判。与有足够权利的人进行书面交涉，如果到接受工作后再谈可能就太晚了。你还可能需要讨论学生和博士后的支持。在任何会面之前，准备好你需要讨论的一切事宜。

在你获得能够完成你想研究的科学的条件之前，谈判是一个非常非常现实的问题。

准备谈判

与学院的谈判和与企业部门的谈判相差很大，通常，只有学院的工作需要PI来交涉教学、管理、工资和研究支持等方面的条件。有两篇很好的文献，它们针对起步时的谈判以及发现和申请工作有最好的探讨，请看Reis（1997）和Golde（2001）的文献。

- **教学。**你能选择课程和学生吗？第一年你可以有教学及临床责任的保护吗？
- **工资。**与单位或其他地方的同事核实。你需要认真的谈判，因为你可能没有其他机会来要求大幅度增加你的工资，除非你以离开相要挟。
- **实验室资金。**确认你所计算的资金是足够的，直到拨款或者提升来到的时候。
- **状态。**确定学生、博士后、技术员、管理助手等的支持情况。
- **选择性拨款。**许多拨款不允许你带一个科学家到外面去吃饭，也不允许你为计算机买一包照片打印纸。但是，系里通常会为你安排这些钱，这随你喜欢。
- **设备。**确认你所需的所有设备都在这里，并且状况良好，准时可以使用。如果没有，你要提出申请，这并不包括在你申请的经费之内。弄清楚是否系里承担了设备的维护和保险。
- **个人的支持。**弄清楚抵押贷款帮助、房地产代理费、子女入学等。
- **你同伴的工作。**是否可以在同一个单位或同一个地区，你的单位能为你的同伴提供工作。

确认在你刚刚开始时你有一段时间的保护期、教学任务和委员会的保护。有些地方会给你 1 年时间，有些地方可能会给你 2 年。这意味着对于论文委员会也一样，从开始到能够进行研究工作都需要时间。

坐下来，认真考虑一下如何提出你的谈判预算。很多人只考虑接受给予的，而没有尝试去发现他们真正需要的。如果标准的配置不足够，你需要知道并给出你需要经费的详细证据。你必须能够说：这就是证据，这是我每一项需要的花费，为项目 1 年、2 年、5 年准备的。

弄清楚如果你没有使用启动经费，那么这些钱会怎么办。可能性一半一半。要么你用了它，要么你失去它，就像一份拨款。如果在到期之前，你必须用光这些钱，可能就没有用在最该用的地方。了解情况并进行谈判。

虽然这些事情听起来好像苹果和橘子一样，它们可以进行交易。确保实验室的未来必须是你的第一选择。有很多书和文章是关于寻找工作及工作谈判的，其中有一些被列在了本章末的参考文献中。

有时人们会在一个单位内进行职位的变动，可以是相同的系或实验室，从博士后升为助理教授。这种开始阶段的这类谈判并不包括在讨论中。当然，不要对一个会使你失去对未来判断的提升而如此心存感激，除非有一个非常好的这样做的理由——也许能够使你更适合做其他的工作，或者能够完成一项不能中断的工作，仔细考虑这些将会如何影响你的 5 年项目计划，并适当为此去谈判。

实验室装修

1898～1904 年，居里夫妇发表了 36 篇论文，赢得了诺贝尔奖，并拒绝了瑞士日内瓦大学对他俩诱人的工作聘请。然而一直到 1904 年，皮埃尔才成为了著名法国大学的教授，这时巴黎大学的索邦分校才许诺他一个实验室……，然而直到 1906 年，大学还没有开始建造实验室。而当皮埃尔被荣誉联盟授予了一个著名的奖之后，他拒绝了它，并说“我丝毫没有觉得需要对实验室进行装修，但我的确最需要一个实验室。”他从来没有拥有一个“真正”的实验室。

McGrayne（1993，p. 27）

许多工作单位都承诺进行实验室装修。任何实验室装修都应该在你到来之前完成。因为后期的装修中断——如果许诺仍然有效，会对整个实验室的运行造成真正的伤害。如果你不能亲临现场检查装修，最好能够要求一个不相关的人来客观地处理装修现状的更新。

你必须成为整个装修过程的决策者之一，需要考虑你将要做的工作以及你实验室成员将要做的工作。参观其他实验室，尽可能地从其他人那里获得建议。因为如果忘记其中某个细节，如要拥有足够多的电源插座，将对实验室的生活质量有非常严重的影响。在你的领域，那些刚刚从事过装修的 PI 将会给你最有效的建议。公司和网站也能够提供进行科学翻新的建议。牢记共性和个性——平衡工作和储存空间，以及提前考虑到将来有可能的扩充。下面的一些因素是你必须要考虑的。

> 我本应该小心地确认实验室已经准备好了，但直到我到了那里 9 个月后才准备好！没有动物房，这把实验室的研究延后了一年。我宁愿在博士后的位置上待更长的时间。你必须在那里形成一个同盟，你可以从他那里得到真相。请他好好坐下来谈一谈，了解关于日期的绝对承诺和事实，如果出现了什么问题，也不至于太被动。

- **储藏室。**防爆冰箱、试剂柜、有害生物和放射性物质存放处、燃气供给和储存室。
- **工作区域。**公共空间和私人空间、计算机和写作空间、电话空间、通风橱和通风柜。
- **安全性。**应急门的数量和位置、洗眼水和安全淋浴、地震和其他相关灾害、合适的酸和碱的储存空间。

下面是一位研究者的实验室的装修建议。

- 为冰箱、离心机及其他设备留下墙边位置。
- 在每一个房间里配置足够的 220V 的插座，以便于所有设备的电源连接。
- 组织培养室安装空调。
- 禁止穿过组织培养室去使用其他设备。
- 将洗眼工作站吊在天花板上（如果允许的话），而不是固定在墙上，以空出更大的空间。
- 要安装那些能够使实验室房间变成暗室的内开门。
- 确认适合残疾人使用的柜台和架子高度恰当。
- 个人桌子的抽屉必须足够宽，以适合存放文件夹。
- 纸巾盒的位置要足够高以便于抽取。
- 所有的隔板都应该能够在前方边缘调节而不是在侧方。
- 门必须足够宽，以便于大的－80℃冰箱的进出。
- **没有你的同意，任何装修计划都不允许改变。**

计划你想要的实验室

在这里你需要得到什么？无论如何，哪里才是这里？

什么是成功？如果你成功了你又是怎么知道的？当你被问及这些问题的时候，实验室的成员会给出不同的回答。文章、资助还有提升，当然这些通常都是在科学领域里成功的里程碑。在你刚刚开始运行一个实验室时，生存下去是最重要的，想得更远要比实际能够得到的要奢侈得多。

> 尽管在相同的年纪我没有我的导师那样成功，但与不成功相比，我克服了我的恐惧。

尽管科学家们刚开始有资助、文章和提升，以及完全献身于科学事业的希望，但是衡量成功与时间并不相关。在职业生涯刚开始的时候，大多数科学家的渴望是相似的，但是他们会因为现实和个人生活而改变。希望会改变——它们被拓宽了。

> 有很多关于如何成为一个 PI 的要求，我不喜欢，我不喜欢书写工作。但我最喜欢的是与一群实验台工作的人一起工作，有一群实验室的同事们。

已经运行了实验室一段时间的 PI 们，他们开始倾向于以实验室成员的工作情况、当前实验室的产出和快乐来衡量是否成功。有一种精神上的开关，这种开关可以使人走向成功。在很多成功的实验室，这种关心实验室和实验室同僚的意念一直存在着。“这里”就成为了大多数实验室成员取得科学上成功的地方。但是为了实现成功的目的，你首先必须找到优秀的人员做优秀的研究，写优秀的文章。

> 我们不是世界顶尖的（运动）选手，我们做好的科学，但我们不是大人物联盟成员。我们认可我们的局限，所以我们必须及时地矫正自己。

使命宣言

> 回答这些问题能够帮助新人们理解环境和单位的目标、他们工作的必要基础……解决环境的模糊性能够提供除基本信息之外的信息。奇客们需要这样的信息，超过了仅仅满足于好奇心和指导决定。这对于满足他们的情感需要是必要的。已经形成的世界观作为建立身份和灌输工作意义的基础。
>
> Glen（2003，p. 162）

多数公司都有一个任务宣言，如工作目标和激励团队的口号。多数科学家认为，这种任务宣言仅仅是一个纯商业的花招，通常就是吆喝一声罢了。然而将你的实验室目标概括成几句话写下来，能够帮助你把将要达到目标的一些步骤变得具体化。你要有这样一个概念，如果你不能概括你的实验室将会办成什么样子，进行动员和计划将变得非常非常困难。下面是一些实验室任务宣言的例子。

“培养所有人成为优秀的科学家、伟大的教师和高产的公民。”

“成为前沿领域的领袖。”

“作出创造性的成果，消灭发展中国家儿童传染病。”

每一句这样的话都需要进行不同的推敲和长期的计划。

5 年 计 划

一个公司不是一台机器，而是一个活着的有机体，更像是一个单独的个体。它拥有集体认同感和基本的目标。这是一种组织的自我意识——一个对于企业象征、企业方向、企业环境以及最为重要的是对怎样改变世界的共同认识。

Nonaka（1991，p. 313）

在你考虑并计划你目前实验室的时候，牢记当你的资源增长时，对你实验室的目标实现是有帮助的。这样做，一些特定的决定是显而易见的，从鸡毛蒜皮的小事（现在就要建立一个储存系统，以便你在5年内不必翻遍每一个冰箱的每一个盒子去寻找一管原始的DNA样品）到颇具哲学深度的事情（与医务人员合作，将得到比你想象的有更大的利益，因此有必要建立一套常规的计划，让住院医生进行轮换工作）。

5年是达到目标的一段合理的时间。到那时，你目前的资金大部分已经花完了，还保留着你目前的大部分员工。任期和提升的决定即将到来。5年里你个人的生活有可能发生了巨大的变化，有可能很稳定。

现在我有一个5年计划，在开始的时候，我希望在这5年内获得诺贝尔奖。

过多的反省对你可能是非常痛苦的，但是你坐下来拿起纸与笔，花10分钟写下你的5年目标，这可能是你职业生涯中最有价值的10分钟。这不仅体现了你独特的想法，而且会帮助你以正确的方式达到目的。不仅要考虑到你的科学生活，也要考虑到你的社会生活和你的财政状况。

5年计划考虑的事项

职业生涯

- 你想要在什么位置？
- 你想要多大的实验室？
- 你想要多少资金？
- 你想在同一所研究所看到自己吗？
- 是否你正在考虑职业生涯的一个转变？
- 在你的计划中，你将取得成功的可能性有多大？

社会生活

- 你想要你的社会状况保持原样吗？
- 你考虑将更多或更少的时间用在你的工作上吗？
- 你对旅行、划船或者其他活动感兴趣吗？你不能做这些是因为时间和金钱的限制吗？
- 在以后的 5 年内你想组建一个家庭吗？
- 你想如何加入到你的孩子中去？这将对你今后的职业有多大的影响？

财政状况

- 5 年内你想在哪里生活？
- 预期的工资增长或者升职会使你过上你想要的生活吗？
- 你是否愿意做额外的工作，如顾问？

项目

- 你愿意在你目前项目中的一些细节上下工夫吗？
- 你愿意停留在同一个领域吗？
- 你愿意你的研究更加有竞争性还是做休闲的实验室工作？

实验室文化

> “热情、振奋、狂热、紧张、高速、专注、随意”，这些是我认识的一些雇员们常用来形容驱动他们创新的实验室文化的一些词。这些不同情绪的词句综合在一起，很难给雇员们提供一个舒适轻松的工作环境。相反，创新的文化是现存的最紧张的工作环境之一。而它确实提供了一种保证，在感觉上渴求冒险。
>
> Harris 和 Brannick（1999，p. 51）

- 你想要一个大实验室还是一个小实验室？
- 你想和实验室的其他人员保持什么关系？
- 你想在实验台上工作吗？
- 在运行一个实验室时，对于科学、管理或者个人工作，你觉得哪一个更舒适？
- 什么更重要——实验室的成功还是个人的成功？
- 你是愿意在实验室中与所有人进行自由的交流，还是进行由上自下的等级上的交流？

核心价值

当你想要给你的实验室确立核心价值的时候，你可以建立一系列实验室文化来支持这种价值。一些可选择的价值如下：

- 科学杰出
- 社会责任
- 科学成功
- 创造力
- 纪律
- 个人自由
- 团队协作
- 科学独立
- 探索创新的科学

• 学习

当实验室文化开始扎根的时候，它将变得自立并更容易培养。在执行过程中，一个拥有标志性文化的实验室是一种自律的文化力量，它将变得越来越容易运作。在你可以坐下来并意识到这个实验室就是你想要的实验室之前，将有多年的路要走。在你拥有一个工作流畅的独立的实验室之前，你将会有很多的磕磕碰碰，员工工作不理想，项目也会失败。

从良好的起点开始

如果我可以再重新开始，我会：

(1) 在我的研究生阶段用更轻松的方式完成研究生的根本任务，尤其是毕业论文，在离开前必须把它送出去发表。

(2) 在到达学校之后，就立刻开始工作，比如说，规范的写作而不是等待。

(3) 及早的努力去寻找像我这样的新人的期望。至少是在我离开我就读研究生的学校之前，我会开始学习在新的学校里，与像我一样的新人交谈，或者与我认识的刚开始职业生涯的人交谈。

(4) 阅读更多关于新人早期经验的文章。

(5) 与同事们保持轻松的、不急躁的、专注的交流。

(6) 更加努力地去认识我的领导，并从他那里得到帮助。我会去了解新人经常犯的错误和疏忽。

Boice (2000, p. 221)

从生理和心理上，坚定地起步于你的新实验室是重要的。尽快地喘上一口气，从你开始寻找工作的压力中解脱出来，但也不要太得意。第一周就开始计划你的研究工作，在两三周内开始你的实验工作。

如果在你到达之前，大部分的管理任务已经开始，应该尽可能早地开始你的工作，这对你是有帮助的。不要假设所有事情或任何事情都会为你准备好。在你刚刚接受新工作时，找一个助手，锁定一些对象，如系里的另一个人、一个管理助理或者可能是人力资源系的某个人，他们能够回答你的疑问、核查实验室装修、作为你的代理安排事宜。

乐观和热情地处理好一个新实验室开张的一切事宜，尽可能多地与单位的其他人员建立联系。不要让你自己成为独立王国，你可能会被匿身于你的科研工作并证明你自己是一个优秀的研究者所诱惑，但是成为一名好的同事也是实验室工作的重要部分。

你必须处理的许多事情正是你要计划好你自己人员所要开始的一切，这些将在本书的“向一个好的开始出发”章节中进行讨论。下面简要地列出了 PI 要做的特殊事情。

- 将你自己加入到系通告及学术讨论会的名单中。
- 提议做一次报告。你可能谈谈你的工作，但到年底应该准备好在系里做一次工作进展的报告。
- 与系领导约谈，询问有关终身职位/升职的要求，弄清楚任何其他的期望，你的或她的。

- 确认你已拿到你办公室、实验室、能去的实验楼的钥匙。了解周末进入实验楼的规定，以及如何获得你实验室其他成员的钥匙。

与那些已经开始实验室的 PI 们进行讨论，这将帮助你预见一些问题。

有一个 PI 详细描述了他在第一年中碰到的一些管理问题，这些问题影响了他对时间的有效利用。

- 办公室的钥匙不合适。
- 直到几个星期后电话才能接通。
- 漫长而低效地建立了电子邮箱和网址（我等了超过一个月）。
- 在我到达前 6 周所下的订单还没有到。
- 我不知道订单要通过特定的卖主，直到我把我的购买订单都发出去（我不得不花一些时间进行购买上的比较，我花了很长时间去一个细胞中心买到了我想要的东西）。
- 没有医院和大学使用的 ID 卡/钥匙卡的任何信息（我至今还没有一张钥匙卡）。
- 没有任何雇用技术员和博士后的信息或指导（包括一些外国人的签证信息）。
- 没有任何关于放射性许可、重组 DNA 许可、生物危险品处理许可的说明或指导。
- 大学账户的低效运作（我一年前就应该收到的一小笔资金，现在才与我联系，而此时我已经被要求写一个项目的最终报告）。
- 缓慢而低效的实验室装修（架子、管道、插座等）。
- 没有把我的名字列入导师名单和学生教师手册上的说明和指导。
- 每天 4 人进行过多次的地板清洁，而事实上 2 人就足够了。节省下来的资金可以用于管理和过渡经费。

尽早并仔细定购实验室用品和设备。下面列出了新实验室应该采购的日用品清单。

普通实验室用品（每人）

铝箔
离心管等所用的灭菌容器
自动移液器
桌椅（写字台和实验台）
镊子（平头和尖头）
手套（可降解的和非致敏的）
无尘纸
实验服
放大镜纸巾
封口膜
移液器（3 种或 4 种不同容量，放在实验台移液器的架子上）
铅笔刀
保鲜膜
耐热玻璃盘子
尺子
安全眼镜
胶带（有色普通标签、面罩带、防生物危害胶带、透明胶带、高压灭菌胶带、胶带切断机）
温度计（非水银）
定时器
棉纸
特百惠（塑料容器）
混匀器
洗瓶
试管架

普通实验室用品（每个实验室）

- 灭菌包（大包和试验台顶包）
- 天平、称量纸和砝码、刮刀、烧瓶、清洁刷
- 细口大试剂瓶（可灭菌，用于装缓冲液，100mL、500mL、1000mL）
- 盒子和冰箱储存用的架子
- 本森灯和打火机
- 装水或溶液的大容器瓶
- 手推车（至少两个）
- 桌椅（显微镜、计算机、常规公用桌）
- 层析柱支持架、固定器和夹子
- 干燥器和干燥剂
- 玻璃器皿、去污剂、塑料桶、枪头
- 管道胶带
- 洗涤器、玻璃清洗器、磨砂刷、试管刷的干燥架
- 紧急洗眼站
- 滤纸
- 急救箱
- 垃圾桶
- 加热块
- 冰桶
- 面罩
- 微波炉和微波炉用手套
- pH 计（标准 pH 溶液、洗瓶、pH 试纸、电极保存液、烧杯，磁力搅拌器/加热板、磁力搅拌棒）
- 滴管（玻璃的和一次性的、巴斯德滴管、自动和手动滴管器）
- 各种枪头和移液器架
- 各种架子
- 安全架
- 卷尺
- 试管（一次性小型离心管，15mL、50mL 等）
- 小型离心机、试管、离心管
- 解剖刀、刀片、尖锐物品存放箱
- 带有基本工具的工具箱
- 水浴锅、浮架、温度计、盖子

组织培养室用品

- 生物危险品高压灭菌袋
- 通风橱
- 冻存管
- 冰桶
- 培养箱（CO_2 钢瓶、捆带、架子、调节器、温度计、CO_2 测定仪）
- 液氮罐、冷冻架、冷冻管、抗冷的手套、
- 记录本
- 显微镜（倒置显微镜、样本处理剂）、备用灯泡、盖子、擦镜纸、香柏油、载玻片、盖玻片、细胞计数器、固定剂、染料剂
- 带架子的移液器
- 可灭菌移液器和枪头
- 塑料制品（烧瓶、管子和滴管）
- 管子架
- 尖锐器具容器
- 混匀器
- 水浴、瓶子铅盖

放射性实验室用品

- 放射自显影盒
- 放射自显影的胶片
- 实验台纸
- 盖革计数器
- 移液器和枪头
- 液闪仪
- 液闪瓶
- 防护罩

办公室用品

打印机和影印机墨盒
剪贴板
计算机软件、打印机、扫描仪、备份驱动器
信封（3×5，8 1/2 ×11）
文件盒
文件夹和文件
作图纸
实验记录本
笔记本（设备登记、演讲记录）
高质量书写纸
纸垫
水笔（红色、黑色、蓝色）
打印纸
剪刀
刀片
订书机和订书钉
白板（记号）笔

其他用品

咖啡机
意大利咖啡机
食品微波炉
无线电广播/CD/iPod 和扬声器
存放食品的小冰箱

在你订购之前，你应该知道

你能从系办公室得到办公用品吗？

你能得到冰吗？

你能够得到蒸馏水/去离子水吗？

你要用或你需要吗：灭菌锅、干冰、超速离心机、闪烁仪、分光光度计、引物、酶。

制订一份清单，考虑一下你工作的每一个方面，你工作所需要的每一样东西。列出你所需要的特殊设备，然后列出运作并维修它所需要的一切。

从你的同事那里借一份清单，会在你自己的采购时节省很多时间。其他清单可以在网上或者在书上找到（如 2009 年 VWR 实验室建立的指导清单 http：//www. vwrsp. com/new _ lab/page. cgl? tmpl＋index 和 BioSupplyNet 实验室建立的清单 http：//www. biosupplynet. com)。这个清单详细地列出了实验室的常规用品和设备，以及分子生物学实验常用的酶、试剂和化学药品。

有些 PI 在他们到达之前就会送出购买清单，他们就可以在建立实验室后马上进行实验。另有一些 PI 则等到他们确信他们拥有了一个功能化的实验室空间（带有隔板和冰箱）后才开始下订单，还有很多 PI 则等到他们雇用到了第一个技术员后，才来到实验室送出他们的采购清单和查看设备。但是不要让一个没有经验的学生或技术员对普通的实验室用品作出任何的决定。因为决定钳子的式样或者 β 射线防护罩的厚度都需要比较专业的知识。

许多公司为新的 PI 们提供了一次性的启动配套资金，如果你承诺你在第一年内花费 5000 美元，你就有可能获得 20％或者其他比例的订单折扣。然而，要小心这种交易，因为许多 PI 曾购买大量的酶，却让很多酶放在冰箱中超过了它们的保质期。如果你打算向一个公司订购大量商品，那么打电话并要求一份订单，而不要因为他们提供就购买不必要的东西。

开始建立人际关系

你在建立人际关系方面的才能对你的职业生涯和幸福感有重要影响。显而易见，新的 PI 们要与系里的领导及同事们建立联系。然而系里、研究所内和研究所外有那么多的人，谁能帮助你使实验室运行良好？谁会是你和你实验室成员的资源？尽早开始与以下这些人建立联系。

- **人力资源（HR）。**人力资源的术语对于科学家来说像一道死光！补偿、利益、衣着规定，听起来是如此陌生、如此乏味、如此地与科学交谈相对立，以至于许多 PI 将人力资源当成管账员，写出他们的要求而拉开了彼此的距离。这大错特错！你的实验室里就可以有专业的专家级人物可以处理这些问题。如果你怀疑被欺骗，如果有人觉得有性骚扰或感到压抑，或者出现了健康或环境的突发事件，当你想雇用或解雇某人时，都可以跟他们谈。如果他们不知道答案，他们可能会直接带你到职能部门以获取帮助。
- **办公室资助计划（OSP）。**这个计划可能又称为资助计划分计划、拨款计划、合同计划。OSP 可以帮助你增加获得基金的机会，如撰写计划书、技术转化、法规遵从、你接受基金后的基金管理等。在基金申请前你可以将自己介绍给资助计划处的人员，告诉他们你是研究什么的，以及你的基金申请计划。

  OSP 还能给你建议，介绍你与你所希望的基金委员会的项目官员接触。项目官员对你的工作了解越多，他们对你完善基金申请计划的帮助就会越多。这么做是他们的工作，因此在你获得完整的基金资助前，与他们联系不要觉得害羞。
- **其他每一个人。**不要成为职衔的势利小人。研究是一个团队努力性的工作，你所在系和学院的每一个人都是这个团队作战的一部分。研究生、学生、管理助手、维持人员，他们都是保持团队顺利协作的重要部分，每一个人都应该得到理解、尊重和热诚对待。

  专业发展课程通常由人力资源部门开设。在工作的第一周前后，选择合适的课程与人力资源部门联系，他们会帮你进行相关的培训。现在可能就是一个很好地进行雇用技术人员、研究伦理或技术战术讲解的培训时机。人力资源部门有时候也提供的其他资源，如员工手册和个别辅导。

参考文献

Academe. 1999. After the offer, before the deal: Negotiating a first academic job. *Bull Am Assoc Univ Prof* **85:** 44–49.

Adler NJ. 1997. *International dimensions of organizational behavior,* 3rd ed. South-Western College Publishing, Cincinnati.

Akst J. 2009. Life sciences salary survey. *The Scientist,* September (http://www.the-scientist.com/salarysurvey/).

Altrock B. 1995. Science in a corporate environment. *Science's Next Wave,* October 2, pp. 1–3 (http://sciencecareers.sciencemag.org).

Azuma R.T. 1999. *A graduate school survival guide: "So long and thanks for the Ph.D.!"* (http://www.cs.unc.edu/~azuma/hitch4.html).

Beatty RH. 1994. *Interviewing and selecting high performers.* John Wiley & Sons, NY.

BioSupplyNet. 2009. Searching for scientific supplies (http://www.biosupplynet.com).

Boice R. 2000. *Advice for new faculty members: Nihil nimus.* Allyn and Bacon, Needham Heights, MA.

Boschelli F. 1999. Making the transition from academia to industry. *Am Soc Cell Biol Newsletter* **22:** 12–13 (http://www.ascb.org).

Boss JM, Eckert SH. 2005. Academic scientists at work: Negotiating a faculty position. *Science Careers,* April 8 (http://sciencecareers.sciencemag.org).

Brown WS. 1985. *13 Fatal errors managers make and how you can avoid them.* Berkley Books, NY.

Burroughs Wellcome Fund and Howard Hughes Medical Institute. 2006. *Making the right moves: A practical guide to scientific management for postdocs and new faculty.* Research Triangle Park, NC. Chevy Chase, MD (http://www.hhmi.org/resources/labmanagement/mtrmoves_download.html).

Cooper RK, Sawaf A. 1997. *Executive E.Q. Emotional intelligence in leadership and organizations.* Grosset/Putnam, NY.

Covey SR. 1989. *The 7 habits of highly effective people.* Simon & Schuster, NY.

Dantzig JA. 1995. *Landing an academic job: The process and pitfalls.* Department of Mechanical and Industrial Engineering, University of Illinois at Urbana-Champaign, August 4, pp. 1–9.

Edwards CG. 1999. Get a life! New options for balancing work and home. *HMS Beagle* **54:** 1–5.

Fitz-Enz J. 1997. *The 8 practices of exceptional companies. How great organizations make the most of their human assets.* AMACOM Books, NY.

Freedman T. 2008. *Career opportunities in biotechnology and drug development.* Cold Spring Harbor Laboratory Press, Cold Spring Harbor, NY.

Gawande A. 2000. When doctors make mistakes. In *The Best American science writing 2000* (ed. J Gleick), pp. 1–22. HarperCollins, NY.

Glen P. 2003. *Leading geeks: How to manage and lead people who deliver technology.* Jossey-Bass, San Francisco.

Golde C. 2001. Be honorable and strategic. *Science Careers,* August 24 (http://sciencecareers.sciencemag.org/career_development/previous_issues/articles/1120/be_honorable_and_strategic/).

Grimwade A. 2001. Working in academia and industry. *The Scientist* **15:** 28–29 (http://www.the-scientist. com).

Harris J, Brannick J. 1999. *Finding and keeping great employees.* AMACOM Books, NY.

Heiberger MM, Vick JM. 2001. *The academic job search handbook,* 3rd ed. University of Pennsylvania Press, Philadelphia.

Jensen D. 1997. A clash of cultures: What it takes to work in industry. *Science's Next Wave,* June 13, pp. 1–3 (http://sciencecareers.sciencemag.org).

Joyce L. 1989. DNAX immunologists work to balance industry, academia. *The Scientist* **3:** 1–3 (http://www.the-scientist.com).

Judson HF. 1996. *The eighth day of creation: The makers of the revolution in biology,* Expanded ed. Cold Spring Harbor Laboratory Press, Cold Spring Harbor, NY.

Kornberg A. 1995. *The golden helix: Inside biotech ventures.* University Science Books, Sausalito, CA.

Kreeger KY. 2000a. From classroom to boardroom. *The Scientist* **14:** 28–29 (http://www.the-scientist.com).

Kreeger K.Y. 2000b. The "where" factor, Parts I–V. *The Scientist* **14** (http://www.the-scientist.com).
Lab Set-Up Guide. (VWR) 2009 (http://www.vwrsp.com/new_lab/page.cgi?tmpl=index).
Lanthes A. 1999. Some real-world observations on industrial postdocs. *Science's Next Wave*, May 7, pp. 1–4 (http://sciencecareers.sciencemag.org).
Levi P. 1984. *The periodic table*. Schocken Books, NY.
Manicone S. 2000. Laboratory renovation: The hidden cost. *Facilities Manager* **16:** 1–5.
McGrayne SB. 1993. Marie Sklodowska Curie. In *Nobel Prize women in science: Their lives, struggles and momentous discoveries*, pp. 11–36. Carol Publishing Group, Secaucus, NJ.
Mendelson H, Ziegler J. 1999. *Survival of the smartest: Managing information for rapid action and world-class performance*. John Wiley & Sons, NY.
National Research Council. 2000. Laboratory design, construction, and renovation: Participants, process, and product. Commission on Chemical Sciences. National Academy Press, Washington, D.C.
Nonaka I. 1991. The knowledge-creating company. *Harvard Business Rev.* November–December, p. 313.
Reis RM. 1997. *Tomorrow's professor: Preparing for academic careers in science and engineering*. I.E.E.E. Press, NY.
Reis RM. 1999. The right start-up package for beginning science professors. *Chronicle of Higher Education* (http://www.chronicle.com).
Sego T, Richards JI. 1995. *Ph.D. interview preparation guide* (http://www.advertising.utexas.edu/graduate/resources/PROD75_01733.html).
Senge PM, Kleiner A, Roberts C, Ross RB, Smith BJ. 1994. *The fifth discipline fieldbook: Strategies and tools for building a learning organization*. Currency/Doubleday, NY.
Sherwood N.T. 1997. Overview and comparison of family leave options in science. *Science's Next Wave*, January 7, pp. 1–7 (http://sciencecareers.sciencemag.org).
Smith HM, Meyer DI. 2009. Scientists are from Mars: Designers are from Venus. *Lab Manager*, November 6 (http://www.labmanager.com/articles.asp?ID=391).
Swenson L. 1999. Awarding work/life leaders: Immunex programs garner top award. *Seattle's Child & Eastside Parent*, August, p. 60.
Vermeij G. 1997. *Privileged hands: A scientific life*. WH Freeman, NY.
Webb S. 2009. *Business sense: Starting an academic lab. Science Careers*, July 17 (http://sciencecareers.sciencemag.org/career_magazine/previous_issues/articles/2009_07_17/caredit.a0900088).
Wheatley M.J. 1994. *Leadership and the new science. Learning about organization from an orderly universe*. Berrett-Koehler, San Francisco.
Zielinska E. 2008. The Scientists 2008 life science salary survey. *The Scientist* **22:** 45 (http://www.the-scientist.com/article/display/54990).

第 2 章

你作为一名领导

我被训练做任何事情，除了运行一个实验室！

运行一个实验室你所需要具备的能力

PI 们经常抱怨他们没有被训练过怎样运行一个实验室。大多数新 PI 们在工作开始后的几周就得出这样的结论：所有的训练以及所有花费在实验桌上和看杂志的时间对于他们运行一个实验室没有任何实际意义上的帮助。很快，一切都变得明显了，人的技能和组织能力至少与科学本身一样的重要，而你正好没有这方面必须具备的专长。

> 我被训练做任何事情，除了运行一个实验室。治疗师、项目申请人、教育者……但是这些对于如何成为一个好的 PI 都没有有效的指导。

但是你错了！对于运行一个实验室，你已经得到了训练，甚至可能被训练得非常好。尽管你可能没有直接被教导过怎样去与人相处，但是你已经被训练出怎样思考以及如何找到解决问题的方法。你能找到问题的本质并将问题分解成可以解决的小问题。你的训练给了你：

- **收集和分析数据的能力。**为了帮助实验室人员解决相关的问题，你必须能够分析实验现象和数据。科学地讲，你已经学会了鉴定特征并且从看似随机的现象和数据中找到规律，而且对人，你也能做到这样。
- **组织能力。**你能在短期和长期内区分优先次序，组织好你的时间和你的资源，并将你的项目带向成功。

> 我还在学习怎样做到这一点，当我刚开始这项工作的时候，没有人教我们如何做，因此我从尝试和错误中学会了它，我仍然无法收到任何我这样做是否做对了的反馈。所以我不认为我以前已经准备的很好了，而我认为我现在还没有准备好。

- **自信地凭直觉行事的能力。**直觉是理智和非理智思维的结合，是有时无法形容的复杂的情景，但通过它你能作出决定。
- **抗压能力。**你的情感可能会受到伤害，即使按照你最好的意愿处理问题，人们仍然会因为你的决定而产生愤怒情绪。情况会变得糟糕，你也会犯错误，但是这一切你都要有心理准备。
- **诚实正直。**你在处理数据时必须诚实，对待人们期望的数据也要诚实。同样，诚实将帮助你指导别人通过研究的过程。
- **交流能力。**在受训期间，尽管有时你可能尽力去理解以及被理解，但是一路上你能通过各种能力成功与人相处。你需要与系里交流你的研究结果、撰写论文、发表成果报道、作研究报告。你至少要与你的实验台同伴和实验室的成员保持一种平衡关系。

• **科学能力。**你已经有了这种能力，自己掌控自己的项目，并且将项目进行得足够成功，让其他的科学家认为你的项目是好的科学。

有 22 位科学家在他们职业生涯的不同阶段被进行了民意调查，关于下列问题“人们在研究生学习过程中所学到的许多技能中，哪一项在社会上最有价值”，调查结果排在前五项的答案是：

• 与难相处的人一起有效工作的能力。
• 在高压环境下工作的能力。
• 坚持不懈的意志。
• 规避规则的能力。
• 在没有专门知识的情况下就能开始一项工作的能力和勇气。

你已经做好充分准备将你所学的本领运用于一个崭新但相关的领域，即运行一个实验室。可能你会感觉有些困惑，因为你不是一个人缘好的人，你感到在人群中很不舒服，而且你不愿意与他们打交道。如果这样，那你就是一个死板的科学家，至少是从另一个世纪走过来的老式科学家。在这个讲究合作、资源紧缺的、快速协作的时代，成功非常依赖于如何将实验室的资源最大化。你应该学会与你建造的实验室里的人们一起工作。

你想成为什么样的 PI？

富有想象力以及一种评判性的性格是这个时代必需的，但两者中的任何一项都是不充分的。极富想象力的科学家不管怎样，工作都是最有效的，最坏他也只是个有着奇特想法的人。他们也不是最有批判思想的人。以不屑一顾的批评而闻名的人通常善于吹毛求疵，但经常没有建设性，因为他们害怕自己不够聪明——除非他们这种批评的态度是他们无所作为的结果而不是原因。

Medawar（1969，p. 58）

你想成为的领导类型与你想运行什么样的实验室是密不可分的。你的风格决定了你实验室文化的特点。实验室将成为你生命的一个延伸，所以你对自己了解越多，你就会对你的实验室计划越多。

将你自己定位在已运行 5 年的实验室里，你会与实验室人员整天都高兴地分享思想和实验结果吗？你在单独参加国际会议吗？可能整个一周你没有与你的实验室联系。你在办公室为了一个基金申请工作到很晚吗？或者你是否邀请实验室的某个人与你一起申请基金？你的实验室是否有博士后、技术员或学生共事？你的实验室人员信任你而你又信任他们吗？你自己决定项目或者实验室新成员要有他们自己的项目？你周五晚上是与实验室成员在俱乐部度过还是回家与你的家人一起度过？

> 你的风格决定了实验室的形态，你应该在一个你觉得舒适的地方工作。

> 找到一种适合你工作的风格并发挥你的优势。

大多数 PI 都认为你不可能被强迫成为那

种你不想成为的经营者。你可以仅仅按照自己的个性来培养自己。有一些 PI 在公开场合努力把自己伪装得非常的友好，可事实上他们是非常自私的人。也有一些 PI 在自己和雇员之间保持很大的距离，因为他们认为那是必需的，还有一些人忽略了一些负面的数据，因为他们不想让自己看上去显得傲慢。你必须要决定你想成为哪一种科学家和什么样的老板，以及如何对待你自身的优点和缺点。

没有对与错，即使是最严重的错误，也只是 PI 所要运行的那种类型的实验室以及 PI 想要成为的那种类型的管理人员在过渡过程中的一个小错误。

考虑什么会影响你的领导风格

这又是一个基本的悖论，假设我是一个领导并决定将会发生什么，而每个人都希望所作出的决定是民主的。这有可能，仅仅是可能，但仍然是一个艰巨的任务。

生化学家和安纳普纳探险队领导

Arlene Blum（1980，p. 116）

Delbrück 在冷泉港创造性的成功体现了在科学上永不停息的质疑、对话、热诚拥抱生活的精神，这些是他从尼尔斯·玻尔（Niels Bohr）身上学到的，但是带有现实的美国元素和他自己高尚的不忍虚假思维的精神。

Judson（1996，p. 48）

权力，不论你喜欢还是不喜欢

权力可能不是你曾经想考虑的事情，但是现在你有了。虽说权力不是足够大，但对于其他一些人来说，似乎也很大。感觉博士后和感觉像学生一样做事并不贬低这样的事实，你为自己、一个项目、一个实验室、其他人或未来负责。

在一所大的大学里，你的风格不能太强悍，你必须得到仁慈的声誉。

尽早处理你对权力的感觉，这样你就可以与你的实验室人员讨论你的期望。你是仅仅想统治你自己和你的暂时王国吗？你对有权领导你的实验室感到舒服吗？为什么或为什么不？如果你相信你没有权力，你就是这个团队中的另一名成员，你可能确实因为权力而感到不舒服，而且应该知道为什么。你不喜欢成为另一个人未来的负责人吗？你觉得你对管理他人职业是低能的吗？

管理风格上的一些问题与你的权威性的根源相关（Lientz and Rea 1998，p. 100-101）。为什么实验室的人尊重你？你为什么希望他们尊重你？有两种类型的权威性。

- **源于科学能力的权威。**对于实验室里的博士后和学生来说，这就是你的权力和受尊重的一般源头。
- **正式权威。**你是办公室里的老板，因此，作出决定和解决问题是你扮演的角色。然而为了有效性，这种权威最好不要频繁地使用，因为它不鼓励创造性。

作为正式权威的一个延伸，你的奖惩能力也是你权力的一个来源。同样，为了保持有效性，这种权威也不能频繁使用。一个好的实验室，尊重是保持权力最好的方法。一部分是因为你的科学能力，但是更多的是因为实验室成员一致认为你是最好的领导者，通过尊重而获得权威是最好的状态。

创造能力：你能为了它做任何事吗？

“创造性的”对于解决复杂性问题和处理冲突的能力是一种诱惑。它们通常可以高度地自我激励，甚至可能带有一点点的强迫。

Phillips（2005，p. 40）

最后，每一个接受面试的人都强调了“通过与同事互动实现激励”的重要性。这无疑是创造性的最关键的特征，并使得交流想法变得兴盛不衰。

Neumann（2007，p. 204）

你想建立一个这样的实验室吗？在这里创造性受到鼓励和奖励。大多数科学家都会假定是这样，但是，其中的多数人不能给创造性下定义或者描述它会发生什么。

创造性对一些人来说特别吗？如果是这样，你唯一能控制的就是去定义和雇用有创造性的人吗？或者创造性仅仅是解决问题的一部分？如果是这样，你能够理论上提供培训以让每一个实验室成员具有创造性吗？

另外一个问题是，是否创造性不是个人间的事情，而是相当比例的团队行为。如果是这样，你可以尝试创建一种创造性文化，并且这种文化将整体地或个别地鼓舞和支持你的实验室人员。

控制：精细化管理与放手不管

你不能掌控实验室里所有的一切，这是一个 PI 必须处理的最难的一课：你不能让每一件事情都按照你想要的那种方式发生。你是喜欢处理一些细节，还是认为实验室成员应该自己计划和处理他们自己的事情？这样的决定不仅取决于你是否喜欢处理这些细节问题，还取决于与你一起工作的人是否忠诚。一些没有经验的实验室成员以及有限的资金，使许多新的 PI 们都认为必须看管好每一个细节。即便 PI 本身并没有精细化管理的性格，在苦苦挣扎之后才能完成课题已经成为实验室成员的奢望，很多新的 PI 们还会事无巨细地管理所有的事情。

> 当我要求实验室的成员做一些他们不喜欢做的事情时，我很少会发布那些真正令人反对的命令。总是要经过讨论并达成一致。

无需努力可以获得个人空间的诱惑是非常诱人的！毕竟，这可以为你节省大量的时间用来思考和赚钱。但在刚开始的时候，你必须确定每件事情都在按照你的意愿在进行，然后你就可以放弃愿望，精细管理或放手。然而，撒手不管的方式会暴露你对领导能力或科研能力缺乏自信。

老板能成为朋友吗?

员工大会上，Roberta通常会以询问所有员工的意见来展开讨论。她邀请持赞成意见和反对意见的人进行辩论。但是不管怎么样，在会议结束的时候，他们总是会形成决定，并且一致认为Roberta的想法是最好的。女性员工都非常高兴能与Roberta一起作为决定者。她们都认为她听取了她们的意见。她们都非常喜欢这种讨论的方式而不是命令。但是Morton则认为Roberta是操作性的。如果员工们都是按照Roberta的想法做的话，那么Roberta为什么还要浪费他们的时间来与大家讨论呢？既然她是老板，为什么还要坚持这种象征性的规程呢？

Tannen（1991，p.216）

博士后期间是一个社会时期。在成为博士后的过程中，众多有趣的事件中有一部分就是与实验室成员之间的友情，而且很难丢弃。你会吗？是或者不是。可以真的认为在行动上和思想上你们都是完全平等的，在科学的舞台上扮演着不同的角色，但是只有你才最终拥有权力去解雇或者提升实验室的人员。你与实验室人员的关系不是平等的。你是老板，因为不管实验室的工作如何顺利，你是最终的权威。

> 我认为是有一些孤立的……你不要想能成为他们团队中的一员。这也是我没有做实验室领导的乐趣的原因之一。在我是一个博士后或者学生的时候，我与每一个人闲谈，那种感觉像家庭一样，我喜欢实验室。突然之间，你变得孤单了，你对他们平等友好，但他们还是在忙碌……我还是与实验室的成员保持友好，组织一些社会活动，但这已经不一样了。

对一些人而言，大多数科学的鼓舞和喜悦是在亲密的关系和友谊中实现的。他们不能不与别人成为朋友，但是许多新的助教说过，他们尝试与实验室的成员成为朋友是他们所犯过的最大的错误之一。那些认为与实验室里的工作人员建立亲密关系是错误的人通常会犯偏执的错误。在实验室里批评或者作出一个不寻常的改变已变得更加困难了，因为你可能不被看成是一个领导，而被看成是一个叛徒。

老板能成为同事吗?

尽管要意识到与实验室成员之间产生密切的友谊会带来麻烦可能是件困难的事，但是更困难的是新的PI们会发现他们甚至不能够成为实验室人员的同事，即使是以他们曾经的那种友谊方式。

> 有一种亲密关系是很难克服的。我也是他们中的一员，因而很难行使领导权力，因为他们可能会比现在更加吵闹地问我问题。

新的PI们会渴望同事关系。科学是一种交流，有其他人来反对你的意见或者支持你的意见，不仅令人高兴而且是很有必要的。因此在实验室开始的几年内聘用的少数人会与PI在科学地位上平等，但让他们觉得在科学上与你是平等的总会导致相反的结果。你是领导，实验室的人员在这里都得向你学习。

几年后，PI可能会与实验室成员之间有着更多的科学上的平等关系。实验室的成员会渐渐成熟，对于一个项目来说，即使实验室人员的贡献没有超出PI，但实验室人员至少与PI的贡献是一样的。另外，随着PI工作的进展，申请人的质量会逐渐提高，从而在科学上的平等关系在现实生活中更容易搁浅。

如果你对人际关系不感兴趣，怎么办呢？

可能你会认为你的工作是思考科学，而不是做一个保姆。也许你与别人的关系不和谐，而且不愿意去发展这种关系；也许你认为你走到这么高的地位，并没有迎合任何人，而且你将在你的职业生涯中继续这样坚持下去。可能你是对的。如果你找到了一个正确的研究领域（资金充足并且没有竞争性的领域）和正确的地方（有人会为你继续投资，即使你只有很少的结果，而且并不要求你教学或者当导师），你可能会做得很好。

即使你不曾与别人联络交流，你能学会与人交流吗？答案是肯定的。对你来说可能要付出一番努力，但是你可以在这方面做得更好。有一些人对处理人际关系具有天赋，不要气馁，轻松一些，用一种本能来处理人际关系。你必须找到一种适合自己的方式与别人沟通。

降低你的风格标准，审视自己

紧密遵循科学研究中的想象力原则是一种风格问题。没有两个科学家，尤其是高效率的科学家的做事方式是一致的，就像两位小提琴手以完全相同的方式演奏巴赫的恰空(Chaconne)。我故意选择这个例子，因为小提琴手们和科学家们几乎都没有自由，前者受乐谱的限制，而后者则受到客观环境的制约，但在他们可以自由发挥的范围内，每一个人都有自己独特的个人风格。

Luria（1984，p. 159）

在分析你个人风格时，考虑你的喜欢和不喜欢、你的优势和弱势。

- **实验台上或办公桌上你会更有效吗？**
  你喜欢实验工作吗？
  你喜欢为实验室人员做故障诊断实验吗？
  你是否总是期待能够直接指导别人做实验的日子？
  你会谈论实验结果和阅读实验结果吗？
- **你如何做决定？**
  你是冲动的还是理性的？
  你自己单独做决定还是决定前先征求意见？
  你希望实验室里的人与你一起做决定吗？
- **你想精细管理还是仅仅只掌控大局？**

> 美国的权力风格是冷静和集中。如果你发脾气，就暴露了你的弱点和失控。

控制对你是不是问题？如果是，它会帮助或阻碍你的工作吗？
你相信别人的工作和结果吗？
你发现授权是困难的还是令人愉快的事？

- **你与同事相处得好吗？**
  你与你的学生或博士后实验室的人联系紧密吗？
  你有很多写作伙伴吗？你有你拜访就可以为你写信或者帮助你申请基金的人吗？系里的同事有请求你帮助吗？你有个性上让人与你很难一起工作的小缺点（坏脾气、不稳定的情绪）吗？
  有人似乎喜欢你吗？你能很容易与大多数人和睦相处吗？别人发生些什么事你会在意吗？你倾听别人说话吗？
  你喜欢他人吗？喜欢他人对于你成为一个优秀的管理者不是必须的，但是如果能够提供你洞察你的实验室同仁，它对你的工作是有帮助的。
- **你与同事、老板或下属工作得最有效率和最愉快吗？**

建立在你人格力量的基础上

在德国海德堡，他有自己的脾气，同时他还没有表现出他自己大学时代的日耳曼传统，在这里别人会逢迎地屈从于“Herr”教授，但他依然待人很苛刻，而且他自己也知道这一点。

当他们开始在一起工作的时候，他记得告诉他的一个前助理“我不会成为你那种类型的人”，他没有。就是这样，他使得他的人“不要成为一个蠢货”。

Hans Kosterlitz 于 Goldberg（1980，p. 10）

发展你的领导技巧和风格是一个过程，而不是一个项目。对于每一个新项目、对于每一个新人、对于时间，你要改变你的风格，使你更为轻松并适应 PI 的职业。找到正确的平衡点在开始时非常非常困难，不要对自己太苛刻。以下列出的是成为一个有效率 PI 应该具有的技巧和素质。

> 我对我的管理风格有过大量的想法。我知道你必须按照你自己的个性框架管理实验室。我只是根据我自己的风格在做事。

- 优秀的交流者。
- 政治上精明：知道组织是如何工作的，科学是怎么工作的。
- 问题和矛盾的解决者：从洞察和透视的不同方面观察同一个问题。
- 优秀的科学家，知识渊博、经验丰富、整体观察能力。
- 有抱负。
- 精力充沛。
- 乐观。
- 幽默感。
- 有远见。
- 灵活。

- 项目选择风险规避能力。
- 有条理。
- 批评和建议精神。
- 有弹性。
- 成熟。

如果你没有灵活性，通过常规的实验室会议和可以使日常生活更加具有预见性的方式来打理实验室。如果你反应不够快，花更多的时间阅读和写基金申请书，直到你可以更加顺畅地与实验室人员反复讨论你的想法。如果你评价创造性和独立性，你可能要丢弃对实验室项目的选择而去选择实验室人员的项目。如果你希望一个实验室的交流者，每年都能找到资助带学生参加一次国际会议，在那里你可以介绍他们与本领域的前辈们进行对话。

有效率的实验室管理风格的可能性是无限的。记住你想要成为的领导类型，但是不能陷入到你的弱势之中。以你的优势作为基础，把你从舒适的带推出来，在领导你的实验室过程中，重拾信心建设你新的领导技巧。

停止发火

时间是一种资源，不是敌人

我认为通过制定优先法则可以实现一种平衡——以我（个人）的经验，科学家们因为他们不能说“不”而声名狼藉，而且他们控制（有限的）时间的能力很差。这就导致了越来越重的负担、过度的工作、经常性分心和受骚扰，使得他们没有时间照管实验室和家庭。

Caveman（2000，摘自《谁在指导导师?》，p. 32-33）

在研究生院和博士后实验室期间有大量的时间，这些时间足以让你去浪费。如果这些时间没有用来工作，则可以用来重做你的实验，也可以一遍又一遍地修改论文草稿，甚至可以与你的朋友和同事们出去吃饭、聊天、喝酒。如果实验在这一星期没有做完，那么你还有下一个星期。

而且还有钱，即使这个实验室已经非常在乎钱了，但实验室的成员还是不用担心。所有人都可以去自由地闲逛、做实验，或者在创造性科学的领域里无所限制。即使你不得不数一下你已经用了多少个 50mL 的锥形瓶，你也可以整夜睡得安稳而不必操心资金来源。

但是，根本就没有足够的时间去做运行一个实验室看似需要的每一件事。这是一种新型的“球类游戏”。新的 PI 们在组织自己工作的同时，还要组织其他成员的实验。你不是拥有一些实验室帮手，而是有一个实验室的人需要帮助。而且从 PI 们工作中挤出来的，用于遵守规则、管理、申请资金的时间很少能受他们的控制。下面是一份清晰的 PI 的责任列表的一部分。

- **好的科学，好的项目。**这是人们来你实验室的主要原因。你的实验室在做一项很有意义的项目，你实验室的成员都要学会的出色技能是：学生和博士后都知道，在你的实验室这个项目中工作，会帮助他们找到工作。
- **动力。**你是实验室的核心和灵魂。一段时间内，当学生在他们的研究课题上遇到情绪低落的时候，你必须要让他们相信这样的失败本身就是科学的一部分，而且一定会转化为有利的一面。当有人要攻克难题时，你应当是推动他们前行的人。当实验室人员缺乏取得成功的动力时，你就是那个必须作出决定的人。
- **组织能力。**实验室的组织应该尽可能地使研究工作顺利开展。你是这个得以正常工作的实验室的建筑师，要决定各种各样与实验相关的事务，如谁来配制 20×SSC* 缓冲液。
- **资金申请。**如果你在学院，你必须撰写基金申请书；如果你在企业，则必须为项目

* 译者注：20 倍 pH7.0 的氯化钠柠檬酸钠缓冲液

的延续做解释或辩护，你的工作就是为了保证实验室的运转获得资金和资源。设备、物资和工资都是你的责任。

- **宣传。**学术团队必须保持公众对你研究成果的了解，这可以通过写论文和综述，以及在会议上发表的学术演讲来实现。宣传与你的管理工作息息相关，因为协会或者学院不会主动敲你的门，你必须向世界证明你研究的重要性。
- **管理。**写推荐信，说服动物福利部门你还需要额外的鼠笼、将一个项目的资金转向另一个项目、向人力资源部门申请签证和与其他雇员相关的事务，这些都是一些管理上的事务。虽然你的工作很少会考虑这些，但它们会占据你很大一部分时间。
- **视野，课题设定。**你必须时时追踪本领域的研究进展，从而作出你自己项目的策略性决定。研究者必须了解他们的课题，而你则要为每一个项目提供前景。阅读文献、去交流以及疯狂地上网都是为你的实验室制定科学决策有效的途径。
- **修改/批评。**这是教学的一部分，但它需要的技巧不同于传授知识。你必须能够用一种有益的方式给出否定的意见，从而指导项目和行为以避免愤怒和羞辱。
- **教学。**在一个新的实验室，你必须向新来的人传授技术和方法。除了管理实验室事务外，你还有责任去上课或者讲授实验课程。教学的回报是巨大的，但它会占用你大量的时间。
- **招募人才。**高素质的人才都是很难找到的，你必须总是在瞭望，以发现优秀的人才。当你找到他们时，你必须尽一切可能把他们招募到你的麾下并能够留住他们。
- **指导。**你将教育某些或者全部的实验室成员，不仅仅教育他们如何做研究，而且还要教育他们在个人和政治领域如何遨游，这是学术和公司生活的一个基础。
- **院系和研究所的职责。**你被聘请来管理一个实验室，但是单位的命令不仅占用了你的时间而且是大量的时间。你可能要负责一个重要设备、教几门课程或者有临床任务。你可能会不得不去讨好捐赠者和潜在的投资者，或者为来访的研究人员提供路线和签证。

管理时间曾经可能被看成是管理者们应该处理的事情，而不是具有创造力的科学家所应该处理的。管理时间是你必须要做的事情，除非你聪明得能够凭直觉开飞机。有些人认为时间是他们的主人，组织时间就是迁就时间的需要。但是，如果你不能控制时间，它将控制你。

时间不仅仅是将来，它是不可战胜的，它是你必须通过工作和操纵来达到你目的的一种资源。把它看成是一种昂贵而稀有的试剂，你应该用它做比你希望的更多的事情，或者做更少你不想做的事。下面列出了一些 PI 对时间的抱怨。

- 我从来没有时间做完我想要完成的任务，我总是做了别人想做的事情。
- 我常拖延。
- 我总是被耽误。
- 我总是被打断。
- 我工作得太辛苦，好像不能去任何地方。
- 我不能安排好时间。

所有的这些抱怨可以通过清楚地知道你优先要做的事情、你的目标来解决，安排好时间来实现你的愿望，不要让你的生活变得一团糟。

设置优先性

决定如何使用你的时间，或者说你决定如何利用时间。你要结束这样的危机管理，不要只顾别人随意的迫切需要，而不是做对你自己而言是重要的事情。如果创造被放在了优先性的最后，就没有创造，除非你可以控制时间以及在使用时间上有你自己的决定。

> 我认为我自己是合理而且很有组织性，但不是强迫性的。我通常会让我的大部分时间流逝，但是当有一个重担或者某个即将到来的最后期限就要过期的时候，我会很紧密地安排我的时间，尤其是当研究部分的总结或者我自己的基金材料需要提交时。

将每一件事情优先化。决定哪一项任务是最重要的，是你在管理时间时遇到的最困难的问题。一旦你已经确定了你的优先性，所有其他的措施就找到了位置。每一个人都不会按照相同的方式制定优先性：你划分你的需要和任务的方式将是你管理风格的重要标志之一。

什么是“重要的”？

要知道什么是重要的将需要计划。需要调整你的优先性，因为现在什么是重要的将会随着你实验室的成长以及你事业的发展而改变。一个已经建立的 5 年计划将帮助你决定哪一些因素对你而言是实现目标最重要的。

重要性和紧迫性

有效分析你的每一个任务的方法是 Stephen R. Covey 的时间管理矩阵法（Covey 1989，p. 151）。这种方法是根据任务的紧迫性和重要性来划分的，这个矩阵中的变量在很多管理学书籍中都有，这是一种非常简单而且直接的方法，用来处理工作相关及个人事务，并将实验室中你“想要”的与你“需要”的分开。这种优先性的目的是尽可能地花费少的时间做你不想做的事情，而花尽可能多的时间做你想做的事情。

时间管理矩阵

	紧急的	非紧急的
	I	II
重要的	个人或者职业的危机	阅读杂志
	紧急的个人或设备问题	建立联系、实验室会议
	即将截至的项目	考虑和计划
		休闲娱乐和放松
	III	IV
不重要的	中断、电话	琐事、繁忙的工作
	一些邮件、报告	一些邮件
	一些会议	一些电话
	很多管理事务	大多数的电子邮件和上网

引自 Covey（1989）

紧急的和重要的。一些事情本质上就是紧急和重要的，必须尽可能快地处理。你自己、家人或者实验室人员的健康危机就是一个明显的例子。为了发表而重新制作草稿中的图表是紧急的和重要的。

基金申请计划书是重要的，在距离结束还有一周却还没有开始写计划书就是紧急的和重要的。大多数的最后期限都是紧急的和重要的，但也有少部分并不是这样。将很多重要的事情列为紧急的和重要的而不去区分它们，这本身就是一种拖延，是一种没有认识到任务重要性的表现。

非紧急但重要的。当PI们抱怨他们没有时间时，通常的意思是他们没有时间去做重要的工作。这些通常是一些关于维持或者避免未来问题的工作，因此容易拖延。关键是当他们还可以控制的时候去处理掉那些非紧急但是重要的任务。例如，留出时间与一个新的实验室成员讨论课题是很重要的。看起来好像今后有很多的时间来讨论，但是如果没有及时讨论，你就有可能失去这些实验室成员，或者他们就会陷入一堆无用而且昂贵的数据海洋。给学生上课可能是重要的，因为这可能是唯一一种让你的学生对学院感兴趣的方式。它也可能是不重要的——你必须作出决定。

不是最关键的却是最重要的任务就是给你自己留出时间思考。大多数的PI都抱怨他们没有时间思考、没有时间与同事和实验室人员进行交流、没有时间阅读文献。深思熟虑地和故意地做最重要的事情可以提高你的工作效率及在科学领域中的快乐感。

紧急的但不重要的。在实验室区分一项任务紧急但不重要并不是一件容易的事，这通常是一个关于做一些你不想做的事情的必要性以及知道哪些事可以被放弃的问题。阅读他人的研究摘要，虽然你需要在一星期内完成，但它对你来说并不是急迫的——或者它可能是急迫的，因为这个摘要是来自朋友或者老板。参加一个其他系的委员会可能是紧急的但不是重要的，因为你已经错过了前6次。

不紧急和不重要的。瞎忙；与你不想与之说话的人交谈；参加一些会议；与销售人员交谈，这本是你实验室的经理高兴做的事情。这些任务通常是低回报的时间投资。

确定优先性还有其他的方法，你可以用多种方式：Covey的时间管理矩阵只是一种简单的图形解释。在任何系统中，你会本能地做你必须要做的事情，如将较大的优先级分割成更小的优先级。

- 你可以根据项目来划分优先级。你可以将你最多的时间分配给你认为最重要的项目，而将较少的时间分配给较不重要的项目。
- 你可以根据时间来划分优先级。如果你有很多具有相似重要性的工作，那么根据它们到期的时间来排列顺序。

要知道什么时候该完成你的优先级事情。你了解你的任务的优先级并将它们列出清单，但是可能会出现一项紧急的事务或者一个机会，有时候因为它的出现可能导致你改变计划。或许是一个从未向你交流汇报的实验室成员突然要向你陈述他对项目的计划，也可能是一个研究生院的同事出现在你的办公室门口。如果你知道这是一个机会，而不是一个借口，那么改变你的计划，并且不要后悔。你可以明天再重新确定你的优先性。

保持写日志的习惯

通常，科学家在没有实验证据的情况下是不会写资金申请书或改变研究方向的。然而多数人在作出关于使用时间的决定时，仅仅是根据他们对于使用时间的“感觉”来定。保持写日志的习惯，一天，最好一周，就会给你提供一些为什么这么改变是最重要的，以及怎样做是最有效的。

在开始写日志之前，估计你花多长时间接听电话、阅读、与实验室成员谈话或者完成管理工作。然后用一周的时间，把做完的工作立刻记录下来。时间块描述得越小，就越具有指导性。可以根据时间或者任务来记录每天所完成的事情和任务。记录的时间间隔越短，你所得到的数据越多：然而，如果记录的太详细就会使你停止这种记录。那么就每小时记录一次或几次。如果你能正视这种程度的自我反省，那么记录下你的情感反应。如果你因为遇到某个特别的事情而感到过分的高兴或者沮丧，那就把它写下来。下面列出了一些用于分析日志的一些问题。

- 你关心的工作实际上完成了百分之几？
- 你的哪些工作依然出现在清单中，日复一日还没有完成？
- 你的工作是否有一些模式，如你总是去完成与交流相关的任务（会议或电话），而很少完成与写作相关的任务。
- 在一天内，是否有一个时间段你完成的任务要比其他时间段完成的多？
- 是否场所影响了你的表现——你在一个地方工作比在另一个地方工作有更高效率吗？

日志，尤其是一份任务列表，也能告诉你即使是微小的工作会也要花费时间，这样能够帮助你制订出实际可行的任务表。

找到你自己的节奏

一旦你已经做好了实现你目标所需要的优先表，你就必须建立你的工作王国以达到最大的时间利用。以你自己喜欢的速度去做事这是第一步。也许你已工作了一周，每天都在实验室待到很晚，写作或者做实验，然后在再次投入紧张的工作以前，你要花费几天时间阅读。如果你喜欢这样，如果这与你的生活方式合拍，如果你觉得这是你工作的最有效的方法，那么恭喜你，你真幸运。

但是作为一名 PI，在你必须要完成的很多新的工作中，你的旧的工作模式可能就不再起作用了。检验这种工作方式，看它是否与你的交流风格一同起作用。尝试去找到一种工作节奏，使其与实验室相适应并能够被模仿，甚至 PI 的工作方式可以成为对实验室成员的鼓舞源泉。下面是一些有关工作风格的例子。

- **先难后易。**就像先吃蔬菜，再奖励你吃甜点，这种工作风格具有动能和激励作用。
- **先易后难。**这是一种让你进入项目的小技巧。首先从任务的简单部分着手，然后逐渐培养你的耐受力以适应完成更难的部分。
- **期限履行。**对于有些人来说，一个简单的最终期限就可以起作用，但对于另一些人而言，阶段性的渐进期限可能会更好。最终期限如果没有严格执行，也就失去了最终期限的价值。
- **安静的工作，或者边听音乐边工作。**有些人喜欢封闭式工作，没有任何外界干扰。

而对于另一些人，沉默让人太过孤僻，容易使人分心。

- **一个人工作，或者与同事一起工作。**与人群隔离工作，对于一些人可能会分心，而对另一些人，则可能是一种激励：对于后者，在图书馆最中间的台子上工作，要比在边角的台子上或者办公室里更好。
- **从头到尾做一项工作，或者同时做几项工作。**一次完成一个项目，对于一些人来说容易得到控制，而对于另一些人来说，是非常枯燥和难以忍受的。
- **在一个短时间内突击完成，或者在较长的时间内完成。**对于那些花费一项很长时间去完成一项工作的人来说，安排几小时或者几天突击去完成某一项任务可能是适合的，而这对于那些同时做几件事情的人来说并不适宜，但可以集中在一小段时间内进行突击工作。如果你会因为新的工作而感到精力充沛，或者比较容易感到枯燥，那么最好在较长的时间内同时做几个项目。

在你的任期内工作/推广策略

一流大学提供任期是一个几近血腥的事：这是极具竞争的、极为耗费的、令人兴奋的、彻底的、极残忍的、很男子气概的事情。在一所大学的医学院申请任期——这里的临床任务高于常规的科研和教学任务——经过几个数量级的放大超过了任何事情。

Jamison（1995，p. 124）

获得任期或者获得第一个主要的推广工作对于不少人来说是可怕的或者至少是令人生厌的，被看成是做你的科学的绊脚石。有时候，文案工作及参加无宗教俱乐部可能是令人讨厌的事。

但实际上，申请任期所需要的很多要素——高信誉期刊上发表的研究论文、基金（这里通常指联邦基金）、社会职务（如评审拨款或投稿）、会议邀请信和杰出科学家们的重要信件中展示的国际声誉、教学评估中现实的交流技能等，都是一个成功的科学家所需要的相同要件。

可能因为需要太多材料以至于不能预期你申请任期时到底需要多少，但是使用一个5年研究计划的策略来帮助你的申请应该是很有用的。因此，当你刚到新单位时，马上与系里的领导约见，详细弄清楚单位关于任期的成文的和不成文的规定。

然而，年复一年，将你在5年或6年内要完成的计划分解成每个年度要做的事并完成它。积极地准备齐你将需要的看似不可能的所有证明。例如，如果第一年作为助理教授没有人敲你的门要求你作学术讲座，在你的博士后或研究生期间的联系人中联系他们并给他们做一次学术讲座。然后，打电话给附近的研究机构（我将在11月的第一周到达这里，是否能够作一次我最新研究的讲座）进行一次相同的报告。

Rolly Simpson 描述了如何很好地将任期任务分解为一年又一年的年度计划，可以在 Burroughs Wellcome Fund 的网站上查阅，网址为：http：//www. bwfund. org/page. php？mode ＝privateview&pageID＝255。

避免拖延

WUT=k exp（TL）

做一件事必要的热身时间（warming-up time，WUT）与距离你上次做这件事的时间间隔呈几何级数增长。

Paul Humke 于 Reis（1999）

拖延是运行一个实验室的毒药。因为实在有太多的事情要做，有的时候看起来就好像很多细节会随着你的等待而自行解决，但是有时这种方法并不奏效。如果你能有效地划分优先次序，那么拖延就是下一个绊脚石。

为了避免做一些他们不想做的事情，人们确实会拖延，但是对于多数人，也许是绝大多数人，拖延是一个长期存在的问题。尽管愿望很好，但总是反复地被破坏。事实上一个明显不能遵守时间表的人会导致自我怀疑，原本可以被精心的考虑所克服。而拖延则会日复一日的继续下去。

我发现，如果采用一种软磨硬泡的方法，或许我会比较容易地完成讨厌的写作任务：随便写一些什么东西，即使它只有一半是有用的，然后再回过来去修改它。你会感到你在空白纸上写了些什么是一件很有成就的事情。而在已经存在的样本上（即使需要作非常大的修改）进行修改要比从头做容易得多。一旦你要在纸上写下什么东西的时候，你会知道你还需要做一些什么（参考文献、想法或者其他）。

一位心理学家（Sapadin and Maquire 1996，p. 12-14）列出了以下 6 条拖延的方式。

完美主义者：“……但是我想要最完美的!”

幻想主义者：“……但是我讨厌所有的那些令人乏味的细节!”

杞人忧天者：“……但是我害怕改变!”

无事找事者：“……但是为什么我一定要做?”

危机制造者：“……但是我只会在最后关头有动力!”

忙忙碌碌者：“……但是我有那么多的事情要做!”

有很多种拖延方法，但其中的大多数并不明显，而且许多在实验室都被它们用其他属性隐藏了。PI 必须知道问题究竟是什么——并不仅仅是个人小聪明的事情使你远离你的目标，但是这种越来越坏的拖延方式可能会阻碍你成为你想成为的人。**拖延会成为你成功的障碍而不是别的。**例如，

- 你直到一份资助还有 2 周就要截至时才开始为此工作。为什么？你认为这仅仅是因为你没有时间，但也可能是另一个理由：资助没有兑现总比辛苦工作了几个月却还是没有拿到资金要好。至少现在你可以这样说——或者相信——资助可能会被兑现，你会有更多的时间用于其中。
- 随着资助提交日期的临近，你在办公室里踱着步向同事们征求意见：我们应当做更多的实验吗？你认为这些结果怎么样？我是不是要将资助报告提交给另一个研究组？我要不要去掉大多数初步结果呢？你用于征求意见的过程太长，等到你开始动笔写

的时候已经没有几周时间了。

- 你拒绝将项目的一部分授权给别人做，不相信其他任何人能正确地做这些工作。大量的信件和通告堆积在你的书桌上。
- 在一个具有竞争性的项目上你怀疑你的理论，犹豫是否要安排实验室人员以全部时间投入到该项目中去。相反，你却反复地去验证初步实验的真实性。
- 早已经在几个月前你就知道，你要在春天的一个国际会议上报告你的最新研究结果。然而在距离飞机起飞前1周时，你还没有做一张幻灯片，没有写一个字，突然，整个实验室被你拖进了一场为你的报告准备图表的战役中。你离开时就像一个凯旋的英雄。
- 你忽略了实验室的一个学生请你写推荐信的反复要求，在推荐信截至的前一天，你写了一封很好的推荐信，通过联邦快递寄给了相关部门。
- 你是3个系的委员、5个论文委员会的委员，还负责一个研究部门。你还要教2门课，而且是你班里很多本科生的导师。你已经取消了前2个月的实验室会议，事实上悲哀的是，当每一个人在问及你的个人意见而不是要求解释实验现象时，你却感到很轻松。

简单地说，拖延是你的优先性和结果之间的差别。认识到你正在做的事情什么是首要的，解决拖延问题最困难的步骤是什么。如何帮助你克服障碍并继续工作，要根据你拖延原因和特别任务的不同而各不相同。这里的底线是保持工作继续。不要停止、不要说话、不要抱怨。从项目的一部分开始做起，并且保持效率。如果你为了找到解决方法而耽误太久，你可能会失去斗志，并得出这个项目不值得做的结论。解决拖延的其他技巧如下所述。

- **将大的任务分割成较小的部分。**不要坐下来就写整篇文章——从“方法”部分开始写。如果这部分对你来说还是很大，将它分成3个方法，在这个晚上写完它。
- **随便从哪里开始。**如果将大型的任务分割成为较小的任务，你还是觉得很受打击，那就随便做些什么，如打下标题页、为了写综述读一篇文章。一点一点地做，路径很快就会变得清晰。
- **设定最后期限。**你不要被一个人为的最终期限所蒙蔽，因此为特定的工作制定较短的最后期限。
- **奖励你自己。**承诺让自己散一会儿步、打一会儿电话或吃一顿。
- **灵活多变以保持兴趣。**今天做较难的一部分，明天做容易的一部分。
- **为了完成工作与别人一起制定最后期限。**对一位同事许诺你将在1周内准备好去阅读一篇文章。于是你就将为此安排一切，以确保你确实能读完一篇文章。
- **以惯有的方式工作。**对每一项工作和整个任务都遵循一种标准的行动计划：一个仪式化的解决问题的开始使在早期的、预先承诺的每一个任务的每一部分工作都是愉悦的。例如，你可能会一直总是从结论开始写标书、草稿或者信件，或者在你每次参加会议前写一份一段文字的总结。

为了克服拖延，建立一系列长期的像前面提到的策略，来针对你的那种拖延**风格**。避免大多数科学家都有的过分条理化一切事情的倾向。无论你如何为自己争辩，你知道何时在做你不应该做的事情。如果需要到酒店去写一份标书，那就去订房间。

- **不作任何决定就是一种决定。**确信你能区分梦想和目标的差别，根据确定的步骤和完成时间仔细写出标书并制订项目计划。找个朋友或导师一起完成任务列表。
- **认识到优先和需要的区别。**区别你想要做什么和别人需要你做什么？学会授权。
- **不要制造危机。**在你 PI 的任期内会有足够多的危机，没有必要去制造更多的危机。接受事实，也许你对特定的项目不感兴趣或者在一开始就不想制订计划，要做的就是坚持下去。
- **成为你自己最好的批评者，消灭拒绝。**如果你真的考虑了，你应该**知道**你是否走对了路。

警告！当拖延出现时，它可能暗示了你确实在这个时间不能做这件特别的任务。例如，你可能会去拖延为一个你不喜欢的学生写推荐信。可能不是因为这个任务很讨厌，而是因为你写不出那个学生所期望的推荐信。既然这样，你应该告诉这个学生你不能为他写这封推荐信。你能越早地意识到你拖延的原因就越好。不去做一些事情的负担可能要比做这件事情还要沉重。

成为一个完美主义者

完美主义对于一个科学家而言可能是很有用的特征。你要确定基金标书在提交之前绝对是没有问题的，这就是完美主义的一种表现。永远不要忘记对实验的适当控制是其另一种表现。科学研究上的成功通常会让你意识并注意到一些细节，就会希望所有的事情都恰到好处。

但是做一个完美主义者也会带来许多问题。很多人都没有意识到他们自己就是完美主义者，那是因为作为最主要的特征，他们可能只在生活的一些方面要求完美，但在其他方面并不这样。一些很有条理的 PI 有着计算过的规划和将要做什么事情的列表，但也许他们不记得他们的博士后正在做什么。另一些 PI 能够像一个海军潜水艇一样运作一个实验室，他们可以平静而严厉地解雇一些人，但是他们却会因为部门内的政治问题而长时间的焦虑，他们会给很多人打电话询问意见。

事实上，这种不能做决定的模式部分地反映了完美主义者的倾向，因为完美主义者感到他们在某些领域里不能胜任，却不顾一切的去补偿，不想犯任何错误。成为完美主义者的人有很多原因，缺乏自信通常是最主要的原因。认为完美主义者会掩盖自己缺乏自信，这听起来是违反直觉的，但有时并非如此。当一个无能的人完成一项任务，却真的妨碍了任务的完成，这时如果你思考完美主义和拖延之间的关系，这是更容易理解了。

成为一个完美主义者也会影响你如何对待你实验室的成员。完美主义者通常期望实验室的成员也是完美的。在实验研究的产出方面，完美主义的 PI 会把实验室的成员想象的非常出色，希望每一个人都能完成大量的工作。对于一些人而言这种信任是非常鼓舞人的。

完美主义者不利的一面是，当其他人不能满足他的期望的时候或者其他人不能像他所想象的那样快乐生活的时候，完美主义的 PI 会感到遭受到了严重挫折。这种挫折很容易演化为苦涩和自卑，因为 PI 会纳闷，为什么“世界上没有人关心我做研究的方法”呢？

一个完美主义者经常不能很好地委派任务给别人，因为完美主义者认为，别人很少能够像他自己那样能够很好地完成任务。完美主义者最终常常会做更多的力所不能及的工作，从而变得更不完美。这就导致了更多的挫折。然而，如果完美主义者稍微做一点保留，控制一下情绪和期望，那么你的责任将很大一部分转化为你的财富。当你为工作进展不顺利而感到愤怒时，尝试通过考虑以下问题来得到一些启示。

- 你的期望是什么，是否合情合理？
- 你认为实验室的其他人会认为你的期望合理吗？
- 如果合理，是什么妨碍了这项工作的进行？
- 外人会认为这些期望合理吗？
- 如果你不做这项工作，会发生什么事呢？

对完美主义者更深的分析，以及解决问题的办法，详见 Monica Ramirez Basco (1999) 的文献《从来都不够好：将你从完美主义的锁链中解脱出来》。

时间拯救者

分　派

运行一个实验室最困难的部分就是要学会像信赖你自己一样去信赖别人。这需要有自信和信任，你的训练并没有为你准备这种能力。总之，独立和不协作是有压力的，现在，你必须依靠那些甚至没有受到过训练的人。

有多个层次的分派，可以是生理和智力范围内的。生理上的分派通常是最容易处理的。就是委派任务，通常在一开始会委派任务给一个技术员。当然，安排琐碎的工作是最简单的分派：许多 PI 会因为安排某些人倒平板、清理冰箱而感到异常高兴，而这些人也愿意接受这样的命令。一般认为，PI 会指派实验室的某个人负责实验室的安全，而另一个人负责排出一份书报讨论的名单。但是由于即使是生理上的工作也需要作出决定，所以分派会变得更加艰难。

例如，你会为一个实验室成员花多长时间来计划实验，你会为实验室成员的一篇文章花多长时间写答辩信？**毕竟，你是在训练科学家。**当你每次将要做的事情添加到列表中的时候，你要考虑怎样分派任务。如果你不能分派整个工作，那就分派其中的一部分。如果你在写一篇综述，可以请别人找到关键性的参考文献，并写出草稿，并使他成为共享作者。每当你将训练与解决自己负担相结合的时候，可能会大大的增加整个实验室的斗志。不要错过任何可以减轻你的负担并且能够增加实验室积极情感的机会。

- **定义你分派的任务。**要求“请阅读这篇手稿，写出一页综述，按照这本杂志的要求格式，在你寄出前我要检查”，而不要“看看这个，告诉我你的想法”。
- **弄清楚责任、权力以及你分派任务时提供的资源。**这是否意味着这个人能够始终负责这项工作？是否你的要求暗示了现状和责任的改变？如果还存在任何问题，是否该实验室人员现在有权修改任务，或者不需要你的同意？如果发生了问题，谁应该来解决？

- **分派任务时尊重实验室人员的时间和需要，尽量不要不顾死活地分派任务。**请求帮助的一些日常性的和机械的工作，如复印，应该尽可能地少且低频率：对他们说清楚这是一个例外的要求。

学会更快地阅读

更快地阅读可以帮助你更快地工作。大多数人相信他们不可能更快地阅读，其实快速阅读更多的是一个物理技巧，而不是脑力技巧。你首先要学会字母，然后将这些字母作为一个组合单位一起阅读：训练你的眼睛去看一个更大的区域——更多的文字范围是容易的事。

Stanley Frank（1990）的《伊夫林伍德（Evelyn Wood）的七天速读和学习方法》是一个一步一步地渐进式的指导学习的训练方法，它可以使你的阅读速度和理解能力加倍。通过一系列的手部动作，你会学会怎样扫描整页，并在短期内轻松的提高你的阅读速度。

不要用一个手指打字

声音文本转换软件可以帮助你对着计算机讲话，你的讲话被翻译成了可以编辑的文本文件，这是一种很好的可以将你的第一份草稿落实到稿纸上的方法。你确实需要花费一些时间来训练软件以识别你的声音，但是如果在你大声说话时你需要考虑得更清楚，选择 Dragon Naturally Speaking 语音识别软件就可以了。你还可以使用几种操作系统中的声音命令软件作为另一种不用打字就可以操作计算机的方法。

如果你喜欢手写的感觉和速度，使用能够手写文本的便签簿软件，它可以帮助你书写和保存文本，或转换为文本。相对于语音识别系统，手写识别系统软件要求训练你成为时间节约者，而不仅仅是一种新奇。

即使你有一个行政助理，但有很多的电子邮件、信件、论文手稿、基金申请书只有你能完成，所以你仍然需要自己打字。在家里、会议期间、旅途中，打字仍然是通信交流最容易的方式，因为这时可能没有条件和设备让你进行语音输入。每天花几分钟学习打字是一种极好的投资。

打字计算机程序可以教会你如何使用键盘，并逐步提高你的打字速度，尽管你从来也不能不看键盘打字。梅维斯信标教打字（Mavis Beacon Teaches Typing）(译注：一种英文打字学习工具）是一个令人愉快的和容易使用的程序，可以真正帮助你提高你的通信效率。

避免干扰

- **如果你正在工作不要去接电话。**在固定的时间去听留言或者浏览所有的电话。
- **不时的关上你办公室的门！**即使有规定不要关门，但是在你不想被打扰的时候不用理会它。如果你有规律的这样做，除了紧急情况，一般不会有人再去打扰你了。图书馆、会议室或者在你家里，也许都可以适用于这个规则，但是大多数时间里，可能都没有在你自己的办公室里那样的有效。

至少，让你的下属有关门的习惯，你可以限制实验室的其他人听到你们的谈话，并与其他实验室的PI们、销售员或者学生进行约定。

- **停止关心私人事务。**当有人顺便拜访你时，设定一个时间期限。在来人表述完观点并开始闲谈时，你就慢慢地站起来走到门前。不要加入到普通的谈话中。即使你点点头或者说嗯、嗯、嗯，也会使这种交谈继续下去。这并不意味着你不再拥有随意的交谈或者失去与他人之间随和亲民的关系。但是即使是冒着你不再受欢迎的风险，即使被认为不善良，你也绝不能受到任何故事或者任何想要和你谈话的人的支配。避免成为冷酷的人，你可以事先用一些简单的话，如晚一些怎么样、我现在必须要做其他的事情等。你要非常的小心——有一些人会用非常偶然的方式来进行一些对他们非常重要的谈话。
- **说不。**如果你知道你不能做这些事，那你就尽早地说不。你如果寻找借口，或者说晚些时候给他答复，那么就给了你另外一个负担和任务。造成一种假象，即好像你在讨价还价。"不"不一定要很严厉，但是你必须严肃但不冒犯别人。你必须知道你说不的理由，一旦你说不了，就不要再因为愧疚而改变你的决定。一个简单的"不，我现在不能这样做"通常就足够了。

为你怀疑将会遇到的事情做好准备。例如，如果你的项目领导人要求你去领导一个对你没有任何好处的委员会时，你该怎么回答？如果一个总是迟到的技术员要求额外的假期时，你会怎么说？

用好你的时间

让管理时间更加容易

激励你自己去控制时间是最艰难的任务，但是通过简单地按照优先表做事可以帮助你朝着你的目标前进。通过建立物理环境和安排好你每天的活动，你将不必经常地做重复的工作（拖延者的常见举动之一）。

尽管这似乎有些外行，但通常对于一个个人或者一项任务，又确定一份工作列表和日程表并照此执行是最好的。大多数人在一定程度上会将他们的工作和家庭生活一体化，使用两份以上的日程安排会遗漏一些事情。然而，如果你的时间表与管理秘书或者其他系的成员一致，那么这就是只含有工作的时间表了。

日程安排和预定工作列表是所有时间管理系统的核心，你需要一份日程表来保证你的约定，以及一份预定工作列表来确保你的优先性原则。可以制订日工作列表或周工作列表，但是大多数 PI 由于太忙，不可能使用周工作表。通常最好的办法是将日工作列表与任务列表写在同一张纸上。

选择你的组织形式：纸或计算机

虽然电子设备经常被建议用来进行时间管理，但它们并不适用于每一个人。而且，如果时间管理方法不适合你的个性或者工作方式，你会很快放弃它。

纸张

如果你是视觉型的人，考虑一下以纸张为基础的组织系统，经常给你自己写些提醒词语，而且不喜欢被绑定在机器上。使用一个简单的笔记本，或者一种写在纸上的计划表，像备忘记录本（filofax）或时间计划表（day-timer），花很少的时间你就能学会使用它们，这样你就可以利用这些系统随时做些记录或者定下约会。

以纸为基础的系统主要的缺点在于，系统的信息通常只有一份拷贝，而丢失了这样一份拷贝就会导致严重的后果。一种解决的方法是随身携带一本小的记录本，然后定时地将其中的信息转记到办公室里的记录本上。你必须严格的完成这项工作。如果所有的信息仅仅只有一份拷贝，组织系统就比较容易垮掉，所以如果你不能确信已经在两本记录本上都记下了信息，你就不能让这一天就这么算过去了。让别人帮忙完成这种时间表是很困难的，让别人辅助你做完这件事也是不可能的。

计算机

你有可能会使用计算机系统来帮助组织你的日程安排、工作计划表以及联系。计算机程序如 Microsoft Outlook（译者注：微软个人信息管理软件）、Apple Calendar（苹果日历软件），或者网络免费软件如 Google Calendar（谷歌日历软件），允许你进行信息的多视图查看（如日安排表、周安排表或月安排表）。这是划分事务优先次序非常重要的工具，因为你可以同时看到长期规划和每天详细的工作安排。

计算机系统也有可能崩溃，所以你必须时时备份你的数据。你不能仅仅依赖你计算机里的随机备份，你必须定期地将信息存储到一个便携硬盘或钥匙盘中，以确保你在家里或在路上可以使用到这些信息。

协同智能手机

好的电子管理工具，如 iPhones、Blackberries 以及其他智能手机维护系统，至少具备一个日程表、待办事项清单、联系人列表及备忘录。智能手机可以用做单机模式管理器，但是其一旦与计算机联机便可以发挥非常大的功能。这样不仅可以允许你与你的主计算机同步信息，还可以与你的行政助手、实验室人员、家庭日历保持安排表的一致。另外，你还可以获得这些重要信息的另外一个备份。而这些设备并不贵。

这些管理工具中的大多数都有照相机，可以用于对感兴趣的会议海报（可能会发给实验室人员）或者你想购买的设备拍照。有些还带有录音器，可以记录下通知和睿智的思想。你可以在城外发现一个地方约会朋友。如果你的电子管理工具同时是一部电话机，你可以用在公共汽车上的额外几分钟来回复电子邮件。

因为有下载功能，智能手机可以帮助你组织管理更多的事情。从元素周期表到数据表，它们可以在实验室内、外帮助你浏览生活，而且很多 PI 都完全沉迷其中。定期地评测你工具的使用效能。在谈话或者开会时，拒绝使用它们查收电子邮件或阅读杂志上的文章。有时候，关掉它是最好的保持注意力集中的方法。

开始这一天：每日的工作计划表

每天早晨当你开始工作的时候，坐下来，制订一张你今天想要完成的所有事情的列表。这张列表可以在前一天晚上完成，但是要保证早上坐下来仔细读一遍。这可以帮助你将列表上的内容分类，并按照顺序去完成。你可能要列出一份今天你要回复的电子邮件的列表，或者将你今天需要谈话的对象归类。在你先要处理的事情上做记号是很重要的。

制作列表还不足以改变你的生活——你还必须确实按照列表完成它。为了使列表起作用，你必须承诺去执行它。而要去执行它，你必须使制作的列表现实和可行，而避免日复一日的重复同样的计划表。

- 只列出 10 个项目，如果你完成了所有这 10 个项目，再添加其他的项目。
- 只列出能够完成的项目，不要写上“写综述”——你在一个上午不可能写完整篇文章，所以你就写上“开始写综述的引言”。
- 在已经完成的工作上打钩或者打叉。
- 如果有没有完成的任务，在把它放在明天的任务列表之前重新考虑一下。这样可以允许你决定是否它的优先次序仍然是第一位的，或者并不如你曾想象的那样重要。

利用小段的时间。在日程表以外，还有一些时间可以将一些小的任务挤进去，将它们列出来。其中的技巧是任务一定要小——不要试图将 10 项工作挤入到短短几分钟的时间里。

10 分钟可以：

- 打一个电话。
- 读一篇文章。
- 整理你的桌面。
- 检查一遍我的收藏夹中喜欢的网站，删掉那些你 6 个月都没有浏览过的网址。

30 分钟可以：

- 在网络上搜索一个主题。
- 打扫一个抽屉。
- 与一个同事喝咖啡。

不要浪费预期之外的空闲时间。偶然地——太偶然了——某人会取消与你的见面，或者你比平时早 15 分钟开始工作。第一种诱惑是什么事都不做，并且奢侈地享受这些没有约束的时间。如果这样的话，当时间过去后，你的问题和任务都还在那里，而平静的时间段已经过去了。

而另一种诱惑就是将这段时间用于一项重要但不紧急的任务，给你超过 15 分钟的喘息时间去完成一件事，而这件事可能是渗透到你的下意识中的事。下面列出了可以用一小段时间来完成的任务。

- 与实验室的一个学生散步的同时讨论一篇论文。
- 删除发件箱里的电子邮件，确信你已经有了所有需要的地址。
- 整理一个书桌的抽屉。

当然，可能性是无限制的。但是习惯于利用一小段的时间，可以改掉你浪费时间的毛病。

流线型的通信

信　　件

没有读过的或者读过没有回复的信件会很快的堆积起来，解决的技巧是尽可能快地处理掉每一封信，绝不要去超过一遍地处理每一封信件。

每天回复信件是日常常规工作的一部分，如果你让这些信件堆积起来，下意识地认为在你想处理的时间再去处理，很有可能堆积成为大量的纸张，而这时你已不能及时满意地去处理它们了。打开信封，并且一旦打开就立即处理。用以下的方法之一处理信件。

- **扔掉信件。**真诚并快速地考虑。如果你不打算参加这个会议，就把会议通知单扔掉。如果你现在对更新设备不感兴趣，就把特价优惠单扔掉。在你认为需要的时候，你就会知道什么是你想要的。
- **按照信件上说的去做。**如果你需要一种试剂，那么就将信交给负责订购试剂的人。如果你就是那个负责的人，要么就安排并开始准备回信，要么将信件收起来，并按计划表去完成。

整理是处理信件的一种方式，而不是一种选择性的行动。在实验室，你可能收到的发票较多，而收到的信件并不多，应将这些发票整理起来。

电子邮件

电子邮件的混乱会使你的生活像处理一大堆信件一样一团糟，而要回复电子邮件是主要罪魁祸首。大多数人都有不同信件和文件的存放箱——可能并不保存文件，但是他们至少是一种整理的方式。当你需要的时候，你需要的重要的电子邮件是随时可取的。

格式化发送邮件以保持效率和有效性

- **永远不要让主题行成为空白。**接收器会按照邮件来源和主题行打开或优先排序。清楚地标明电子邮件的目的（"明天系里会议的议事日程"、"对学生评价要求"、"明天的咖啡?"），并且确保你的邮件可以根据邮件地址或者主题行来识别。就像考虑你自己的需要：主题行将会对你自己的记录有用。
- **每一份电子邮件都有电子签名。**邮件可能包含你的名字、头衔、附属关系及联系信息。邮件可能有引用或者一些其他个性化的信息，但最好有一些简单的不同的签名以区分是工作所用还是个人所用。
- **多数情况下，回复时保留原始文件，**因为先前的信件可作为问题的提示和一篇文章的追踪，但要确定最近的信息处于这条信息链的顶部，而不是在底部。
- **正式信件，如请求写推荐信，应该不包括任何先前信息，**尽管它们是写来作为电子邮件的回复。确信在正式电子邮件中包含有日期。
- **保存你经常发送的反复使用的信件内容。**使用标准信件，回答常见问题，如你是不是有空缺职位。

限制和组织接收邮件

- **根据文件和规则分类及优先分级邮件。**你的电子邮件程序允许你设定你的接收邮件(通过来源、主题行或者地址)，如高、中、低的优先级和/或分类接收邮件到文件夹中。花点时间处理它们，可使你每天早上不必阅读几十份或几百份邮件。
- **不要让邮寄宣传品自动被删去。**将它们发送到一个文件夹或者邮寄宣传品夹中，但要定期地看看，确信一些重要的信息没有从这里溜掉。
- **尽可能多的远离电子邮件清单。**如果你不想伤害别人的感情，在你看邮件上瘾时，将所有邮件清单放到一个文件夹中，标上低优先级。
- **建立文件夹存储电子邮件。**例如，

  现用文件夹：来信、未读邮件、进入现用文件夹的高优先级邮件。这是你"真正的"收件箱。

  个人文件夹：家庭修缮、孩子的学校联系。

  学生文件夹：课题评价、推荐信。

  顾问文件夹：公司 X、公司 Y。

  顾问：公司 Y。

建立一个系统维护电子邮件

- **保持你收件箱邮件名称足够短，以便你不用翻页可以在一页上看到你所有的邮件。**如果每一次你坐下来阅读邮件时，你都必须一页一页地翻动以寻找主题来决定你想

要什么，你在浪费你的时间。如果你每天都这样做，最好是每周至少一次清除掉你收件箱中的所有邮件，你才能保证你的效率。

- **每次处理你现用文件夹中的一封邮件。**不要跳过，快速扫一眼邮件并决定是不是真的重要。如果不重要，删掉；如果重要，立即处理（如果它需要花几分钟），提出来或将它放到你的行动计划表中。一旦你已阅读和采取行动，存档或删除该信件，不要再允许它留在你的收件箱中。
- **固定一个时间阅读和处理邮件。**对于多数人来说，最有效的办法是关掉所有的邮件通知，仅仅在邮件进入收件箱后再打开邮件。你仍然整天可以利用这样间隔的短时段的时间，但确定每次必须彻底处理一封邮件。

有效地阅读你的邮件！

阅读邮件：

- 不需作出反应和处理吗？
  删除掉
- 你需要用邮件作为参考资料或引用吗？
  以同样的主题文件和邮件存档
- 需要作出快速（3 分钟）回复吗？
  现在就做
  删除邮件
- 需要深层思考或处理吗？
  将邮件建档到“要做”盒里
  在你的计划表清单里或日历上做个标记
- 邮件的内容可以由其他人来处理吗？
  转发邮件
  删除原始邮件
  在你的计划表中作出标记并跟踪执行情况

- **对关键性邮件制作硬拷贝。**将它们打印出来立即存档。
- **定期清除文件。**间隔一定时间，进入文件夹浏览一遍，删除你不需要的文档。每个月清除一次发件箱，否则存储空间将是个问题。
- **规范备份你的邮件文件。**有可能你的信息技术（IT）部门会备份你的邮件文件，但你要核实。如果他们没有备份，投资一个网站备份或者外部硬盘和程序以自动备份。
- **网站邮件也可以组织。**就像你的专用程序一样，你可以建立文件夹来存储邮件，如果你愿意，你可以定期地将重要的邮件进行备份或者转存到硬盘中。然而，有些 PI 从来不整理他们已经恢复的网络邮件，宁愿将所有的邮件内容放在线上以便作者搜寻或者根据需要串在一起。

通常将邮件存放在存储器里是一个好的想法——就是说，不要将它们下载到你自己的计算机上，你的计算机存储空间小，更可能导致计算机系统崩溃。许多 PI 有几个电子邮箱地址，这样可以使用一种计算机上的程序来管理所有的邮件。很多人还喜欢邮件和其他程序之间的平滑连接，如地址储存和计算机上的照片共享。

如果你确实使用多个电子邮箱地址，将每个地址与特别的主题相连，并作为你电子邮件优先分级的依据。个人邮件应该使用一个地址，如工作邮件可能会转发给其他人。

电　话

办公室不是你接电话最好的地方。无疑你将花费比你想得更多的时间来接电话。设定接电话的时间，无论是打出电话还是接听电话。将时间记在你的日历上：考虑到必须事先安排。

- **设定语音邮件和/或电话应答机。**复查你整天的电话信息。
- **将信息优先分级。**在单独的一张纸上列出要回话的电话信息。每天定一个时间用于回复电话。
- **私人电话使用手机号码。**

奉献于你的办公室

你办公室的主要用途是什么？第一个想法是这是一个写文章和处理文章的地方，但它同时更应该是一个符合你需要的地方。实事求是地考虑一下你的需要，因为即使一个基本的物品，如书桌，也可能不是必需的。

- **邮递和书面工作、阅读和写作。**你需要一个专门的地方用于这些工作，一张用于放置计算机和进行文字工作的书桌。书桌的另一个选择（或附加一张书桌）是一张大书桌，一张大书桌可以方便你铺开文章，同时也可以提供一个召开会议的地方。
- **电话。**你需要一部能够连接日历和日程安排的电话机和电话应答机，一个做笔记及处理私事的地方。
- **会议。**几张椅子是你的全部需要，一张大书桌则是锦上添花，因为围绕着大书桌谈话要比分散在小书桌之间更加显得适合于会议。
- **一个避难所。**有时，一点点的私人空间是你能够重新获得平衡的全部。一张椅子，或者一张长椅对于任何一个办公室都是完美的添加。这是一个用来舒适地阅读、小憩，甚至是在基金最后期限或一段长时间实验的整晚可以在此度过的好地方。然而，这样做的确会增加一些可能不适合某些研究所或公司的不拘礼节的气氛。音乐应该给人以精神慰藉或者鼓舞。不要花费太多的钱去购买音响设备，能够播放音乐和收听新闻就足够了。要保证你有耳机。

维持一个良好组织的办公室。也许没有哪一个实验室神话到像下面的这个例子一样可以流传的那么深远：一个乱糟糟的书桌是创造力的标志还是对官僚主义的蔑视，而书桌的主人能够随时用他们的手指触摸到任何他们想要拿到的材料。

然而，更加有可能的是，一个乱糟糟的书桌事实上在物理空间上妨碍了工作，在精神上影响了工作的热情。并且表明了一个事实，你不善于书面工作。

与行政助理一起工作

如果你很幸运……

运行一个实验室必须的管理任务和其他的书面工作通常是一个 PI 最不喜欢的工作。如果你足够幸运有一个行政助理，而他（她）会开心地和仔细地为你处理事务，这个助理就可以把你从日复一日的腐蚀你大脑的行政工作中解脱出来，他（她）也是——应该是——实验室里非常重要而又非常有价值的成员。作为 PI 团队一个关键性的成员，助理对于实验室的动力是非常重要的，他（她）的个性将会影响实验室的风格。

助理的薪水通常非常低，以至于不能吸引很多有能力的人。在许多地方，助理把申请助理工作作为进入一个机构的途径。然后他们就会申请一些行政管理方面的工作或者其他管理职务。

而你可以支付给他们的却只是严酷的工作环境和一个最大程度训练他们的机会。这种学习环境对于有进取心的人来说是很有推动力的。

通过选择一个可以成为系统一部分的人来和你一起工作。通过人力资源部雇用行政助理的过程，详见本书第 3 章“选择实验室人员”这一节的叙述。这是个非常好的主意，既然应征行政助理的人可能要比应征实验室工作的人多，那么对这么多申请者的筛选过程可能令人却步。

让人力资源部门了解你自己。办公室里的人对你了解得越多，他们为你配备的行政助理可能会越适合你。许多 PI 对于评判一个行政助理的能力以及培训行政助理感到不舒服。你阅读的申请书越多，你对适合你的人应具备的能力就越有感觉。当你与人力资源部门交谈时，如果你非常清楚地知道你需要的是哪一种能力，将会大大的简化预筛选过程。记住这样的人与你工作的紧密程度要超过实验室的任何其他人，这就需要你花更多的投入来寻找一个胜任的人。

一个行政助理能为你做什么?

大多数 PI 都认为一个助理的任务就是整理文件、打字和接电话。但是他如果认真地考虑了你的需求和助理的任务，就可能会有效地完成工作并为你节约更多的时间。当你决定进行一项任务的分派时，也考虑一下助理的专业技能。因为一些工作需要更有经验的人来完成。不要去雇用一个整理文件很在行的助理。最好的助理应该是有前瞻性的，并且不喜欢去做一些常规的杂务。

大多数行政助理能做的任务：

- 打写信件、资金申请和初稿。
- 整理信件、申请书、课程材料和演讲稿件。

- 影印文献和做一些办公室的事务。
- 回复电话/电话应答机，收集 PI 回答。电话所需的信息。

> 当助理在进行重要工作的时候，基本上没有人会注意到她。问题是如果没有人看到她在工作，她会感到她没有被别人认同。

需要更多经验的助理能完成的任务：

- 预先浏览信件。
- 约定一些会见。
- 为实验室会议制订时间表。

> 我尽量找一些机会让助理和技术人员来做很多的管理工作。我并不认为自己是一个很好的管理人员，我也不想在这方面花很多的精力。

需要有丰富经验的助理能完成的任务：

- 安排你日常以及在外地的时间表。
- 检查电话呼叫。
- 进行一些搜索，将参考数据下载到计算机中。
- 处理一些行政事务，编写一些行政文稿。
- 跟踪资金项目。

不应该期望助理做的任务：

- 冲泡咖啡。
- 处理你的私人事务，如去拿你干洗的衣服或帮你挑选私人礼物。
- 替你说谎。

你需要什么呢？如果你正在建立一个新的实验室，你需要一些能够帮你组建办公室人、使你的未来更加有效的人，还需要一些熟练电子邮件交流和文字处理工作的人。

如果你处在一个你一生中最关键的资助申请中，你就需要一个熟练于文字处理和其他程序的人来帮助一起完成申请。这个人必须拥有出众的交流能力，能够与资助办公室和基金委员会打交道，同时还能与你和你的实验室友好相处。

如果你经常出差，你需要有人来帮助你安排约见、会议、核查日程表、并能够为制订优先次序作出决定。

你不需要一个低劣的助理。因为你和你的助理共同工作，如同一个团队，所以你们的工作方式必须兼容，否则就会经常关系紧张。虽然两个人的工作方式不必完全相同，但是他们应当互补而非冲突。例如，如果你是一个组织性强并讲究方法的人，而助理是一个乱糟糟且赶时间的人，那就可能会有麻烦。

低效率、不能信赖以及缺乏可依靠性是助理不能胜任工作的标志。责任心上的改变可能有所帮助——也许这个助理没有充分利用或者压力太大，作一些调节总是需要的。

与行政助理一起日复一日有效地工作

常规工作

- 每天早晨与你的助理开会，开始一天的日常工作。确保你们的计划一致，并且清楚当天任务的优先性。
- 告诉你的助理关于你的行踪以及一天工作上的任何改变，保证你能一直被联系到。

- 不要搞乱你助理的系统，如果对你不合适，那么就进行讨论，不要简单的只是改变它。
- 计划助理如何处理意外的打断。如果有人不请自来，那么谁应该优先处理并确定是否来访者可以与你见面？你还是你的助理？一些特殊的电话是否能够自动的转给你，不管发生了什么事？

礼　　貌

- 不要打断助理的工作。制订一份列表，列出你应该要跟她交谈的事项，或者讨论每天或每周预先安排哪些工作要先完成。你可能要设置一个电子信件系统。但是电话、便条或者额外要求造成的偶然停顿，使人很难保持条理和专心。
- 总是说谢谢你。

报告路线

- 尽你的一切所能以保证只有一条报告路线！保护好你们之间的关系。PI 们已经发现，在管理任务繁重的系里，由行政助理向一个主管（随后向 PI 汇报）汇报的传统是非常令人不满意的。通过协商将控制权重新掌控到你的手中，尽管这样做意味着要使用你自己的钱而不是系里的基金。这种情况也使得一些助理不能成为实验室的一部分：相反，他们会感到是管理系统的一部分。
- 如果你确实雇用了一个勤工俭学的学生去做文书工作，与助理讨论这个学生应该做什么。这个学生应该向助理汇报工作。
- 不容许实验室的人员向助理发布命令。不仅因为这会导致实验室不和谐的等级制度，而且这也是非常低效的。如果有特殊的要求，如资助的最后期限，那么实验室的成员应该与你交谈，然后由你和助理交谈。不要让实验室人员有全权处理的权力，非常准确的定义助理的工作。

私人生活

- 将你的公众生活和私人生活与助理之间设定严格的界限，反之亦然。工作的特性导致你们会亲密无间，但缺乏私人空间。有必要发展你们之间的关系，从而使你们能够保持相互热情和关心，但需要小心以避免侵犯对方的生活。
- 不拘细节。也许你们其中之一在家庭中很不愉快的时间会非常影响你的情绪，你感到你必须进行解释。不要注重细节，只要说家里的某些事情使你烦恼就足够了，同样的，不要问对方的细节。
- 不要与助理讨论其他实验室成员的负面内容。这比控制实验室成员更加困难，因为与助理之间的关系是不同的：助理与实验室人员一样，是你团队的一部分，不要将助理推到一个她必须选择站在哪一边的境地。
- 绝不要请助理去处理你的任何私人信息。这个容易理解——这是一个税收的时代，我打字太慢，顾问费是工作的一部分。但是坚持你私人的书面工作你自己做。有些助理会提供帮助，事实上就是简单的帮助，但是你可能会创造某种情势，最终导致遭受侮辱或者侵犯你的个人隐私。

- 如果助理为你管理日程安排，你的一些私人活动也会被他知道。如果没有必要，就不要提供更多的细节。
- 助理有机会接触到非常隐私的私人记录，如实验室人员的推荐信。在雇用一个新的助理之前，与其解释保留隐私的绝对必要性。如果一个助理还需要向一个管理者或其他人汇报，或者这个助理还为其他人工作，就不能交换不同上级的信息。

没有全职助理

兼职助理

通常，当新的PI刚刚起步的时候，很可能他们仅仅需要适度技能的助理，因而几乎没有什么经验的人也能胜任。一个兼职助理训练得越好，事情就会进展的越顺利。而且，除了将宝贵的时间用于日常工作外，他还能帮助解决更加复杂的管理任务。

如果不雇用一个兼职助理，那还可以雇用一个勤工俭学的学生。影印照片、分发文件、整理文档，这些工作需要很少的训练就能教会。只是待在一个实验室里，对于一些学生来说是非常有趣的，而且他们会处理更加复杂的任务。

在和一个兼职助理工作的时候，你应该每周重新评价一下这一周使用这个助理最有效率的工作时间。如果一份资助将要到期，决定是否请助理帮忙或者让她紧跟基金情况以收拾残局。

共用助理

如果你没有助理，那么最好与另外一位PI共用一个助理：这是大多数新PI们的情形。共用一个助理与使用一个兼职助理几乎差不多，但是由于同时要处理其他主管的事务，这就导致了比较复杂的和困难的情形。这种工作的本质就使得人们不合理的对助理下达命令。如果一个人总是下达这种命令，任何助理都会觉得受骗上当了。这往往成为一种相当严峻的形势，一些PI不得不面临这样的选择：要么与其他PI争得面红耳赤，要么选择放弃共用助理。他们通常都选择放弃。

> 我并不懂得如何使用助理。我与一个大老板共享一个秘书，他总是为他服务，但只为我复印，而我自己要写所有的信件。

既然你会让这个助理为你处理每天仅仅几小时的事情，你就必须知道你最优先有效利用这些时间所需要做的事情。这会受到共用助理方法的影响，而且要经过非常微妙的谈判。

在决定助理时间如何分配之前，所有共用助理的同事们必须一起制订基本的规则。助理需要为每个人做哪些工作？每个实验室成员希

> 我拥有一个助理1/6的时间，但我确实需要更多他的时间。

望助理每周做多少小时的工作？每个人能够为别人的危机留下什么余地，而谁来作出这样的决定？当一个主管超越了他的界限做出了不公平的需求，将会发生什么事？这个助理应该倾向于谁？

新的 PI 们可能会面临一个共享的情况，而且并不希望把事情弄糟。虽然你确实需要小心地处理，但是你必须保证协议的服务将对你有帮助。这是非常重要的。在本文上述部分提到的双报告路线的问题在这里同样存在。

一个共用助理可能会非常倾向于支持一个监管者而反对另一个监管者，从而通过声称那个时间为另外一个主管工作而逃避大量的任务。而更加可能的情况是这个共用助理在哪里都不吃香。

使行政助理成为实验室的一部分

通常，助理从生理和心理上都将自己与实验室的其他成员分开。然而，实验室中很少有人是不能够被替代的。与实验室的其他成员达成共识，这个人是实验室成员中很重要的一位，大家必须要尊敬他，对他很有礼貌才行。

助理并不需要远离实验室的其他成员。这取决于他所要完成的任务，也可能实验室才是更合理的地方。例如，如果助理的主要任务之一是处理订单，那么他就应该与实验室的成员进行很好的沟通，而不是与你密切地联系。

尤其是如果你在一个学术单位，可能助理的待遇是很低的。只有两种方法你可以用于鼓励、动员、奖赏你的助理：①提供学习新技能的机会及提升的机会；②使这个人成为实验室文化和成就的一部分。

你能够——如果助理没有接电话或者做接待的工作——努力灵活的对待他的时间，就像你对待其他实验室成员的方式一样。时刻牢记将助理纳入你的实验室整体活动之中，包括科学务虚会或会议。即使这个人婉拒了，这种作为对实验室成员的致谢通常也是极大的认同。

你作为自己的行政助理

大多数的新工作人员和公司雇员都没有助理，他们可能没有资金，也可能不需要。是的，但是当大多数人在考虑这个需求的时候，他们都想要一个助理，因为他们想要有组织和结构。让别人来做这种组织工作看起来好像比自己做要容易。

> 有一个部门行政助理，他总是为一些人不停地打稿件！但是到了我能给他解释一些事情的时候，我已经可以自己完成打稿件了。

你将会在没有助理的情况下能够做到拥有好的组织、一台计算机、一台电话应答机或系统。这几年中的某些时候会是疯狂的。当资助快要到期时，你就需要额外的一双手。这时你就需要实验室的其他人员帮助你写一份申请或者复印申请书、制作图片以及校读——或者雇用一个临时助理。

积极寻找一个导师

避免孤立

刚开始的日子通常都是兴奋的，但有时也是孤单和紧张的。许多新的PI们一开始就有做有突破性科学的想法，但是几个月内就发现这仅仅是生存和寻找赞助，并且在午夜之前能回家就足够了。在这段时间内，PI们会感到孤独，而缺乏时间是主要的原因。大多数新PI进入了一个不熟悉的环境，认识没几个人，因此发展新的关系所需要的活力都变得很不重要了。

感觉像个外来人是容易的

刚开创一个新的实验室的时候，研究工作开始进展得很慢，一些PI认为他们没有什么可以提供给同事的。在一个并不活跃的部门里新的PI们感觉到他们永远也没有机会与别的地方的“真正”搞科研的人进行竞争。工作场所中为数不多的外国人、女性或者特殊种族群体，他们常常会感到受到了排挤。这种不满的感觉是常见的，而且必须要克服。为了科学的目标、为了你自己、为了实验室，非常重要的是你要与单位的其他部门保持联系、与单位外面的世界保持联系。下面列出了一些保持一体化的方法。

> 我犯了一个错误是没有向资深人士或者同事请求帮助，因为我害怕看起来很无知，或者害怕承担项目或者信用的人。

- 保持一个鲜明的姿态。
- 参加部门的学术讨论和活动。
- 与同事们碰面（争取每周午餐的时候至少与一个同事碰面）。
- 找一个导师。

不要让实验室人员变得孤立

孤立有时是一种诱惑，但是通常是一种毒药。一种“我们反对他们”的思想会在实验室内养成，尤其是当实验室人员因为是新来的、没有经验或者地理位置陌生而感到被孤立的时候。尽管PI和实验室的成员关系非常紧密，但是PI必须确保实验室不要陷入孤立之中。

确保你实验室的人员去上课、参加系里的会议和一些聚会，或至少是一些社会活动。与他们交谈，让他们了解在单位内建立联系的重要性，并以身作则。把实验室的成员介绍给尽可能多的人，并将他们引入科学对话之中。如果不和一个团体建立交流并进行整合，一个实验室人员的职业生涯将会异常艰辛。孤立不等同于独立。

一个导师的重要性

法国生物学家 Andre Lwoff 曾经写道：“科学家最首要的艺术就是使自己成为一个好的老板。”

Perutz（1998，p. 301）

另有一件对我至关重要的事情就是成为导师。在我的职业生涯中我非常幸运。我总是遇到能够给予我最缺乏的重要信息的导师。我不必去吃力的寻找他们，他们会自己出现——简单到像“如果你需要帮助，就来找我”，而且他们会帮我理解组织。举一个例子：有一次我打电话给一个导师，抱怨说有一些困扰我的事情。他帮助我将目光放得更长远——将单位作为一个政治上的整体来看待。

Thomas 等（1992，p. 22）

为什么是导师?

你不必每一件事情都自己做，不管你多么成功，导师能够帮助你。他们可以与你分享他们的经验，防止你犯同样的错误。当研究状态处于比死亡还要绝望的时候，或者当你感到你并不能胜任作为第一年的学生时，他们都会让你充实信心。他们会提供科学网络的基本要素，而这种网络将连接你剩下的整个人生。他们是科学家的形象模特，是你想要成为的那种人。

你希望看到导师的什么品质?

- **成功。**导师应该是你羡慕、尊敬并向他学习的人。大体上，当你选择了一个导师，你就选择了你想要寻找的道路。导师应该是他们所在领域的专家。这就像实验室的工作首先最重要的是建立一个实验室一样，所以尊重一个有希望的导师的研究是最高优先级的。
- **联系。**导师应当在政治上有前瞻性，应该懂得科学以外的东西对于研究科学是必须的。
- **关心。**导师应该对指导有兴趣，并且对时间以及与你一起工作的人有沟通技巧。
- **诚实。**导师应该值得信任，而且言语诚实。你的导师应该具有你崇拜、尊敬和向他学习的品质。他的价值应该与你自己的互补：他的其他品质应该与你的生活方式相似或者尊重你选择的生活方式。

我已经不再能找到一个导师与我交谈关于我最需要什么样的帮助：整理数据。你如何以一种最好的方式把你的数据放在一起，你将如何决定什么时候写文章，你如何去递交它。

谁是导师?

导师可以是任何人，同辈或长辈，是在你这段生活中让你感到舒服的人。这种关系可以是正式的或者是非正式的，但是一旦拥有一个正式的导师，你将收获颇多。这是容许你请求帮助的一种承诺，因此你在请求帮助时不必感到尴尬，因为你们可能会成为朋友关系。

导师可以成为朋友。你可以通过朋友圈讨论问题和相互拜访，并且从来不会觉得你有一个导师。不要因为你相信这个人会给你提升、奖金或工作而选择他成为你的导师。但是导师不一定必须是朋友。一些关系可以成为朋友关系，其他的关系将保持为专业上的关系，这就够了。

拥有一个或更多个导师是允许的，也是可取的。一个人，如果他的地位、成就、目标和个性与你的选择很符合，他可能成为你的第一个导师。同时，你可能不止只需要一个人作为导师。你可能经常会有这样的导师，他们能够满足你所需要的导师的一个或两个标准。一个可能在你的系里长期任职，指导你完成系里的学业的导师，另一个可能与你的家庭状况相同的导师，而且还有一个会在科学领域中指导你一生的导师。

能与一个导师友好相处，从而能够与他讨论非常私人的问题，甚至是你的事业，这是非常有用的。你周围的环境，包括种族地位、文化、性取向都会对你的人生和科学生涯产生复杂的影响，这些事都是你希望能够与一些有着类似经历和困扰的人进行讨论的。如果这个人你选对了，那么与他讨论你个人的想法就不是非专业的。但是要小心不要作出武断的假设，即如果一个人在某些方面与你非常相似，就把所有的事都摊出来讨论。

寻找导师

现在，很多研究所对于新的PI们都有正式的导师计划，有一些人做得比其他人要更加成功。导师计划由于申请者比能够提供的导师名额要多得多而难以实施。如果在你的研究所里有一个好导师，就用他吧。如果给你分派了一个差的导师，要求换一个。

大多数导师计划对于PI们来说都是相当非正式的，而且是很偶然的。你可能在与某些人工作了几个月之后，才意识到最初想知道的一些技术上的相关信息正在更多地被传授。一个潜在的导师可能就在你身边。例如，你单位里的一些人可能已经注意到了你，在你的单位里，正对你的实验或政治状况提出一些建议，欣然的去接受这些帮助，并看看结果会怎么样。

> 他们在这里实行一个导师计划，仅针对妇女，所有的妇女都想得到这个计划，但只有一个人志愿做导师。最后，我得到了一个临床医生导师，而我们完全不了解对方。

随着你的成功，你会发现越来越多的人想要你成为他们的导师。有些人这样做只是为了他们自己的计划，想要在单位里提升一些会推进他们自己计划的人。有些人这样做是因为更加确信他们的努力会获得丰收。还有一些人这样做是因为你成功了才会注意到你。

- **不要等着导师去找你。**如果你看到某人，你认为他会成为一个好的导师，那么就去接近这个人，并向他请求对你事业的特别帮助。例如，你可能会请求关于你在学校中得到任职机会的程序，或者在你的单位申请资金的相关建议。

- **如果有必要雇用一个导师。**如果你不能找到一个导师，而一个导师对你又是如此的重要，那么就值得雇用一个导师。对于非常主观或者情感的事件，你需要某人能给予客观的建议，雇用一个管理顾问或者指导——即使花费很大——也会比根本没有一个导师要好。
- **从小事做起。**你不能奢望仅仅通过请求就会有人很高兴的与你建立一种重要的、所有事都安排好的、完全将你庇护起来的关系，虽然这对你是很好而且是很有帮助的。这种关系必须是逐步发展起来的。这些关系的大多数以较小的合作方式开始，然后慢慢通过默许和相互的承诺发展起来的。带着有限的任务请求他人帮助，如解读一个基金或组织一个班级。
- **对待拒绝。**当你向某人寻求帮助的时候，要准备好遭到拒绝。如果你被拒绝了，不要怨恨或者断绝与此人的关系。人都是很忙的，最好能了解他的极限。被拒绝要比指导得差要好得多。
- **非正式指导。**指导关系没有必要非要贴上正式的标签。有一些人对于正式的确认导师关系感到并不愉快，他们可能害怕这种暗示的责任，或者他们感到这种不平等的建议并不是他们想要的关系。

指导关系

你应该有自己的特定目的，以至于能够从指导关系中获得最大的信息，并为导师节省时间。长期目标和短期目标都是需要的。这些目标应该取决于导师和与导师的关系。在一个正式的指导关系中，目标是公开讨论的；在非正式的指导关系中，他们则是更微妙的暗示。长期的目标可能是政治性的建议、个人的建议或者科学的建议。

每一次集体活动之前，不管你安排了多么不正式的约见，如果你列出了一个主题清单或者你想要讨论的一些特殊问题清单，这对你将是有帮助的。例如，你可能想知道，在不冒犯任何人的情况下我如何拒绝参加委员会？我被一个资助拒绝后接下来我要做什么？我在平衡家庭需要和工作需要之间有困难。

尽管你准备去向导师寻求建议，但也要有优势。你在给导师安排一些事情。你必须评价你自己。如果你抱有一种与导师无关的态度，而且你认为不值得给导师制造麻烦，你应该非常幸运，你找到了一个愿意花时间来指导你的人。导师不是社会工作者或者治疗师。

回过头来看，这是一种导师关系，你必须要尊重导师的需求，牢记导师的目标。

重新评价你与你导师之间的关系

一个好的导师可能在你评价他之前就已经知道了情况并不理想，但是你还是要不断地去评价他，是否你们之间的关系是你所期望的。你是在满足导师的需求吗？多数人去指导是仅仅当他们有被需要或者被赏识时，他们想传递信息和提供帮助。你确实已经听取并且获得了有用的信息吗？如果是，你是否给你的导师以感激的回报呢？你满足了导师的要求了吗？

指导也会变得糟糕。事实上，导师可能愿意指导那些做的糟糕而不是做得好的人。在科学上，这本身就表明导师想要因为你的课题和实验而得到好评。有时候可能是因为你的技巧和能力与你的导师已经很接近了，而有些人只会在帮助那些与他不对等的人时才感到舒适。

如果你发现导师开始透露一些私人信息时，这就是你要立刻终止指导安排的一个信号。当然，如果你听到了你认为可以成为导师的人在苛刻的批评你，这是你们立刻进行讨论的基础。

通常多数情况下，指导不会变坏，仅仅是变得低效或者一方或双方得利减少。

结束你与导师之间的关系

有些指导关系仅仅在特定的时间是有效的，当他们不再有效时候应该结束这种关系。指导关系如何结束取决于这种关系的性质：正式的指导关系最好以正式的方式结束，不正式的关系最好以不正式的形式结束。

你可以通过声明结束一种正式的关系，如“非常感谢您对实验室的帮助，我想现在问题已经解决了。我非常喜欢我们的会见，如果我能为您做些什么事的话，希望您能来找我”。多数不正式的关系通过逐渐减少会见和没有任何的感谢来结束。你打电话决定是否安排结束关系，或者通过询问讨论主题，“这仍然是在为你工作吗？你想做一些不同的事情吗？我们中断一段时间好吗”？这种开门见山的方式来交谈通常就是一个目的。

以你们之间的好的意愿结束所有关系。即使你认为导师的想法不现实，也要表现出你的感激和你的诚恳。只有欺骗和破坏才值得去生气，否则你就要保持你行为的礼貌性。

传授你学到的东西。你和你导师之间的关系，以及你和你将要指导的那些人之间的关系，将会形成你职业生涯的最密切的人际网络关系。你从你导师那里学到的东西将变成你自己的一部分，你可以把这些知识传授给其他人。当然，导师个人的私人信息不应该被泄露，尊重导师的隐私是优先级的事。但是你所学到的职业方面的东西将成为你自己的一部分，同样，你将成为你实验室人员的导师。

不要忘记榜样的作用

不是总有必要一定要与某个人建立指导关系，即为了从他那里学习到什么：在比较他人的管理和研究风格中采取回避和慎重的态度，是建立自己需求和优势的一个好方法(这种小心的评价在寻找你可能想了解的人时还是有帮助的)。

环顾你所在的院系和单位，考虑你的领域里你欣赏和尊敬的人。回想你生活中的导师。

- 为什么你欣赏这些人，而不是其他人？
- 谁与实验室人员相处的方式是你愿意效仿的？
- 什么特别的行动、人生哲学或者规则是你自己的实验室能供鉴的？

参考文献

Albright M, Carr C. 1997. *101 Biggest mistakes managers make: And how to avoid them*. Prentice Hall Press, Englewood Cliffs, NJ.

Barker K. 1998. *At the bench: A laboratory navigator*. Cold Spring Harbor Laboratory Press, Cold Spring Harbor, NY.

Barker K. 2003. Mentoring: A la carte is better than nothing. *Biol Phys* **2:** 8–9.

Basco MR. 1999. *Never good enough: Freeing yourself from the chains of perfectionism*. The Free Press, NY.

Belker LB. 1997. *The first-time manager*, 4th ed. AMACOM Books, NY.

Blum A. 1980. *Annapurna. A woman's place*. Sierra Club Books, San Francisco.

Boice R. 2000. *Advice for new faculty members: Nihil nimus*. Allyn and Bacon, Needham Heights, MA.

Butler G, Hope T. 1995. *Managing your mind*. Oxford University Press, NY.

Career Basics Booklet. 2009. *Career basics: Advice and resources for scientists* (http://sciencecareers.sciencemag.org/tools_tips/outreach/career_basics_2009).

Caveman. 2000. *Caveman*. The Company of Biologists Limited, Cambridge.

Cooper RK, Sawaf A. 1997. *Executive E.Q.: Emotional intelligence in leadership and organizations*. Grosset/Putnam, NY.

Covey SR. 1989. *The 7 habits of highly effective people*. Simon & Schuster, NY.

Covey SR, Merrill AR, Merrill RR. 1994. *First things first*. Simon & Schuster, NY.

Dolgin E. 2008. Management for beginners. *The Scientist* **22:** 75 (http://www.the-scientist.com/2008/7/1/75/1/).

Duff CS. 1999. *Learning from other women. How to benefit from the knowledge, wisdom, and experience of female mentors*. AMACOM Books, NY.

Fiske P. 1997. The skills employers really want. *Science's Next Wave*, pp. 1–4 (http://sciencecareers.sciencemag.org).

Frank SD. 1994. *The Evelyn Wood seven-day speed reading and learning program*, Reprint ed. Fall River Press, NY.

Friedland AJ, Folt CL. 2000. *Writing successful science proposals*. Yale University Press, New Haven.

Goldberg J. 1988. *Anatomy of a scientific discovery*, p. 10. Bantam Books, NY.

Goleman D. 1995. *Emotional intelligence: Why it can matter more than I.Q.* Bantam Books, NY.

Green DW. 2000. *Managing the modern laboratory*. J Lab Management, ISC Management Publications, Shelton, CT.

Heller R, Hindle T. 1998. *Essential manager's manual*. DK Publishing, NY.

Hochheiser RM. 1998. *Time management*, 2nd ed. Barron's Educational Series, Hauppauge, NY.

Hunsaker PL, Allessandra AJ. 2008. *The new art of managing people*. Free Press, NY.

Jamison KR. 1995. *An unquiet mind: A memoir of moods and madness*. Vintage Books, NY, division of Random House.

Judson HF. 1996. *The eighth day of creation: The makers of the revolution in biology*, Expanded ed. Cold Spring Harbor Laboratory Press, Cold Spring Harbor, NY.

Klein G. 1998. *Sources of power: How people make decisions*. The MIT Press, Cambridge, MA.

Lientz BP, Rea KP. 1998. *Project management for the 21st century*, 2nd ed. Academic Press, NY.

Lucas CJ, Murry JW, Jr. 2002. *New faculty: A practical guide for academic beginners*. Palgrave MacMillan, NY.

Luria SE. 1984. *A slot machine, a broken test tube*. Harper & Row, NY.

MacFarlane J. 1998. Supervising the supervisors. *Science's Next Wave*, August 28, pp. 1–3 (http://sciencecareers.sciencemag.org).

Marincola E. 1999. Women in cell biology: A crash course in management. *Am Soc Cell Biol Newsletter* **22:** 36–37 (http://www.ascb.org).

Mavis Beacon Teaches Typing (Software). The Learning Company, Knoxville, TN (http://www.learningco.com).

Medawar PB. 1969. *Induction and intuition in scientific thought*. The American Philosophical Society, Philadelphia.

Mendelson H, Ziegler J. 1999. *Survival of the smartest: Managing information for rapid action and world-class performance*. John Wiley, NY.

National Academy of Sciences. National Academy of Engineering, and Institute of Medicine. 1997. *Advisor, teacher, role model, friend. On being a mentor to students in science and engineering.* National Academy Press, Washington, D.C.

Neumann CJ. 2007. Fostering creativity: A model for developing a culture of collective creativity in science. *EMBO Rep* **8:** 202–206.

Perutz M. 1998. *I wish I'd made you angrier earlier: Essays on science and scientists.* Cold Spring Harbor Laboratory Press, Cold Spring Harbor, NY.

Phillips H. 2005. *Looking for inspiration. New Scientist,* October 29, pp 40–42 (www.newscientist.com).

Luria SE. 1984. *A slot machine, a broken test tube.* Harper & Row, NY.

MacFarlane J. 1998. Supervising the supervisors. *Science's Next Wave,* August 28, pp. 1–3 (http://sciencecareers.sciencemag.org).

Marincola E. 1999. Women in cell biology: A crash course in management. *Am Soc Cell Biol Newsletter* **22:** 36–37 (http://www.ascb.org).

Mavis Beacon Teaches Typing (Software). The Learning Company, Knoxville, TN (http://www.learningco.com).

Medawar PB. 1969. *Induction and intuition in scientific thought.* The American Philosophical Society, Philadelphia.

Mendelson H, Ziegler J. 1999. *Survival of the smartest: Managing information for rapid action and world-class performance.* John Wiley, NY.

Thomas Jr RR, Gray TI, Woodruff M. 1992. *Differences do make a difference.* The American Institute for Managing Diversity, Atlanta.

Toth E. 1997. *Ms. Mentor's impeccable advice for women in academia.* University of Pennyslvania Press, Philadelphia.

Wacker W, Taylor J, Means HW. 2000. *The visionary's handbook: Nine paradoxes that will shape the future of your business.* HarperBusiness, NY.

Wade M. 2009. The 10 essentials of delegating (http://execupundit.com).

Winston S. 1983. On secretaries: The "team of two." In *The organized executive: New ways to manage time, paper, and people.* Warner Books, NY.

第 3 章

选择实验室人员

选择实验室人员

新 PI 的错误：雇用你是因为你能够

在所有你必须做的选择中，最重要的是选择哪些人和你一起工作。选择合适的人员，对你所从事的科学研究和你所建立的工作环境是否愉悦和有效有很大的影响。单纯招到足够的人手要比找到合适的人员容易，但是新的 PI 们在组建自己队伍的时候万万不可掉以轻心。一个经验丰富的 PI 对新 PI 最常重复的一句忠告就是“不要仅仅为了凑足人数而雇用员工”。

> 仔细选择人员，别仅仅是为了填补空缺，认真招募是必需的。

你自己是实验室里最强的一个，你千万不能削弱那些让你成功的因素——最重要的是不要过早离开实验台工作。不管你是怎么考虑的，一开始组建实验室时就马上雇用一个技术员或者一个学生是不妥当的。如果雇用了一个技术员能在很大程度上有助于你的实验室工作，那么就雇用他。但是如果你雇用了别人而减少了你自己的实验室工作，那么你需要再好好考虑一下了。现在还不是减少你实验工作的时候，特别是在你还想花点时间训练一个实验室新手的情况下。

> 当你刚开始的时候，不要急于雇佣人手，要亲自投身实验。这个忠告是别人告诉我的，这是难以置信的事实但却是百分之百地难以执行。你有一个空荡荡的实验室，你会有强烈的冲动去雇用人员把实验室填满，让它看上去很忙碌。但是你往往会招募到很差劲的人员，你很难在一开始的时候采用某些应该采取的准则。

不要只因为实验室里有这么一个空缺而随便雇用一个博士后；也不要随便带个学生，仅仅因为他提出这个要求，而且反正是系里出钱。但是这确实是非常有诱惑性的。最后，当你考虑的时候，一些人会充当中介。于是下一年用来雇用技术员的经费可能就被挪用了。地理位置、经费情况或学术状况等原因都会使 PI 们马上雇用这位博士后，因无法保证等一等会雇用到更好的人选。

> 当我作为一个助理教授刚开始组建自己的实验室的时候，我在前 6 个月都没有雇用技术员。在那段时间里，我亲自在实验室里工作，建立实验体系，而不为同时训练别人分心。

在一个本科生院的小型实验室或者一个以教学为主的实验室里，你感到有责任教任何一个希望和你一起工作的人。即使有些人准备接受所有的人——某些人甚至不查看一下来人的推荐信和评分——应该有一个不能接受的底线。在你第一次面试前知道你自己的底线。然而，你可能还需要等待，一直到在你接受他们进实验室前，你可以与你的学生一起做好工作。

什么时候你的选择不多

开始运行一个新实验室的第22条规则（catch-22）是你需要一个成功的实验室以吸引优秀的人，但是你需要优秀的人建立一个实验室。你可能会不得不欺骗地、克扣地和妥协地寻找能干的人，而且你还要学会很多关于如何去获得大多数的人的方法。尤其在刚刚开始的时候，你不是总能够在每一个候选人里或可能的任何人里见到所有你认为理想的人。

> 我要容忍那些既高产又令人讨厌的人吗？但是在一个小实验室里这是很难的，就像我自己。

在多数地方，一个实验员可能是你获得实验室人员的最好的第一个机会。多数实验员不会评价你的记录，像对任何其他人一样也可以提供给你帮助。甚至是一个很小的实验室，你能提供的福利可能会非常吸引一个实验员，如给研究生院的一封推荐信。付出你最好的努力以获得一名技术员进入你的实验室，因为这可能是最好的获得回报的投资。

> 如果一个博士后完全是一个装饰，我不能接纳……

> 我不喜欢的一些个性的人是，当你告诉他如何做某件事时，他却走到每个人的周围去看这些人是如何做这件事的。

博士后几乎没有机会或选择在学术场所开始研究工作。当有博士后可供选择的时候，多数的PI们会立即说好，认为一个差的博士后总比没有的要好。这不是真的，如果博士后的工作效率不好，没有其他的位置会比博士后的位置更让你苦恼。与其他任何雇佣相比，在博士后选择上你必须更加谨慎。

> 如果这个人不能在这里百分之百担得起职责，我也担不起要这个人的责任。所以我问如果这个人有另一份工作——我不喜欢只是兼职的人。

知道你的需要和你实验室的需要

取决于你要完成的工作

你要得到什么类型的人取决于你的工作计划。如果你在一个本科生实验室，有着充足的资金，你主要的目标就是教学生，你要准备好和任何一种性格的人共事。但是会有一些人破坏你的良好目标。

> 当你知道什么在烦扰你，你可以去把它找出来。但往往是在实验室运转了一段时间之后，你才明白是什么在烦扰你。

如果你有远大的抱负、良好的管理及清晰的研究计划，你可能想要雇用一些有非常特殊专业技术的人。这样可以结束急功近利。技能可以被一些适应性强而且聪明的人很快学会。你的研究项目会迅速改变。所以更重要的是雇用一些有学习新技术能力的人。

你什么时候需要一个技术员/实验室助理？

当你知道你想研究什么科学，而且你没有时间去亲自完成所有实验工作的时候，那么是时候招一个技术员了。如果实验室已经正常运行，有很多的项目和工作要做，但是没人有时间去完成，那么你需要另外一个技术员了。如果你是在一个研究所里，那里不太可能有学生或博士后，你也需要雇用一些技术员来完成实验室里的所有工作。

技术员在实验室的工作是多样的，可以当洗瓶工，也可以作为一个独立的研究人员。技术员可以在PI或者另外一个实验室成员的指导下工作，也可以充当实验室需要帮助的人的助手。

> 最理想的、我希望出现的情况是学生和博士后都出现在实验室里。对学生而言，前两年他们有很多实验室以外的事务要做，你不能期望他们能在实验室做多少工作。但是从某些方面来讲，学生比博士后要好一些。博士后有不得不找工作的现实需要，他们必须要有一定的科研成果（科研产出）。博士后一旦进入实验室马上就能有所产出，但3年后就要离开……学生在前一两年是没什么大作用的，但可以在实验室待5年，后面的时间能够推动实验室的进展。

你什么时候需要一个学生？

更多的时候是，一个学生更需要你。但是当你有很多个想法和热情时，当你的研究工作进展顺利时，而且你有足够的资金和时间时，可以考虑招一个学生。一开始，学生可能只能做已经设计好的小课题，或者和另一个实验室成员一起做，直到他们学会了一些技能。在有些实验室，学生们可能一开始就进行自己的课题研究，但是往往进展会很慢，除非你也投入了相当多的时间在这个课题里。

> 我宁可要学生而不要博士后，因为学生更适合我实验室管理的风格。他们会忠实地按照我的吩咐去做——当然我是非常负责地为他们考虑的。

你什么时候需要一个博士后？

当实验室的主要课题进展深入，而需要规划另一个课题的进展时，你需要一个博士后。通常一个博士后进入实验室是围绕一个特定的课题或者至少是一个特定的领域工作的。当你有足够多的课题，可以将其中一个课题完全的交给另一个人去负责时，你需要另一个博士后。你还需要准备好放弃一些控制权。当你雇用了一个博士后，你就要认识到，如果他们很难博士后出站，他们待在博士后位置的时间就不长了。通常待的时间越长，博士后的竞争能力就越差。

> 学生是使一个实验室变成一个有乐趣的工作场所的原因。即使他们完全没有产出，学生会使周围变得充满乐趣。他们值得招募，因为他们比博士后要聪明，你可以和他们讨论任何事情，而他们往往会冒出一些疯狂的主意。

你何时需要一名行政助理？

只有在你可能有一个行政助理的时候，你才可能需要一个行政助理。大多数新PI们肯定不需要助理，他们需要大量的技术帮助，而不是助理的帮助。一般来讲，只有实验室和你的责任强大到一定程度，才需要雇用助理。例如，写推荐信、发试剂订单、管理大量基金、安排博士后申请人见面、参加国际会议等，或者你一天的行政工作需要花费超过一个小时以上的时间。

> 招收了博士后，你就有了一个附加的责任：给他们工作，或者帮他们找工作。博士后们会问你，“我的出路在哪里”？他们会带着家属一起来，即使你知道这样的话课题做不出什么结果来，你还是会被纠缠在其中。

在你的实验室运行第一年，如果你正在申请多项基金或在写报告，你可能需要一个兼职助理。单位里有时会给你安排一个兼职助理，但是你可能没有选择这个人的权利。对兼职助理的要求与对全职助理的不同：给兼职助理的工作一定不能是很耗时间的工作。本书第 2 章介绍的“与行政助理一起工作”这一节建议了给予行政助理最大特权的方法以及在没有助理的情况下如何坚持下去。

你何时需要一个洗瓶工或实验室杂助工？

一旦你准备正常开展实验工作，就是你需要一些人帮助清理实验室和作一些准备工作的时候。

到哪里去找你需要的人？

Delbruck 很善于挑选人吗？“与其说他善于挑选人，还不如说他对人有吸引力。因为他极其聪明，因为和他一起工作很让人兴奋，他的主意、他的思考方式、他的指令……和他一起花上整天的时间仔细考虑一个问题，在黑板上写写擦擦，实在是件很兴奋的事”（Luria）。

Judson（1996，p. 45）

Blobel 在与 Potter 会面之前也并不了解他的工作情况，仅仅因为 Potter 的“神奇的人格魅力”而决定加入他的实验室。如今，Blobel 将他对生物化学的热爱以及对建筑学的热爱都归功于 Potter……Blobel 充满感激的回忆道：“我们不能被动地接受知识，而应该学会自己独立思考。”

ASCB Profile（1999，p. 6）. Gunter Blobel on Van R. Potter at the University of Wisconsin

一旦你的实验室建立了，你会很容易的招到有能力的员工——他们会主动来找你。然而，作为一个新的 PI，你必须自己去寻找人员，让他们相信你的实验室将会是一个很好的地方。面试到一个好的技术员或行政助理的概率很小。因为你是在和另一些比较成熟的实验室在竞争人力资源，所以你必须花点心思找个好地方，别的实验室不会干扰的地方。永远不要放弃寻找有能力的人，不要放弃寻找适合你实验室的人，让他们加入你的实验室。

一般来说，在研究所里技术员（和行政助理）都是通过人力资源部门招聘的。但是有时候，人力资源部门反而会成为一种障碍，如官僚细节占先于雇用。学生和博士后都是直接向 PI 申请的，挑选过程都掌控在你的手里。无论如何，你还是可以努力找到你需要的申请人。下面列了几条寻找到潜在申请人的方法。

- 向系主任或者一些资深人士（如你的导师）打听有些什么人向他们提出过申请，他们有哪些推荐人选。
- 如果你在一个研究所里，那里没有学生，那么打电话给你在当地学院里的一个朋友或者科学家，问问他们有没有合适的应届毕业生可以推荐来作你的技术员。这是一个很好的方法，可以让你得到一个有潜质的员工，虽然他没有工作经验，可能需要一段时间的训练，但是他会用勤奋工作和忠心耿耿来回报你。

- 自己的朋友，还有朋友的朋友。
- 已经在实验室工作的人员可能会推荐他们的熟人和朋友。
- 许多特别的招聘网页。

技术员

刚从学院毕业的学生还是经验丰富的技术员？

大部分研究人员都认为经验丰富的技术员完全配得上他们的工资。但是，对于这样的技术员，大多数研究人员认为他们的工资太高，一个经验丰富的技术员的工资2倍于一个毕业生的工资。下面讨论了两种招聘技术员的途径。

> 当你的实验室刚刚起步时，技术员是最容易招聘到的。技术员不会对你评头论足，而且很愿意为一个新助理教授工作。

从系统内部招聘技术员

你招聘技术员的第一条途径是在系统内部平行的实验室间留心有没有技术员的流动。这是一个很好的能够招聘到一个经验丰富的技术员的机会，你可能是对的。如果你的员工中有一些人了解单位里在规则上的那些明文规定和不成文的规定，这是无价的。如果实验室的技术要求相似，你还可以节省训练的时间。但是也有可能遗留一些根深蒂固的毛病。

> 技术员不会介意你才刚刚起步，以及你的实验室有没有人。

> 那些到实验室来待两年然后就离开的年轻人，是实验室最大的缺点。他们有极大的流动性，他们需要思考，需要一点时间来适应这里。

甚至在你准备面试一个新的应聘者之前，一些研究所会要求你面试一下所有的将被解聘的技术员或助理。当然，有时你会很幸运地发现，某些人被解聘并非因为能力和人品问题（如前任PI没钱了）。有些人可能是因为和PI或实验室其他成员的矛盾被解聘的（你可以核查一下记录以得出真正的原因）。但是这些人到你的实验室后，有些人工作做得不好，甚至有些人在你的实验室还可能把工作做坏。

> 我需要平稳运行。每个人在这里两年然后就走了，这里就没有连续性。因为每次不得不创造运转的“轮子”，我非常疲惫并大受挫折。突然某一天实验室里没有能做聚丙烯酰胺凝胶电泳实验的人了，他们不能正常工作了，我没有时间去处理和解决问题。

一些大学和研究所会把一个应聘者送到所有需要技术员的人面前。如果这个应聘者确实有能力，PI们就都会想办法争取这个人。在有些地方，PI可以提高技术员的工资，这样，那些经费充足、配备完善的实验室就能聘到比较好的技术员。想想，除了工资以外，还有什么对技术员职位的应聘者有吸引力？有抱负的应聘者会希望在发表的文章上署上他的名字，或者希望他们能独立地工作。

> 我比较喜欢刚毕业的学生。技能上的要求其实并不是最重要的，我需要一个能有足够的积极性连续工作数小时的人，我需要一个把自己视为文章作者的人。我坚持技术员在实验室会议中展示实验数据，在论文数量登记时记录上他们发表的文章，在这方面我对实验室成员的要求都一样。

从系统外部招聘技术员

刚毕业的本科生找工作时一般只会去职业介绍所或者看一些招聘广告，他们不知道通过人际网络找工作。这需要你通过种种关系网来发现这些潜在的候选人。

如果你觉得实验室的某个技术员或学生很不错，问问他是不是有朋友正在找工作。通常朋友之间会有相似的职业道德，而且友谊会使实验室人际关系处理的更融洽。

网上的招聘广告可以用来吸引有抱负的应聘者。地方报纸上的广告可以招聘到人，但是由于这类广告的法律限制，只有人力资源部才能发这种广告。

我到这里以后，两年半招了4个技术员，他们都是我的朋友向我推荐然后直接向我申请的。大学里一般都要在应聘人提出申请后几个月才将申请书转交给PI。当我要求在报纸周日版面上刊登招聘广告后，在两个月的招聘期内我不能见到任何应聘者。在这期间，有前途的、积极主动的应聘者早就被别的单位录用了，而我只等到了一些中下水平的应聘者。

我被一些年轻的技术员弄得焦头烂额，你无法劝告他们，他们甚至待不满一年就走人了。我信赖一个年长的技术员，他挣很多钱，当然他值这些。

行政助理

与技术员一样，行政助理可以通过系统内和系统外两个途径招聘到，一般通过人事部门招聘。如果有行政助理在系统内部流动，那么和技术员的流动一样，你要知道：（对于你来说）有些人这样做可能是由于某些错误原因。

具有基本的办公室技能的高中毕业生就能打字和填表。商业学校、职业技术学校和社区学院提供的办公室行政管理专业，能在一到两年的课程中教会一个人办公室技能、打字和文字处理等技能。行政助理凭借一定的工作经验、学位课程、考试等，能获得一张认证的专业秘书认证和行政职业认证（CPS/CAP）证书。但是大部分的技能还是从工作和提升中获得的，这也是职业技能提高最常见的证据。

最好的情况是，你能找到一些人，他们并不是为了什么证而工作，而是为了从事自己生命中某些有意义的事业努力赚钱养活自己而工作。PI们已经找到一批在各自领域很有天分的人（舞者、学生、艺术家、歌剧演员），他们在自己的岗位上挣不到足够的钱维持生计，必须另谋一些其他职位。为了招到这些人，在各种地方组织以及报纸上刊登广告，是有用的。

本科生

在一些学院和小规模的大学里，本科生推动着学术的进展，这一状况在一些较大型的单位里也存在。这些本科生可以从勤工俭学的学生中挑选，也可以在你自己教的班级中挑选。本科生一般都可以在自己的单位里选。没有本科生的邻近研究所常常会安排本科生进入实验室工作一段时间。

在你刚刚创建实验室时，一个勤工俭学的学生对建立和组织实验室可能是无价的。

研 究 生

研究生可以在多种地方招到。

- 系里的研讨会、学术年会，甚至系里的派对。
- 班级和研讨会。
- 轮转学生。
- 即将毕业的本科生。

内科医生

以下一些地方可以招到内科医生。

- 会议。
- 班级和研讨会。
- 医院和临床。

博 士 后

博士后一般在工作和交流中能够招到。

- 同事可以推荐一个申请者。
- 会议或研讨会上。
- 通过网站。
- 限定地域，在当地招聘。

每次我在 *Nature* 杂志上发表一篇文章，我都会收到一群博士后的申请。

企业界与学术界的区别

办聚会

ProLaw 软件公司

一天，Albuquerque 公司的客户服务副总监 Deborah Reese 突发奇想："为什么我们不能把面试弄得像舞会中的一次谈话呢?"一年后，她成功地实现了这一想法。一个月大约有 300 个渴望成功的人填写了详细的调查问卷。Reese 邀请了其中最有前途的 10 个人来参加一个附带酒食的招待会。她的要求很高：参加的人要能保持冷静、技术娴熟、让人匪夷所思的技能。

这个聚会包括一些游戏——指导一个外国人做花生酱和果冻三明治，还有玩一种 Mastermind 的棋盘游戏。参加者还要用报纸和遮蔽胶带建造一座桥，要求强度能够支撑一块煤渣砖。他们一起建造这座桥，默不作声，工作人员在一旁记录。

只有少数人进入了面试的最后一轮，Reese 对一个软件进行了解释，然后要求这些应聘者复述。然后她请每一位面试者在 5 分钟内对自己最喜欢的一样事物做一个描述。这样一个面试的工作量很大，但是考虑到经过这样的面试，招聘到了高素质的员工，Reese 说“值”！

摘自 *Burn This Resume*。三家公司通过一个新奇的方法填补了空白。

Dannhauser（1999，p. 26）

史克必成公司（SmithKline Beecham，SB）就职过程中有一种独特的个人示范项目，就是市政厅招聘之旅。一队队的 SB 经理们坐飞机到中、小规模城市，一对一的向应聘人介绍 SB 的企业文化和职业机遇。最重要的是，他们把应聘者当成顾客，分享年度报告、给予现有项目的总体看法、允许他们提问关于在 SB 工作的所有问题。

Harris 和 Brannick（1999，p. 73）

许多学术界-企业界的区别（在本书第 1 章的“从合适的地方开始”一节里有详细的描述）会影响吸引员工和雇用员工，当然个别实验室的质量和研究所的质量有最大的影响力。公司总是希望招聘他们想要的人，而学术机构只能招聘那些正好提出申请的人或者在当地招聘。大的单位能吸引人到公司，然后再给他们找到适合他们的岗位。而即使在一个有严格的招聘程序的研究所里，得到一个比较好的应聘者也需要一次内部的行政斗争。

雇佣程序

与人力资源部门合作

雇佣的程序大多都是由你所在单位的人力资源（HR）部门或相关部门负责的，多数情况下，你应该与他们合作。人力资源部门是一个实际资源，你与他们合作是有希望的。他们有很专业的人手，可以帮助你完成从雇用和解聘到找公寓办签证等所有的事务。把他们当成同事看待，千万别给他们打上行政人员的烙印。

> 几年前当我申请一个技术员的职位时，我有硕士毕业证和所有的资格证书，但是没有人打电话告诉我被录取了。那时我就发现那些审查申请书的人并非科研人员，他们完全不知道如何把我能做的事与工作岗位匹配。然后我再次在登记本上清楚地写上我所掌握的所有技术，5天以后，我找到了工作。

人事部门是提供岗位应聘人最主要的来源，对岗位薪水和福利方面有指导方针。但是，除非你亲眼看着人事部进行招聘工作，千万不要任由他们进行招聘——你必须控制从头到尾整个的招聘过程，录用你认为最好的应聘者。

和人事部里的人员建立关系是非常有用的。这关系到如果有一个很优秀的、有前途的应聘者来应聘时，你是第一个获得面试他的机会的人还是最后一个。让人事部的工作人员常常都想得到你，那么他们会比较容易帮你留心你所需要的人才。

> 科学家们并非人事部门的忠实粉丝，他们不信任人事部……他们觉得人事部有点势利。

你的聘用程序

PI们有一套自己的程序以确定谁是最好的应聘者。对大多数新PI们来说，这完全是一个偶然的过程。对其他人来说，在选择应聘人时因为招了一个不好的员工给自己惹上麻烦以后，他们会逐渐建立一套比较完善的体系来挑选候选人。

> 我从来不给实验室的博士后发钱，他们必须申请学术奖金。当我得到申请的时候，我说“去Medline搜索一下我，写出我实验室将来课题的三个目标。”这个方法能很好地将一些仅仅为了进入我的实验室或者国家的申请人剔除在外。

一个完善的招聘体系会使挑选过程客观化。你是否愿意录用这个人、你是否认为他能融入你的实验室，当考虑这些问题时，事实上你的本能反应是真的。但是为了发现潜在的问题和不相容性、预测成功的可能性，你需要一种手段获得你可以用以分析的数据。

当你的实验室越来越壮大时，你也越来越需要这么一个完善的招聘过程。当你刚刚起步时，你并没有那么多的候选人可供挑选，让你可以一个个地进行比较。当一个人想用直觉进行判断时，招聘过程中得到的数据可以帮助你对某个特定的应聘者进行细致完整的分析。尽早建立这么一个招聘体系。它可以帮助你发展自己的实验室系统，减少 PI 们早期的错误。下面有几个步骤你可以用于招聘过程中，用于收集数据，指导你做出决定。

- 浏览申请书。
- 和应聘者进行事先的电话交谈。
- 检查应聘者的辅助材料。
- 面试应聘者。

> 对我来说，招聘的过程很难用一两句话来概括。它具有可变性很强、个人化的特点，与申请的职位、申请的特别的人、其他已经在实验室的人、与应聘者一起工作的人等有关。

你的招聘过程随着招聘岗位的不同而不同。一般来讲，聘用的职位越高，招聘过程就越严格。对于某个特定的岗位，招聘过程还与应聘人数有关。在西部沿海地区的大学里，一个技术员的职位往往会有很多个申请者，PI 们渐渐地发展出了下面的招聘程序。

招聘程序的顺序

确定你的需要。
征求应聘者。
阅读简历：通过或拒绝。
电话预试：通过或拒绝。
面试候选人。
评判候选人。
挑选候选人。
给予工作。
加紧谈判。
聘用或者进行第二轮选择。

查阅简历和申请表格

阅读申请人的简历，了解他们的资质。对于招聘技术员、行政助理或实验室助手，你一次要有很多的简历要查阅。

- 要求人事部门帮你挑除掉一些明显不该留下来的申请者，你亲自查阅留下的申请人的简历。你最好能解释申请者的经历以及他在你实验室工作的潜在价值。

选择过程的一个示例

Jane Koehler，一个 PI，开始了一个简化的筛选过程。她建立了以下挑选技术员的步骤，一个看上去很漫长的过程，但结果是招到了优秀的人，实验室成为了快乐的实验室（J. Koehler, pers. comm.）。

1. 让人事部门大概地筛选一下候选人。
2. 查阅候选人的申请书（一个技术员的职位大约有 60 人申请），将所有的申请书分为三类：拒绝、可能、电话面试。
3. 每一个职位给 10～12 人打电话面试。花 20 分钟左右问他们一些基本问题，根据他们的回答决定面试哪些人。下面列出了一些可以在电话面试里问的问题。

- 要求申请人能在实验室至少待 2 年。你可以通过问他们将来的计划来间接的试探他们。例如，如果当时是春天，而候选人正在准备明年秋天去读研究生，那么很明显，他不会在你这里待 2 年。
- 这个工作需要和动物接触：这对你有问题吗？
- 移民状态：你拥有哪一种签证？从这个问题还可以推测能够在你这里工作的时间。
- 你具有灭菌技术吗？
- 你什么时候可以开始工作？
- 你还同时得到其他什么工作吗？这个问题让你了解他接受你这里的工作的可能性。
- 你还有其他工作吗？这将使得工作时间更为灵活，但会削弱你对工作时间的承诺。
- 你现在的薪水是多少？
- 你的学位等级怎样？
- 你是否会担心接触 HIV 或者放射性核素（或者你的实验室有哪些特定的危害因素）？
- 你对将来的计划是什么？这个问题不仅涉及他是否能在你这里待上足够的时间，而且还能看出他在研究的内容。
- 你希望一天中的哪个时段工作？如果一个 PI 有不太常规的作息制度，那么必须问一下这个问题，以保证你们两个的工作时段至少有一部分重叠。

4. 对于上面的每个人，给 3 个或 4 个他们的推荐人打电话。求证一下他们是否完成过一个项目，工作的独立性如何，这个比某一两个技能要重要得多。可以问推荐人下列问题：
   - 工作速度和效率如何？
   - 对课题的理解能力？
   - 提出问题吗？
   - 专长类型？
   - 还会再次雇用他吗？
   - 实验中找出问题的能力？
   - 可靠吗？
   - 组织性如何？
   - 离开你那里的原因是什么？
   - 有哪些弱点？
   - 工作有激情吗？
   - 动机？
   - 和实验室同事关系如何？
5. 面试 4 或 5 个候选人，可问的问题都已经列在了第 3 章“有效的面试”一节中的面试问题中，还有些问题见后面的章节（见 p. 83）。

- 找一下简历组成的结构和条理，这可以反映申请人的组织能力。
- 找出简历中的时间空白和矛盾之处，特别是受雇时间，但是不要仅因为发现简历中的这一点而拒绝他——这个人也可能是一个优秀的申请人。你需要留心的是一次伪装过的解聘。
- 判断一下这个人的工作或者学术资历是否

当申请人通过 E-mail 和我联系，我要求他们去 Medline 上查一下我发表的文章，告诉我在我的实验室中，他最想做的工作的三个特定的目标。他们必须花不少时间找出他们想做的工作。有些人会按照系里的列表向每个实验室投递申请书，这样的话我就把这些人都剔除了。

合适。

学生和博士后的申请可能要少得多了，他们都是一个一个出现的。最初的面试就像发生在真空里，没有申请人与另一个申请人的比较。这样就需要一个完全不一样的分析，但是两种情况下，你必须保持客观性。要求学生及博士后申请人提供履历或简历（CV）。在许多地方，对待一个学生像对待一个雇员一样是不寻常的事情，但是这样做能帮助你进行初步的筛选。检查申请者的申请，确定他们已经对你实验室的工作感兴趣，他们能有一定的贡献。

对博士后而言，我招那些做得很优秀的。“优秀”是相对的，要看这些博士后从哪里来。如果申请人来自中国或印度，曾经作为第一作者在《生物化学》（JBC）杂志或《分子与细胞生物学》（MCB）杂志上发表过文章，那么他就是非常非常优秀的了。如果这个申请人来自美国的一个小型大学，即使他在 MCB 杂志上发表过文章，还要取决于他的导师说了些什么。

解读推荐信

你很少会收到一份明显很差的推荐信。通常，申请人只会请那些他认为会帮他们说好话的人写推荐信。而且，如果要在推荐信里写一些负面评价的话，大多数写推荐信的人会事先告知申请人。

一个 PI 可能会写一份不很真实的推荐信以帮助他的学生找到工作，这样能保证他的学生顺利离开他的实验室。可能是因为这个学生完成了实验室的工作，该是离开实验室的时候了，他的老师希望他能够得到一份对他来说是最好的一个职位的工作。有时候 PI 们为他们的学生写一份充满赞扬之词的推荐信时，目的是希望他马上离开实验室。但通常情况下，没有人会完全的胡说八道，他们往往会把一些问题用隐晦的词句，在褒扬的字里行间表达出被推荐人的主要缺点。

人们害怕诉讼，所以往往在推荐信里对一个人不讲真话。因为得不到事实，有一些人会不放弃核实真相。

PI 们不会负面或者撒谎的写一份十分完美的推荐信，他们一般会写一份还过得去的、不温不火的推荐信。你必须从推荐信的字里行间梳理和汲取尽可能多的真实的信息。寻找他的言外之意，寻找你需要的能力。一份不冷不热的推荐信可能是这样写的：“我写这封信是为了支持×××向研究生院提出的申请。×××已经在我的实验室工作了 3 年，他工作尽责，能完成我给予的任务。虽然他作为第一作者只发表了一篇论文，但是他也是本实验室发表的另外两篇论文的作者之一。他非常热衷于帮助实验室的其他初级成员。”

一起枪击案留给华盛顿大学的困扰

华盛顿大学的医药中心发生的一宗致命的校园枪击案，在这之前的一年中，直到上周，病理学系的官员们还在激励地讨论如何处置这个枪杀了导师和自己的非常难缠的雇员。

他们批评他的工作，力劝他去看精神病医生，解雇他。但是陈剑博士告诉他的老板他“能完全自控”。最后，他还是在华盛顿大学医药中心办公室的地板上结束了他的生命，倒在他所崇拜的人的尸体旁边。

在这一年中，陈剑从一个住院医生变成了一个被抛弃的人，他称他的上司为谎言家，否认自己的失败，在自己的最后一个工作日去买了一把枪……上周三，陈剑枪杀了他的导师——57 岁的 Rodger Haggitt 博士，一个优秀的病理学家，然后自杀身亡。（得到授权再次发表，Kelleher 和 Sanders 2000）

就在陈剑自杀前的一个月，他被“推荐”到 Washingdon D. C. 的乔治华盛顿大学的一个新岗位。

对于上面这份推荐信，有人可能会得出结论：这个学生工作勤奋，是一个好的团队合作者，但是缺乏主动性和想象力。这种情况在大多数学术机构和多数企业研究所，这个人选不太适合做博士后。但是有些 PI 们会认为团队合作精神是一个很有用的优点。下面列出了解读推荐信的一些线索。

- **寻找强点词句：**
  与其他人友好相处。
  有主动精神。
  有持久力。
  有创造力。
  提出正确问题。
  是一个好的实验师。
- **寻找弱点词句：**
  喜怒无常。
  不合群。
  工作努力。
- **寻找冷静的或中性的词句，**还有一些特定的关键词句，这就要看你需要什么。例如，工作努力还是高产出是好区分的。工作努力是一个优点，对于一个技术员是可接受的。再看看（或问问），是否努力工作和产出相匹配。其他的特质可以从以下关联词中寻找，如遵守领导和/或责任感、独立性、不接受命令。
- **把一些必须通过电话确认澄清的问题列一个清单。**好吧，这个候选人有独立性，但是愿意接受建议吗？

与介绍人及写推荐信的人确认

确认真实性不是一种礼节！通常存在一种奇怪的假定，如果有人给你寄来一份推荐信，应该没有什么问题，就没有打电话确认的必要了。并非每个人都会打电话去确认的。一些PI就是不喜欢使用电话机，而是依赖推荐信和自己的感觉来做决定。对于新的PI来说，因为只有很少的人选可供选择，电话确认看上去只是为了获得更多一点的判断和处理信息。如果没有其他的博士后来申请，是不是还有必要去了解：这个申请人是不是需要连续的指导？写论文有没有主动性？答案是肯定的。

面试前，通过确认面试人的材料，减少面试人的数量，特别是当你有好几个候选人可以面试时。面试后可以再次确认推荐信，这样面试人的一些让你疑惑的表述就可以得到一定的澄清。有些人仅仅在面试之后才能确认真伪。真正重要的是确实确认了真伪！

给每个介绍人打电话，包括海外的。如果电话号码或者地址不对，或者他已经搬走了，那么继续查询，坚持把他找出来。

如果我有了推荐信，我不打电话。我就是讨厌在电话里说话。如果我给介绍人打电话，好像是说我不信任他写的推荐信。

我不认为他们会为她说谎，但我认为我没有提问题的技巧。我从没和任何一个真正熟悉她的人谈过。她来自于一个很大的实验室……我从没和该谈的人谈过。

我没有核实面试人，除非有些事是否定的或含糊的。

我现在总是对推荐信进行电话确认。在我学会这一点之前，我雇用过两个员工，但都是巨大的失误。

与介绍人及写推荐信的人的电话交谈

给介绍人打电话与给写推荐信的人打电话非常相似。手里拿着一份推荐信，你就会有一些特定的问题想问。例如，“你在信里说他固执，你指的是什么？是不是有负面的意思”？当然，你也可以把谈话内容放得宽一些。你说什么呢？就是聊天。注意对方的语气语调，仔细听他的言外之意。如果你能建立一种友好关系，那么你就能进行一次诚实的有关那个候选人的交谈。

你好。我是××单位的×××。我正在招聘一名技术员，正考虑×××。我知道他和你一起工作了××年，我很想听听你对他作为一个技术员的看法。

如果有一份推荐信的话，把它的内容和措辞记在脑中。有时候申请人只提供了推荐人的名字而没有推荐信，那么直接给他们打电话吧。

要讨论一个人的人品的一个好的开始就是去问这个人在工作中与别人相处得怎样。推荐人有可能就被推荐人与人相处给出负面的看法。评语是这样的“他和任何人的关系都不好”或者“他很自闭”，这些话是不能接受的。继续追问一些细节，如“你能就他和实验室同事关系处不好给我举个例子吗？”

你很快就会知道，导师是乐意推荐博士后的。在基金申请中，他们的学生做什么是重要的一个评判指标。所以从导师们自己的利益出发，他们很希望他们的学生能去一个好的实验室。你必须问这样的问题，“如果此人申请NIH的学术基金，他能成功吗”？……如果你听到对方咳嗽或者支支吾吾，你最好结束话题。

尽可能了解推荐人的感觉是不是与实验室的群组动力学行为相符。介绍人可能根本不了解实验室成员间的人际关系，仅仅根据某个善于嫉妒或不胜任的人的小报告而得出的结论；或者可能是将一个老板-雇员的问题，归因于候选人人品的某种缺陷。另外，在一个混乱的实验室，一个非常优秀、能力强、智力高的成员往往是其他成员攻击的目标。

在一段短时间内，我招收那些和我自己很相像的人，但是我后来发现他们会因为我而感到气馁！后来我开始招一些有思想的、善于思考的人。我招那些完美的人，我会向他们的导师确认他们是否真的完美。

推荐人可能会对你隐瞒某些信息，但通常这样做只是被省略了。一般当问到一个具体的问题时，很少有人会为候选人说谎，他们会说出事实。如果两个推荐人同时讲到候选人相同的缺点，你最好不要录用这个人，不管你个人的感觉如何。下面是一些可以向介绍人提的问题。

所以你不要相信写在推荐信里的评语，而要相信推荐人亲口说出的话，大多人一般会如实回答你提出的问题。

专业水平如何？

主动吗？

你如何评价他的人品？

她会提问吗？

他的工作可重复吗？

你愿意再次雇用她吗？

他为什么离开？

她可信吗？

他的组织性强吗？

她与实验室其他成员相处得好吗？

他的语言沟通能力如何？

她的弱势和优势是什么？

他工作有积极性吗？

她热爱这项工作吗？

他具有好的灭菌技术/计算机技术/技术能力吗？

她的工作效率如何？

他接受批评意见吗？

她理解这个课题吗？

他是团队工作效率高还是独立工作效率高？

第二介绍人

通过一个推荐人，你可能得到另一个你可以电话咨询的介绍人的名字，这个人是申请人没有发给你的。你可以向推荐人索要第二介绍人的姓名和电话号码（你知道另外有个人曾经和 XXX 一起工作过，我能和他聊聊吗）。你还可以知道或找到与申请人同一个学院或工作室的人，你可以给他们打电话。应有的勤奋不会是多余的。

国外申请人

与本地区及国内一样，打电话给国外的申请人。如果存在语言问题，尽你最大的可能，或者找一个你信任的而且熟悉该语言的人替你打电话。这样做是有一定风险的。一个 PI 与国外的人讲话（或考虑她在说什么），能做到清晰和很好地对话，但是当这个实验室员工来工作的时候，他可能根本不讲英语。你所在研究所的人力资源部门愿意并且能够为你用海外申请人的母语对他们进行面试的。

有时你会发现正巧有个朋友或者同事在申请人的研究所工作或者路过那里，你可以尝试请他帮你在现场作一个面试，这是一个最好的而你不能做到的办法。

无法评价国外的申请人，这是一些 PI 不愿意接收国外申请人的一个主要原因。另一个原因是接受国外申请人需要承担很多责任。在有些时候，你和/或你的研究所需要担保申请人的签证。“我不想有这种发现他并不适合这个职位的机会，而且我还必须把他们送回去”，有个 PI 这么说，“或者我不得不留下一个并不优秀的人，因为我很难拒绝他，我可不想冒这个险”。

有效的面试

什么是一次有效的面试？

你希望从一次面试中获得什么？一个 PI 一般会希望发现：

- 是否简历和资质与申请书上所写的一致。申请人在技术方面是否合格。
- 申请人是否能思考和解决问题。
- 申请人是否能与你及实验室成员和睦相处。
- 申请人的目标和工作方式是否和实验室及单位的一致。

> 这里是招收博士后的窍门……不要只关注他们的论文数目和发表论文的杂志，因为更重要的是这个人对生活的期望是什么。你必须知道这个人来自什么样的环境，他们想要得到什么——他们内心真正的需要，因为每个人都会说你想听的话。但是如果你问他们能为之做出多少？他们愿意为实现目标牺牲多少？那么你可以找到事实。

与申请所有职位的申请人进行一次面试。有些研究所会向来面试的博士后提供差旅费。如果你所在的研究所不提供差旅费，而申请人又提出报销差旅费的要求，如何处理完全看你的想法以及你的职位权限。如果你已经非常想招收这个申请人，有很多地方还是可以弄到这点钱的。

大多数新的 PI 们在面试第一个申请人作为技术员的时候，有些人对后面的每一个候选人往往采用**无定向面试**的形式。这种面试是很随意的，PI 希望让被面试的人能轻松自然的谈话。这样的一种面试方法如果能够做到智力和共鸣，面试人是可以看出申请人的人品如何，以及两个人是否能合得来的。但是大多数 PI 都承认，他们雇用的第一个应聘人是错误的，他们自责自己的面试能力。回顾当时的情况，很多人都说，从面试过程中就能很清楚地看出招收了这样的职员是会带来麻烦的。

> 在我刚开始运行实验室的几年中，经常犯的一个错误是，都从积极的方面看待其他人。这个错误大部分都发生在选择的过程中。

面试有多种风格，其中有些让 PI 们感到难以控制和厌恶。例如，**压力面试**就是向申请者提一些很难回答或者很刻薄的问题，看看他在压力之下思考问题的反应。其他的一些技巧也是更有用的，你可以把它整合到你的面试中去。**行为面试**有这样的假设，如果你真的能知道过去发生了什么，你就可以预测将来。问问这些候选人以前是怎么处理一个难度很高的课题的，或者在以前的工作岗位中是如何与同事相处的，了解这些问题，基本上就是你面试的基本内容。

性格分析是通过分析候选人对某些现实或假设状况的反应来归纳出他们的人格人品。例如，你可以问他，“假设你发现一个关系很亲密的同事捏造数据，你会和他沟通还是直接去告诉 PI”？

情景面试是许多博士后面试中常采用的另外一种方式。把候选人放在一个工作中常常会遇到的场景中，如主讲一个研讨会、不得不将日复一日的某人的实验数据进行问题分类，就是其中的一个例子。一些PI还会用考试或让应聘人示范一项实验技术来挑选技术员。

唯一最能预测候选人在工作中表现的持续性成功的方法是结构面试。所有的候选人都被问到相同的问题，根据事先定好的答案客观的给分（Gladwell 2000)。所提的问题需要能检查候选人过去和现在的经历，以确定他们在工作岗位上的能力并预测他们将来在实验室的表现。

设计你的面试

对于我们多数人来说，雇用一个人是一件很浪漫的过程，面试中工作面试功能就像一场无性化版的约会。我们都在寻找一个能使我们发生一点化学反应的人，即使两个人最后在泪水中分开或者成为什么联系都没有的陌生人。我们想得到一份关于爱情的永恒的誓言。相对而言，一场“结构面试”就要枯燥得多，只有干巴巴的逻辑和实用主义，就像一场安排好的婚姻。

Gladwell（2000，p. 86)

你希望从面试中获得什么？你自己必须有很清楚的想法，你真正希望得到什么、你真的需要什么以及你可能得到什么。在知道那些是不适合在你的实验室工作以及适合你个性的人的同时，你必须妥协，或许你的魅力还不够大，还不能吸引到你想要的人。

面试的目的

- 确定候选人的工作能力。
- 评估候选人的人品。
- 弄清楚候选人是否适合进入这个实验室。
- 评测你和候选人能否友好相处。

这些信息，不管是正面的还是负面的，并非总是唾手可得的。即使候选人的答案除了正面的什么都没有，有些人也因为比较害羞，或者拥有不能赞扬自己的文化传统，或者根本没有意识到这是一种很好的品质，他们可能不会给出真实的答案。同样对于负面的信息，可能有些候选人根本没有意识到，或者尝试压制住，那就更难发现了。因为你常常需要穿过文化差异的壁垒来判断候选人是否拥有你所需要的品质，如动力。

即使你准备进行一次随意式的面试，准备一套问题对你区分候选人之间的优劣会很有好处。就算经验丰富的面试人，也需要排除一些源于自己主观印象而对候选人得出的结论（Gladwell 2000)。一个候选人在面试中表现的彬彬有礼，面试人就会得出一个假设：他会尊重权威，会为同事们着想。事先设计一套问题以及分析候选人回答的模式能帮助你摆脱不少不真实的假想。

制作一套满足你需求的调查问卷

下面给出了一份全面的问卷模板，如特殊能力的评判、文化差异的影响、职位适合度的调查问卷。

一份全面的问卷样板

为什么你想在这个实验室工作？

你认为你的现任或者上任主管会怎么评价你？

你的上司或者老板是________。在他的手下工作怎么样？你能说说他的强项和弱点吗？

你能描述一下你理想的老板是什么样吗？他的管理风格是什么样的？

你上任主管是怎么评价你的强项和弱点的？

在将来的 5 年你希望做些什么？

你现在的/最后一个工作/项目最令人愉快的方面是什么？最无趣的方面又是什么？

你认为在你的工作表现中，幸运起了多大的作用？你不能控制的幸运或者不幸运的境遇——但进入了你的生活。

你犯的最严重的错误或失败是什么？

如果你能对你现任或上任 PI 提个建议，那会是什么？

你能描述在工作中你被要求作一些你认为不对的事情的情景吗？

发现独特品质的特别问题

- **融入实验室文化中。**如果你发现你不能融入一个群体中，你会做什么？你希望和哪一类人共事？
- **独立性。**如果你在实验中遇到了技术问题，你是向别人求助还是尝试自己解决？你是主动解决问题还是宁可受别人指导？你善于从书本上学习，还是从其他人那里学习，或者在实践中学习？
- **组织性。**描述一下你的典型的工作日安排。如何开始、如何展开、如何结束一天的实验？
- **主动性。**为了把这个工作做好，你愿意做出怎样的牺牲？
- **诚实/正直。**如果你一个同实验室的朋友想让你向老板撒谎说周末是你照管细胞的，你怎么办？
- **灵活性。**如果你发现手头的课题是做不出结果的，你能开始另一个课题吗？
- **持续性。**你有没有过这样的经历：当你想尽办法也不能完成一个实验，即将要放弃了，但最后还是成功地完成了它？
- **合作/与他人很好地合作。**当你开始一个新的工作时，你希望你有自己的课题，还是与他人合作？你需要一个你自己的课题吗？
- **自信。**如果有人借用你课题的某些方面，你会怎么做？
- **学习能力。**你需要多长时间能学会一项新的实验技能？能举个例子吗？

> 我试图找出这个人来自怎样的环境。了解他们的期望是非常重要的！我问他们“你愿意为这个工作付出多少”？发表的论文数目并非想象的那么重要。

• **技术能力。**描述一下，你怎么进行这个实验的（给出一个合适的例子）。

评判文化差异影响的问题

让你在委员会面前陈述一下你个人所取得的成就，你会感觉怎样？

如果有一个年长的实验室同事因为你的课题而得到好评，你会怎么做？

如果你同实验室的朋友们涉及一个 PI 不知情的协作课题，你会帮助他们吗？

在什么样的情况下，你会找另一份工作？

如果你不能理解 PI 对你的解释，你会一直追问下去吗？即使 PI 感到恼怒了。

如果你的课题做不下去了，而你认为自己知道原因，你会告诉谁？

对不同职位的特别提问

• **行政助理**

偶尔会要求你加班，这对你有问题吗？

• **学生**

为什么你想在这个实验室工作？

你哪门学科学得最好？为什么？

你哪门学科学得最差？为什么？

偶尔会要求你加班，这对你有问题吗？

> 我招过一个暑期生，也没有问他成绩如何。面试过程他看上去不错，但是他不明白在实验室里会发生什么。后来，他告诉实验室其他人他的有机化学他得了 C。这可能是一条线索，但我想我不用问这些。

• **技术员**

做一个课题对你重要吗？

你希望有自己的课题吗？

你能放下自己的课题一天去帮助实验室的其他人吗？

偶尔会要求你加班，这对你有问题吗？

• **博士后**

你希望同时进行几个课题还是专注于一个课题？

你在哪里见到你已总结的课题了？如果×××发生了，你会怎么做？

你想创建自己的课题吗？你想怎么做？

> 我问，“描述一下你做过的课题，怎么才能做得更好”。我还问，“你在我的实验室想做些什么”？

实 施 面 试

PI 必须是面试候选人的人。不论你有多忙，欢迎面试人，好像这个面试是重要的和有价值的，这一点很重要。不要刻意表现出你是挤出时间来参加这个面试的样子。你可以做一些事让被面试者感到一些安心。给面试人一杯咖啡或其他可以提神的东西。在面试的那天或那个时间做个记号，因为这是你已经计划好了的。

> 我让他们知道，如果你想每天做同样的事，像打卡机一样上班和下班，这个工作不适合你。

如果申请的是博士后，这个申请人应该做一次研讨会报告（当然，事先安排好的）。从中可以得到他的专业知识和交流能力的许多信息。尽量把这一天的时间安排得早一点，以便你和其他人可以利用这个时间与申请人讨论一整天。如果你的实验室人不多，你可以邀请同机构的其他人参加研讨会，或者可以做公开通告或电话邀请感兴趣的人参加。或者邀请一些可以给出供你参考的对申请人意见的人参加。

- **参观研究所。**花点时间推销一下研究所和你的实验室。
- **与候选人共进午餐。**可以带上实验室其他成员也可以不带，也可以让实验室其他人做这件事（但必须是你付钱）。
- **面试候选人。**准备一些问题，写下相关的回答以及你对他的印象。按计划进行面试，不要试图将面试变成愉快的闲谈，你需要收集数据。
- **多谈一些与岗位相关的事**以及这项工作实际上的要求。说出你的期望。讲清楚你希望雇员每周工作 50～60 小时，不希望雇员求助，不愿意让雇员参与安排好的课题以外的工作，要求实验室所有的成员自己写自己的论文，或者你的无论什么要求。
- **与候选人共进一次正餐。**这可能有些过分，除非这个候选人来自一个很远的地方，或者你还有更多的话想和他谈。

大多数 PI 在面试学生、行政助理、技术员的时候，往往采用一个比较简略的面试程序。

孕妇申请人

说不出口的话。你是一个刚刚起步的助理教授，有足够的经费可以招收一个博士后。最优秀的一个候选人告诉你她已经怀孕了。从法律上和道德上你都不应该歧视她。但是要是你在开始的几年里不能完成一定的工作量，你可能会失去你的基金和工作。你该怎么做?

特别是如果你自己已经有了孩子，你就会明白，一个有孩子的人，不论男女，都不可能像一个还没有孩子的博士后那样在工作上花很多的时间。从另一方面讲，为人父母会提高科学家的组织能力：许多人每天只能工作一点点时间，但是在这点时间里，他们可以完成更多的工作。

> 有一个博士后问我对怀孕的博士后有什么看法，我说我觉得她们应该放弃社交生活和徘徊于实验室。如果你已经怀孕，还是有足够的时间可以完成你的工作的。实验室不能为一个准母亲准备一个不热门的课题。

如果你有一个很大的实验室，那么预知未知风险就比较简单。如果因为一个初为人父（母）的博士后的工作时间太短而造成课题失败了（很惋惜），损失可以被消化（弥补）。想清楚你期望什么。但是你要记住，工作量并不是全部问题，智力、勤奋、创造力可以弥补大量的工作时间。怀孕只是你需要考虑的一个变量而已。

法律并没有规定一个人在申请工作的时候必须声明她怀孕了。但是哪些人会隐瞒这些信息呢？这些并不关你的事，但是大多数科学家会期望另一位科学家能够事先告诉自己这些信息。

你能做什么？不用太担心。如果你认为你不能面对这个怀孕的员工，如果你认为你不能接受她，你的观点有点狭隘。男女应该同等对待。而且，有孩子的那个人（就算是领养的）的伴侣也会公开提出要求休假，或者要求去一个工作量较小的岗位待几周。

想想清楚，如你总是希望员工每周只工作 40 小时，陈述单位的一套母性或父性制度。在工作开始的时候有一个孩子，会对以后几年的工作带来麻烦。记住你不可能为**任**

何人预测他们的未来，包括你雇用的男人或女人。能将产假处理得最好的PI们是那些拥有很多经费、很多员工、不是过分依赖控制的人。正如一个PI对产假的看法是："老实说，不管怎么样，一切恢复正常总得几个月以后了。"

面试过程不能讲的事情

不要问个人问题。避开隐私，即使你觉得你和面试人已经建立起一种很友善的关系，但是个人问题还是要回避的。问个人问题是不合适甚至是违法的，如问关于年龄、残疾、婚姻状况等问题，不管这些问题问得如何隐讳。

每个州的法律都不太一样。有些州禁止直接或间接咨询某些话题（Yate 1994, p. 167-171；Richardson 1999）。例如，对40岁以下人的偏爱、是否是美国公民、对岗位要求以外的残疾的严重性、特别咨询配偶的身份，或者孩子的照看、婚姻状况、从军队复员的类型、在雇用前索要照片、居住状况或者宗教信仰。有些话题会在随意闲谈型的面试中不经意的被提到，但这是违法的，"不知道这项法律"是不能作为你无罪的理由的。这不会经常发生，但是必须小心。关于可以问和不能问的，下面举了一些例子（Richardson 1999）。

- **紧急联系。**遇到紧急情况时，法律允许询问当事人的姓名用于紧急情况时的通知，但是法律不允许询问当事人亲属的姓名用于紧急情况时的通知。
- **残疾。**如果申请人有明显的身体残疾，你可以请他们解释，在有或没有合理住所时，他们将如何完成工作任务，但是法律不允许询问申请人是否有残疾、身体缺陷或者工伤。
- **婚姻状况及家庭。**你可以问申请人，他们是否能满意某些特别工作的时间安排，他们是否有些额外的任务会影响他们的正常出勤。你不能问他的婚姻状况以及他有几个未成年的孩子、孩子几岁了、有关怀孕或者家庭计划或者照看孩子的安排等。

> 我的工作时间与别人的不同，我提到过这一点。我不要求其他人和我有一样的工作时间，但是我提到这一点是想说我们的工作时间之间需要有一定的重叠，你是否有困难。我从一个人那里得到了结论，这个人并不介意独立工作。

要求人力资源部门帮忙找出现行的涉及面试提问相关的本州和联邦法律条款。

面试中的亮红旗

亮红旗是警示信号，表明这个人可能会有麻烦。

指责

不能对出错的事承担责任。

抱怨导师和同事

这是复杂的，因为总是会有一些正当的对工作场所的抱怨。仔细观察说话人的口气以及不满的原因。特别的和主要的抱怨——"没人

> 总是要问申请人是否明白这个课题，我曾经有一个申请人，她对做过的事情有太多错误的描述，我把这个现象归结为紧张以及她的英语不完美。但这是给她亮出了一面巨大的红旗！

相信这个主意。”——可能比牢骚更可信——“实验室的每一个人都太友好。”通过私下了解确认这个候选人是否来自一个紊乱的实验室，如果是，那么这些抱怨可能是有一些事实依据的。

过多的要求

不要被勒索。不论这个候选人是多么优秀或者多么有前途，没有人可以要求和给予与每个人不一致的特权，如签证、计算机、额外的薪水、额外的假期或者停车位。这会引起麻烦的。得到特权的人会认为他们值得这些特别的照顾，而其他人会对你或得到特权的人怀恨在心，可能两种情况都有。

说谎

如果有人在说谎你会在意吗？你是否会放任有合理根据的谎言而承受它带来的后果？对大多数 PI 而言，谎言不会有什么好的结果。轮到 PI 来决定，什么时候吹嘘和扭曲事实是不能接受的。

一般来说，人说谎的时候总是会有一些生理特征的（Lieberman 1998）。用词和身体语言之间存在不一致性。例如，已经用语言表达了一个肯定的意思后，用摇头则作为否定的语姿。说谎的人往往试图与他人之间保持一定的物理距离，好像正在和谎言保持距离一样。

沉默往往是分辨谎言最有效的方法。当说出谎言后得到的反应是沉默时，说谎者会喋喋不休的说个不停，想要说服你相信他说的是事实。另一种说谎模式会给你一个暗示谎言已经说出口了。说谎者会用你自己的语言来说服你。他们会避开正面回答问题而是用他对这一问题的看法来搪塞。他们会回答你的问题，但是在他们说谎的主题上，他们很少会用自己的问题来问你。

说谎者在面对一个直接提问时往往会有一个延迟停顿，或者用一些话来拖延回答的时间。例如，“你从哪里听说这个的”？或者“我觉得这里不是最好的讨论这个问题的地方”。或者向你重复提出你提的问题：“我和我的前任实验室 PI 的关系好吗？你是问这个吗？”

另一些说谎者会用诙谐和挖苦的语气来避免回答你的提问（哦，是的，我总是在伪造数据）。他们的目的是想让你觉得坚持问这个问题很愚蠢。你必须坚持。有些人说谎时的表现会和紧张时相似，如坐立不安、颤抖或者吞咽困难。

发怒

当提到某个问题时突然发怒，这个反应说明可能是他不愿讨论这个问题。除非你的态度很粗鲁，这种对待问题的反应是不合适的。尽管这不能说明被面试人在说谎，但是很明显这个人不能直截了当地处理这个问题。

面试的其他方面

- **实验室哲学。**提出实验室的哲学，看看候选人是如何接受的。强调工作时间、假期、你对休假的态度等。
- **时间承诺。**PI 们有时候被告诫不要有工作年限的要求。但是花上几个月的时间训练的技术员在一年之内就离开了，这对一个小的刚开始的实验室是一个很严重的打击。

和人事部门协商，找到一种合法手段，要求被录用者必须在这里工作 2 年。

- **邀请其他评论人。**邀请其他人一起面试候选人。一些 PI 请同事或者其他实验室成员出席面试，或者至少让他们和候选人见面。然后听取他们对候选人的意见，并考虑这些意见。如果你对候选人有些先入为主的印象时，这样做就特别重要。第一印象可能是错误的，就算你看人很准，你也可能漏过一些东西。

推销这个工作

在一次面试中，你必须让候选人觉得你的工作是很有吸引力的。你的个人魅力、你的领先地位都是一个优秀的候选人考虑是否接受这份工作的因素。如果你的实验室气氛非常融洽，而你也是很成功的，那么这份工作是很容易被推销出去的，因为你实验室的文化是主要的卖点。当然，当你的实验室才刚刚起步时，你必须试着让候选人了解你将把实验室建设成什么样子。了解候选人的期望是最重要的一点：让他们能感觉到你的实验室会让他们成功，在你的实验室会很幸福。

> 当有人来参加面试时，我都很肯定他们中会有一个留在我的实验室。所有的相关工作都已经完成了。面试只是让他们来见识一下我的实验室。我从来不出钱请他们来面试——那样的话，他们会很有动力的。

实验室成员的需求

考夫曼（Coffman）这样说，技术员在实验室的智力和文化地位就像大学里的研究生一样，他们年轻、聪明、鲜亮、思维开放，有许多让你感觉真实的疯狂的想法和各式各样的提问。

摘自考夫曼 *DNAX*

Joyce（1982，p. 2）

实验室员工包括短期和终身技术员、行政助理、本科生和研究生、内科医生及博士后。以下列出的是每一种成员各自的目标。

终身技术员：

- 金钱。
- 地位。
- 学习技术。
- 发表论文。

短期技术员：

- 学习技术。
- 发表论文。
- 获得推荐信。

行政助理：

- 一份工作。

- 可观的收入。
- 尊重。
- 愉快的工作氛围。
- 成为团队的一部分。
- 独立性。
- 升职的可能。

本科生：本科生进入一个科研实验室是因为他们爱好科学，或者认为自己爱好科学，大部分已决定要进入研究生院继续学习（绝大部分）。

- 同事的友谊和一种归属感。
- 实验室工作经验。
- 申请进入研究生院或医学院的推荐信。
- 与科学家的交流。
- 本科生研究的声誉。
- 金钱。

研究生：尽管对于研究而言不是必须的，但大多数研究生来实验室是为了准备将来的科研生涯。

- 导师。
- 热门领域。
- 好的课题。
- 有趣的实验室。
- 发表论文。
- 博士后的推荐信。

内科医生：

- 如果不是明显的临床项目，一个项目应该能够成为基金项目，可能是临床研究基金。
- 发表论文。
- 短期项目：通常内科医生没有太多的时间可以待在实验室里。
- 组织和结构。
- 好的同事。医学院在实践中讲授一种非常“我们与他们”的哲学思想。内科医生在实验室里享受实验室成员间的亲密的关系，没有多余的围攻心理。对大多数内科医生来说，实验室是个很有趣的地方。
- 一个善解人意的有趣的 PI 作为导师。不论是医学博士还是理学博士，PI 应该了解一个医学博士的研究需要。

博士后：大概有三种类型的博士后申请人。①与 PI 有过一定接触或者认识这个实验室中的一个快乐的成员的博士后。研究固然重要，但是第一动力是人格魅力。②读到过实验室的一些论文，在会议上或从别人那里知道一点实验室的科研情况的博士后。③因为方便或者个人原因的博士后。他们只想在特定的某个城市、某个研究所、甚至于某个国家读博士后，但是会去找到职位的地方。

然而，越来越多的博士后，在博士后之前或博士后期间慢慢发现，实验室的课题研究不是他们自己的。除了学习科学分析过程外，他们为了各自的目的，还需要花时间来学习某些特别的市场技能，如写作、教学、计算机技能或者人际交往能力等。

博士后是通向独立科学家职业道路上的跳板。博士后主要的期望是为了一篇“好的”论文和出站时找到一份工作。在对美国国家卫生研究院（NIH）里的博士后进行的一次非正式调查中发现，不论男女，他们都把“从事科研”和“协作科研和能找到各种人讨论科学问题”看成是在 NIH 读博士后最重要因素中的第二位（Leibnitz 1999）。

- 资金——不用自己申请经费。
- 无拘无束的工作时间——不用上课、不用上临床。
- 热门领域。
- 好的课题。
- 互动的实验室——有很多人相互讨论科学。
- 振奋人心的研究所——许多外来的报告人——知名的场所。研究所的声望在招收博士后的过程中很重要，好的设备……
- 论文。一个博士后需要多少篇论文？这里的论文数足够吗？是和不是……
- 带走项目。
- 一个导师。
- 有市场的技能。
- 推荐信。
- 联系。
- 一些家庭生活。
- 足够的薪水和居住条件。

从研究生院毕业的几年后，大多数博士后起初的薪水都不错。博士后并不期望变得富裕，但是他们希望能比学生时代过得更舒服一些。但是在一些研究所里，虽然博士后的薪水比学生的生活补贴要多一点，但是生活的标准是较低的：与学生不同，博士后通常没有自己的房子或者要租房、可能需要支付更多的税、可能没有相当好的收入。

另外，博士后很可能已经结婚，他们期望的薪水至少要能满足一个家庭的需要。一个人可以以最低的博士后工资维持生存，但是如果再加上他的配偶和两个孩子呢？外籍博士后的配偶可能无法在同一个国家找到工作。即使他们可以，但孩子的看护费很高，两个博士后父母也负担不起。

经济上的压力可能会毁掉一个博士后。有时候还有其他家庭成员需要赡养，或者需要寄钱回家。

在许多学术性研究所，博士后组织和联盟正在成立，它们成立的一个目的是给予博士后时间和技能上的补偿。

忠诚和清楚你的工作

向所有的候选人介绍这份工作，即使他不是你的一号候选人。你的一号候选人不一定会接受这份工作，你必须考虑所有的候选人。

讲真话！任何事都要真实陈述——从一个项目预期的成功到本地区生活的花费——可能对你来说会事与愿违：你可能毁坏了某个人的生活，这种不好的感情可能会毁掉你的实验室。

不要对你的强项害羞。如果你的实验室小，强调你的指导作用和你能够提供的一对一训练。解释你是怎样评价人的。描述你实验室的伦理和文化，你希望这样的实验室维持5年，每个人可能发挥的作用。

与实验室人员一起与应聘人出去午餐，或者交际性地做一些事来突出实验室成员之间的相互关系。了解候选人还需要与实验室的成员讲希望听听他们对实验室（和你）的看法，但可能发现要询问你可能很棘手。创造一个发生这种事情的机会。

不要忘了还要向候选人推销你的研究所和介绍系里必须提供的条件，熟悉单位的资源和相关政策，使招聘工作顺利进行，像住房、儿童保育和学校信息、职业培训课程、提升政策、导师计划、卫生保健和保险、与其他实验室的合作、特殊设备的使用、有趣的讲座系列等，这其中的一些因素可能帮助候选人决定他的选择。

正如我已经发现的，当你开始你自己的实验室，你要屈从于偶然的力量——超级学生决定她想到你全新的实验室工作，非超级学生们害怕所有其他的人——但过了一段时间后，你知道了什么是你值得奉献的。快乐多产的实验室自身得以维持。

评价候选人

一个好的选择：支持实验室文化

在那些不得不离开自己专业或管理岗位的人中，70%～92%是因为文化上（融入组织文化上的无能为力）的失败，而绝对不是因为专业技能上（专业技术知识和工作能力）的问题。

Beatty（1994，p. 71）

即使你只有一个候选人来面试——这种情况往往发生在一个新的 PI 在实验室成立之初时应聘学生或博士后——对候选人进行可信的评估是有益的，这有助于如何选择课题以及预期这个候选人的产出。因此，对一个职位的所有应聘人进行严格面试。你可以根据下列几个基本因素进行评估。

我认为我看人的准确率大概只有50%。在我招收的人中，有些我未置可否的人最后表现的非常优秀，而有些我抱了很大期望的人最后却让我大失所望。我觉得我预测别人成绩的能力好像不怎么强。

- 性格。
- 人品。
- 诚实、幽默、顺应。
- 科学知识。
- 技术技能。
- 与实验室文化相容。

你必须考虑这个候选人能否融入到你的实验室个性中去。这一点在某种程度上只能根据你的直觉判断，如你对这个候选人的感觉和对实验室其他人的感觉是否一样？但是这种直觉是基于你对你实验室的人、你的底线所作出的性格和价值判断。

如果你邀请了其他人参加面试工作，你必须听取他们的意见，即使你不同意他们的观点。你千万不要邀请别人参加面试但又忽视他们的意见。准确描述实验室的文化对你来说可能不是件容易的事。你想知道的是这个人是否：

- 能与实验室的人相处好。
- 做研究工作的方式和我/我们是否相同。
- 给实验室带来正能量还是给我们惹麻烦。
- 改变实验室吗？是好是坏。

还有一个问题是，“在今后的几年里你是不是一直想看到这张脸吗”。通过让实验室其他成员与这个候选人交谈，看看他们之间的反应，你可能会有更好的结论，这个人是不是适合我这个实验室。但是没有信息比一个坏信息要糟糕。

避免偏见

从其他文化来评价候选人

不要因为你的偏见而放走了一个优秀的候选人。至少是下意识的，你很有可能希望从每个候选人身上看到一系列你认为预示着某些优良品性的特征和行为。但是其中多数这样的特征是与实际的文化期望一致的，而不是与个性相关。例如，你可能希望候选人能直视你的眼睛和你直截了当地对话。这样可能使你认为这样的人细心、自信、有干劲，能把工作做好。

> 来自高水平实验室的人认为来申请他们实验室的人都有一样的想法，实际上这是不可能的。

你可能还希望候选人能和你讨论他们过去的工作经历及技术专长，这样你就可以知道他们到这里是为了什么。

如果一个候选人面试时眼光在逃避你，好像说不出他在以前项目的作用，你可能会认为他没有专心听你说话，甚至认为他不诚实。如果一个候选人没有直截了当地和你讨论他以前的工作，你可能会认为这个人并理解那个项目或者他在那个项目中只不过是一个无足轻重的小角色，而不像简历中写的那样。这些结论都是根据特定的文化背景得出的，可能完全不是事实（详见本书第 7 章“多样性的快乐和危险”一节）。

在许多文化中，对权威是非常尊敬的，直视别人的眼睛被认为是不尊敬对方的标志。在有些地方，人们没有积极标榜自己重要性的文化，相反，只讲自己被认为是不礼貌和不切题的。

你如何正确判断一个人的性格，而不受自己的习惯和文化背景的干扰？当然，在 30 分钟的面试中你能了解一个人的所有性格吗？其中的一个办法就是你可以延长面试时间，在你和候选人之间建立一种亲善的关系。如果想了解候选人以前的工作情况，你可以让他谈谈那个项目的总体概况以及其他人在其中起的作用，这样候选人就可以很自然的谈他个人的工作成绩而不觉得自己在自吹自擂。你也可以多请几个不同文化背景的人参加面试工作（Walton 1994）。

不要掉进常春藤联盟的陷阱中——它也可能是在起作用。你不能假设，因为这个特别的候选人来自于一个非常有名的地方或著名的实验室，他就是个优秀的候选人。反过来你也不要先入为主地认为候选人的能力一定不行。你不应该有负面的印象，确信你会有一个女主角。对每个候选人的成就、性格和技术专长进行评判。

不要被第一印象蒙蔽

在笔记本上旁边的答复那一栏里我写上了“回答得很棒”！我能记得那一刻兴奋的感觉，就像面试官发现了一个候选人的言行举止与他的期望完全一致的时候。因为毫不犹豫地我已经决定了，我喜欢他，所以我听到的他的回答坚定与自信。如果我不喜欢 Nolan Myers，我不会这么早做决定，我就不会从他的回答中听出傲慢与胡吹。第一印象成为了一个能自我实现的预言：我们只听到我们想听到的。

Gladwell（2000，p. 72）

一个实验心理学家曾经让学生们对给他们上了一个学期课的老师们作一个评估，同时也让一些人看 2 秒钟这些老师的上课录像片断然后给老师们作评估，结果发现这两种学生的评估非常相似。一个类似的但更加严谨的针对面试人对候选人的评估的实验也曾经在托莱多（Toledo）大学做过：一方是只看了面试开始的握手动作就给出了评估结果，另一方是在 15～20 分钟的面试后给出评估结果，两者之间的结果还是非常的相似（Gladwell 2000）。

当有人提出申请希望到自己的实验室来工作时，人们就好像被人奉承了一样，会放弃一些怀疑态度。

对于招收第一个到我这里工作的人，我可以用瞎了眼来形容自己。居然有人申请到我实验室来工作，我当时实在感到受宠若惊，于是对于他的资格和能力都从积极的方面去考虑，而不是理性的分析。

这些实验的结果说明了第一印象在起作用。不幸的是，这些研究也指出面试的一个与生俱来的弱点（可能是人类的本性），面试人在面试过程中只是在证实他们的第一印象。

小心光圈效应——影响对面试者综合判断的一种无关的特征。它与反向歧视很像。例如，你可能会因为候选人很喜欢解剖学而感到高兴，因为你年轻的时候就是这样的，于是你会设法忽视明显的事实，即他不可能完成任何一个课题。

我喜欢我招收的人，我发现这点很重要，因为我与他们接触很多。我想，如果我不和他们接触这么多，那么喜不喜欢他们就不那么重要了。

要把第一印象和偏见分开不是件容易的事。“偏见”是按照对候选人分类后作出的评价，而“第一印象”表明已经对候选人作出了评价。这两个词在语义上有很多的差异，然而在它们之间有很大一块灰色区。在评价候选人能否融入实验室文化时，第一印象或第一反应是重要的和有用的工具。但是需要和一些客观的数据联系起来才可信。如果你真的很喜欢这个候选人，而他的证书可信，那么有非常大的机会显示这个人是好的选择，这要比他有一个好的第一反应和三份不太好的推荐信更可信。

当我成为实验室的 PI 后，我最难调整的事情之一就是我将不得不和我实在不喜欢的人一起工作。

你需要喜欢你实验室的人吗？

大多数 PI 都认为喜欢他们将要招进实验室的人是重要的。但是喜欢是一个非常宽泛的词。很多人在说“喜欢”的时候，他们指的是“赞同”：可能他们并不想成为朋友，只是尊重他而已。这种关系对于一个 PI 和实验室人员来说是良好的基础。没有人会招收一个他既不尊重又不信任的人进入实验室的。

签证类型对你来说意味着什么？

签 证 问 题

- 人力资源部门是你了解雇员和学生持有何种签证的信息来源。签证要求和时间限制经常会发生变化。没有人力资源部门和可能的法律部门的辅助，你是不能决定签证的。没有彻底咨询人力资源部门关于签证的意见，你绝不可以为海外申请人提供工作。如果你的实验室人员请你写信要求更换他的签证或者签证延期，你最好和人力资源部门沟通，明确你的法律义务，以及你所在的机构是否该为此人负责签证。建议你实验室所有拥有签证的人在计划离开美国前都必须与人力资源部门沟通，不论是什么原因，包括家庭葬礼、科学会议或者假期。
- 有些单位对他们愿意申请并付费的签证的类型和数量有一定的政策规定，这些信息你可以在单位的人力资源部门查到。很少有地方会为 J 类签证付费，而很多单位会为 H1 类签证及绿卡签证付费；一般情况，单位只为员工的绿卡签证以及愿意长期在单位工作的人的签证付费。
- 实验室人员签证的类型会在很大程度上影响她的工作及个人生活。签证的费用、签证不成功及延期签证的不确定尝试、配偶能否工作，这些都会影响压力水平和生活质量。不要被与签证相关的问题激怒；这是审议中的他人生活，关心这些事并不意味着这个人对签证的积极性会超出对工作的。
- 一些 PI 有这样的担心，那些持非移民签证的人即使没有完成这里的工作，而当签证期限一到，他们就算不情愿也不得不回国去。要把他人的命运掌握在自己手里，这是种沉重的负担，会使这些 PI 在考虑是否招收他们时感到犹豫不决。有些人在对于确实需要的这个人的签证申请的支持是没有问题的；尤其对于新的 PI 来说，可能唯一的办法是雇用一个博士后，这样可能模糊拒绝签证申请的责任。对于极度小心的和极度热心的 PI 们来说，应该接受人力资源部门的指导。
- 可能会发生这样的事情，一个 PI 帮助了一个特别的人申请基于雇员的签证，而这仅仅是为了帮助这个人离开另外一个实验室。这是不合法的，这个人的老板有权向他提出诉讼和寻求赔偿。
- 作为一项雇佣协议的一部分，公司有时会提供绿卡谈判。这可以利用签证持有人，他们会为了绿卡而接受较低薪水的工作。确定签证持有的人的工资水平与实验室其他人的一样。
- 如果人力资源部门不能回答你或者你实验室成员的问题，有几个网站提供了表格和信息。美国国务院的签证网页（http：//travel. state. gov/visa/visa _ 1750. html）解释了申请签证的过程。美国移民支持（http：//www. usimmigrationsupport. org）给出了更新的获得和维持美国公民签证的信息。签证发（http：//www. visalaw. com）是移民律师事务所资助的一个有用的网址。

几种签证简介

绿卡

绿卡是美国永久公民证件，通常需要几年时间才能获得。在绿卡案子悬而未决时，申请人可以申请工作授权文件（EAD）而获得工作许可。

J-1（J-2）

J签证是发给那些非移民的教育和文化交流项目的访问学者的，其中最常见的一个是博士后的签证。这类签证是为了促进教育、艺术、科学甚至研究生医学教育等领域的人员、知识、技术等的交流。在实验室，J签证还用于所有学术性的学生、来学术机构做研究的教授、医学及相关领域的职业培训生的签证。但J签证不能用于以盈利为目的的单位的工作签证。

J-1签证的持有人必须有足够的资金支持他的所有开销，或者是资助单位提供的以奖学金或其他薪俸形式的基金。申请人必须要证明他们有归国的意向。

一些J-1签证的持有人，包括那些进入医学院学习的研究生，在美国的时间限制是2年。在这段时间，由于自己国家的知识产权问题，这种2年期限的限制是特别为印度、中国、韩国的签证持有人设置的。J-1签证的持有人可以申请签证延期，然后才能申请移民签证或者临时工作签证。J-1签证持有人可以因为各种不同的原因申请延长签证，或者申请取消2年居住后必须回国的要求。如果延期申请没有得到准许，在他们获得申请另一个签证，如移民或临时的工作签证前，他们必须回国。不管你来自哪个国家，只要是你祖国的政府提供的资助，必须仍然维持两年回国的要求。

J签证持有人的配偶和未成年子女可以申请由J签证派生的J-2签证，J-2签证允许配偶获得美国公民和移民服务（USCIS）的工作申请。他们必须证明他们有足够的经济支持在美国的生活。这种工作资格对很多家庭有巨大的益处。

H-1B、H-1

H签证是对非移民的临时工作者的签证，但持证人可以申请在美国永久居住。H签证用于一些（需要的）专业职位的人的签证，这种专业职位需要高度专业的知识进行理论和实践应用，申请人必须至少具备学士学位。在实验室，这种签证用于科学家、外科医生、工程师、信息技术（IT）专家。目前，新加坡人和智利人必须申请H1-B1签证。

美国国务院决定哪些专家应该申请H-1B签证，这种分类经常被更新，雇主负责为他们申请签证，时间通常最多为3年，可以申请1年到最多为6年的延长期。6年之后，在重新申请另外一次签证前，签证持有人必须离开美国至少1年。通常现行工资的支付按照国家卫生研究院（NIH）的支付范围付给。

尽管可以通过签证转换调换工作，但H-1B签证的持有者只能在签证规定的地区工作。虽然非盈利性和盈利性机构都可以作为他的工作场所，但盈利性机构通常是带政府帽子的，需要等待，一个H-1B的签证持有人是不能够转换到盈利性机构工作的。提防有人通过H-1B实体店被雇用，这个公司专门从事将H-1B工人转到其他公司。通过实验室雇用的H-1B签证人因此成了实体店的一个官方雇员，通过实体店领薪水，但是在另一个地方工作。

H-1 签证持有人的配偶和孩子通常可以拿到 H-4 签证：他们可以进入美国学校、学院、大学（包括研究生院），但不能在美国工作。

F-1

这是一种非移民的学生签证，给予学术学习的学生。一般签发给学院或者大学里的学生，当然也可以签发给高中生。申请的学生必须证明他们与原住国还存在很紧密的联系，当他们学业结束后就回到自己的国家。他们还需要提供证明，证明他们在美国期间有足够的经济支持。他们到美国 1 年后，校外打工可能会被批准。如果符合条件，学生家长可以获得签证申请，他们可以陪读。F-1 签证可以转换为 H 签证。

L 类

L 签证签发给具有国际或公司内被转让人资格的人赴美国。这类签证的持有人必须被美国的一个公司或附属企业连续雇用至少 1 年，在一个行政部门或管理职位上工作，或者传授专业的知识（如科学家）。L-1 签证通常签给最初 3 年的申请人，可以有 1 次或 2 次的 2 年延长期，共 5～7 年。L-1 签证持有人只能为资助机构工作。

TN 签证

TN 签证是一种非移民类签证，仅仅签给墨西哥、加拿大、北美洲自由贸易协定下国家的专业人士。通常用于实验室的技术员、管理顾问及 IT 职员申请的签证。签证便宜、容易重新申请、让人满意，但是 TN 签证持有人的配偶不能工作。加拿大公民和永久居民可以带上一封工作信件自由进出美国边境；墨西哥公民必须通过在墨西哥的领事馆提出申请，他们成功的机会很少。

其他签证

申请人可能持有各种各样的其他签证，在获准签证前，其中的一些签证需要工作保证书。H-2B 签证是签给临时性的技术工人，他们没有获得 H-1 签证的资格，但是他们提供了在美国找不到的服务或劳动力。这种签证是临时的、雇主资助的签证，限制与 H-1 签证的相同，通常只有 1 年，累计不允许超过 3 年。H-3 签证是临时的、雇主资助的签证，与 H-2B 签证的限制相同，签发给来美国的受训的人，而不是领薪水的工人，通常至多签 1 年，加一次 6 个月的延长期。B1 签证用于少于 3 个月的科学家的交流访问，可以延期。O-1 签证签发给有“特别技能”的短期工人，初期为 3 年。

有 5 类以受雇为基础的移民签证，其中的 3 种是签发给实验室工人和外科医生的。①E1 签证：签发给杰出的教授和研究人员，他们来自合约国，至少有 3 年以上的工作经历。②E2 签证：签发给那些有高等学历和有“杰出能力”或者 5 年以上工作经历的专业人士。③E3 签证：签发给有学士学位和技能的澳大利亚工人。持有 E 签证人的配偶可以在美国工作。

要避免的性格和品质

没有对部分科学家深深的情感投资，优秀的科学是不能进行的，也就是说感情投资提供了无限热情的动力，通常是激烈的、富有干劲的。

Keller（1983，p. 198）

即使是在招聘到合适的人极困难的时候，在任何情况下，PI 们都应该有一份他们确定不要的人的名单（不幸的是，很多 PI 仅仅在回顾的时候才列出一份清单）。以下是一份简短的 PI 们要避免的清单。

> 我不喜欢侵犯性的、自我为中心的人，否则这些人会与实验室的其他人竞争。

- 自大。
- 差的推荐信。
- 不能和他人友好相处。
- 和导师打过架。

> 我不会招收和他的导师打过架的人，尽管我会给他的导师打电话询问缘由，但是一般来说，我是不会招收他们的。

> 当有人来我这里提出希望仅仅负责他自己的课题，我感到很难办。每个人都有他自己的课题，但是这些课题间总会有些交叉的地方。那些没有团队精神的人是不会处理好这个问题的，这些不能和他人相处好的人我是不会收的。

新 PI 们雇用时犯的错误

大多数 PI 都承认在雇用人上有过至少一次严重的失误，有些失误并不仅仅在一开始的时候发生。大多数人都承认一开始就看到了一些征兆，但是为了这个人在工作上的事，大家都忽视了麻烦的来临。新人的问题各种各样，从技术太差到很难相处都有。

> 我招的第一个技术员就是一个失误。要是把他介绍给其他人该多好！我现在才知道。第一个人非常重要，因为他会影响你工作的方式。当时我忙于写基金申请书、建设实验室，并没有花足够的时间和技术员在一起。

所有归因于招人不当的失误其实并不一定是在招人时犯下的错误——有些是在后来与实验室人员相处不当时造成的。当然 PI 们也能举出一些例子说明有些期望很低的人进入实验室学习工作 5 年之后出乎意料地成为了一个很能干的员工，甚至成为了一生的好朋友。

> 在我第一次招人时我犯下了严重的错误——我只看技术员的专业技能，但是却忽略了技术员的思考能力。

说“是”和“不”

确信打电话让所有应聘人知道面试结果。如果你在面试过程中与候选人有过一些私下接触，你可能会希望亲自通知这些人，虽然人力资源部门并不赞成你这么做。为了使候选人感觉良好而对他们作出保证，将会引起候选人的牢骚。

如果候选人问他们为什么不是第一选择，你可能会感到不舒服，但是你还是要如实相告。告诉他们因为他缺少一门特别的课程或者技术技能，所以他们不在第一选择之中，这对他们可能是有用的。但是这样做也是很危险，所以人力资源部门坚持要求由他们来做这个通知工作。例如，向一个并没有入选的候选人承认，是因为实验室的其他成员不喜欢他，会让这个候选人歧视你所在的研究所。

在你的第一选择正式接受你的职位之前不要拒绝其他候选人。让每个人尽早知道结果。如果发生了这样的事情，你的第一选择接受了另一个职位或者没有能来就职，你可能需要从余下的候选人中再挑选一个人。如果因为你或者人力资源部门没有及时通知某个候选人面试，结果而使他感到不快，那么要说服他马上来接受这个职位可能就很难了。

在试用期间决定。在很多研究所，不用通知，一个应聘人可以在试用一段时间（通常 2～6 个月）后再决定留还是走。这种情况必须在雇佣合同中界定清楚。认真对待这段试用期！试用期后，要解雇任何人都是很困难的：这需要几个月的时间来证明这件事情。雇用了错误人的 PI 们经常说，回想起来，他们现在知道了他们犯了一个错误——但仅仅是怀疑他们的感觉。如果你对应聘人在试用期的行为有疑问，如果必须的话，认真考虑和决定你的选择。

参考文献

ASCB Profile. 1999. Gunter Blobel. *Am Soc Cell Biol Newsletter* **22:** 5–7 (http://www.ascb.org).

Barker K. 2003. Avoiding management mistakes. *Science's Next Wave*, July 25 (http://sciencecareers.sciencemag.org).

Beatty RH. 1994. *Interviewing and selecting high performers*. John Wiley & Sons, NY.

Bolman LG, Deal TE. 2003. *Reframing organization: Artistry, choice, and leadership*, 3rd ed. Jossey-Bass, San Francisco.

Boulakia C. 1998. The 4 management consulting interview types. *Science's Next Wave*, February 6, pp. 1–3 (http://sciencecareers.sciencemag.org).

Brown S, McDowell L, Race P. 1995. *500 Tips for research students.* Kogan Page, Philadelphia.

Carter N, Schafer S. 1996. Situation of postdocs: Purpose, perseverance, vision. *Science's Next Wave*, August 2, pp. 1–5 (http://sciencecareers.sciencemag.org).

Caveman. 2000. *Caveman*. The Company of Biologists Limited, Cambridge.

Dannhauser CL. 1999. Burn this resume. Three companies take a novel approach to filling vacancies. *Working Woman*, June, p. 26.

Fiske P. 1997. The skills employers really want. *Science's Next Wave*, April 25, pp. 1–4 (http://sciencecareers.sciencemag.org).

Fiske P. 1997. Informational interviewing: How to be an insider at every opening. *Science's Next Wave*, March 28, pp. 1–5 (http://sciencecareers.sciencemag.org).

Fiske P. 1998. A postdoc bill of rights. *Science's Next Wave*, November 27, pp. 1–5 (http://sciencecareers.sciencemag.org).

Fiske P. 1999. How to separate ideal employers from bad ones during your job search. *Science's Next Wave*, February 26, pp. 1–4 (http://sciencecareers.sciencemag.org).

Gladwell M. 2000. The new-boy network. What do job interviews really tell us? *The New Yorker*, May 29, pp. 68–86.

Harris J, Brannick J. 1999. *Finding and keeping great employees*. AMACOM Books, NY.

Haynes L, Pfeiffer S, Boss JM, Kavathas P, Kuchroo V. 2006. Lab management: Insights for the new investigator. *Nat Immunol* **7:** 895–897.

Heller R, Hindle T. 1998. *Essential manager's manual.* DK Publishing, NY.

Jensen D. 1998a. Interviewing skills: What to do when they say "tell me about yourself." *Science's Next Wave*, July 10, pp. 1–4 (http://sciencecareers.sciencemag.org).

Jensen D. 1998b. Forcasting compatibility: How to select your new boss. *Science's Next Wave*, June 12, pp. 1–4 (http://sciencecareers.sciencemag.org).

Joyce L. 1989. DNAX immunologists work to balance industry, academia. *The Scientist* **3:** 1–3 (http://www.the-scientist.com).

Judson HF. 1996. *The eighth day of creation*, Expanded ed. Cold Spring Harbor Laboratory Press, Cold Spring Harbor, NY.

Kelleher S, Sanders E. 2000. Troubled resident's case left UW with quandary. *The Seattle Times*, July 5, pp. 1–10.

Keller EF. 1983. *A feeling for the organism: The life and work of Barbara McClintock*. WH Freeman, NY.

Leibnitz R. 1999. The NIH postdoc experience. *The Scientist* **13:** 13 (http://www.the-scientist.com).

Lieberman DJ. 1998. *Never be lied to again.* St. Martin's Press, NY.

Medley HA. 1993. *Sweaty palms: The neglected art of being interviewed*. Ten Speed Press, Berkeley, CA.

Richardson R, ed. 1999. Lawful and unlawful interview questions (http://courses.cs.vt.edu/~cs3604/careers/lawful.html).

Suskind, Susser, Haas, Devine. 2001. Immigration and Nationality Law (http://www.VisaLaw.com).

Thiederman S. 1991. *Profiting in America's multicultural marketplace.* Macmillan, NY.

United States Department of State. 2009. Bureau of Consular Affairs, Visas (http://travel.state.gov/visa/visa_1750.html).

United States Immigration Support. 2009 (http://www.usimmigrationsupport.org/).

Walton SJ. 1994. *Cultural diversity in the workplace*. Mirror Press and Irwin Professional Publishing, NY.

Yate M. 1994. *Hiring the best*. Adams Media Corporation, Holbrook, MA.

第4章

开始和保持实验室新成员

良好的开始

第 一 天

在我到达洛克菲勒研究所时，Oswald T. Avery 实验室中极其和谐的氛围给我留下了深刻的印象，我甚至有些怀疑，在这个实验室里工作的人们有没有工作激情。直到一两个月后我才渐渐理解了 Avery 博士的管理方式。Avery 博士从来不要求任何人做任何事。事实上，他几乎在督促大家少干少干再少干。我在科学领域认识的人当中，Avery 博士是最善于在实验前思考的。在所有我知道的科学人当中，他一定是一个关注思考、长期思考、苦思冥想的人，在做实验前，不像普通人那样仓促展开实验并一味追求实验数量。

Piel 和 Segerberg（1990，p. 53）

1948 年夏天，我向哈佛大学亨廷顿纪念医院（马赛诸塞州总医院）的亨廷顿实验室主任约瑟夫・AUB 博士提出工作申请。他给了我一个秋季博士后的职位。在我向他报道的时候，他忘记了给我的承诺，但他仍然为我提供了一个职位，并且允许我研究任何感兴趣的课题。这一天，我为自己不经意间得到第一份工作而吃惊，同时也惊奇于自己绝好的运气。

Hoagland（1990，p. 37）

第一天的工作可以成为今后工作的模式。把需要做的工作及实验室人员的情况介绍得越清楚，工作便开展得越快。纵容新员工松散地工作对你没有任何好处。也正是从第一天起，你们俩人会逐渐地建立起合适的相互关系（事实上，面试及随后的会议已经为你们关系的发展奠定了基调）。

你自己刚开始工作时的经验可以提示，新员工刚开始时可能会遇到什么问题。你的钥匙能打开办公室的门吗？你所有的基金和账号现在已经开好了吗？你知道是否要到某特定的供应商处订购实验室设备吗？研究所有没有针对签证的建议？这些对于新成员们在适应实验室制度过程中碰到的困难很可能比你当初遇到的还要艰巨，所以你作为实验室负责人，应该尽可能地给新成员以帮助。

为了提高第一天的价值，需注意以下几个技巧。

- **安排一个特定的接见新成员的时间。**这样你的新手下就不会为了等你而在图书馆里待上几个小时。
- **谈谈科研项目。**准备好论文和参考文献。
- **明确岗位责任。**包括当前及将来几周的职责。
- **讨论期望。**不用灌输，简短地解释实验室的文化和习惯就行了。例如，谈谈你是习惯让门开着还是关着。

- **将新成员介绍给实验室及系里的其他成员。**
- **参观实验室其他成员的工作场所。**要考虑好在何处安置新成员。如果有选择的话，具体安置还是很重要的。如果你有两个实验台可供选择，一个条件很好，另一个条件很糟，结果你将较差的分配给了这位新来者，那么这个举动意味着什么呢？还是三思而后行吧！
- **展示实验室物品存放的位置。**讨论一下预算。
- **与新成员共进午餐。**既可你们两人独行，也可带上实验室的全体人员。

受制于实验室的类型及你手下人数的多少，你可能没有时间将整天都用于个别指导新成员。然而，你应该指派一个人帮助你给新成员介绍实验室的情况。

还有一点可以对新成员帮助不小。设计一本实验室手册，将实验室的有关信息尽可能多的编入其中，并及时进行更新。这样，新成员通过手册便可以大体知道自己该做些什么，这不但大大降低了他们适应实验室的难度，也可避免你一次又一次的对不同的新成员重复近乎相同的内容。

必须牢记，PI 们犯的最常见的错误是与实验室成员的关系过于密切和熟悉。刚刚离开博士后岗位，尚沉浸在对那时同事间真挚友情的怀念之中，面对全新的实验室，既兴奋又激动，责任感也油然而生。这些都刺激着你想努力地与新成员交朋友。对于新成员，只要表示欢迎并且友好待之就可以了，适度保持距离还是必要的。

当然，如果你很明确自己想要的实验室的类型，你的领导风格就是和实验室的每个人成为朋友，不妨放手一试。但是你一定要明确将来你要的实验室是什么样子的。

实　　例

与新员工谈话交流意见的具体时间取决于个人习惯。我更喜欢在应聘者得知自己被录用后马上让她来我的办公室谈。我认为这是绝好的时机，既适于祝贺她得到了新工作，也适于双方就学习工作等问题进行认真的交流。当然，谈话的重点在她工作第一天时还应适当重申，但那时只要采用较为轻松的方式就可以了。毕竟新员工在工作的第一天需要费心考虑各种各样的事情。他们通常有点紧张，为即将到来的与同事的会面而担心，不知自己会不会喜欢即将见面的同事们，也不知道自己将给别人留下何种印象。但不管怎样，第一天，新雇员最容易接受你所讲的一切。

Belker（1997，p. 15）

提前做好准备。首先，当你知道新员工来了，尽可能快地与人力资源部门交谈。他们可能有一系列标准的对新员工的要求和建议程序；他们还可能有一份指导你运行实验室的清单。另外，与院长办公室或研究生食物办公室联系，听听他们对将要到来的学生和博士后的建议也是有帮助的。

最后，应该是 PI，必须切实地处理新实验室人员来到这里能提供支持的许多细节。例如，电子邮件和因特网账号以及电话和语音邮箱，这些需要几天甚至几周时间，PI 应该在新员工到来之前将其处理好。如果新员工打算一到实验室马上就进行与生物危害或放射性相关的实验工作，PI 最好提前约好时间，按照所在院系的要求对其进行必要的指导和测试。博士后基金可能要几个月才能到位，即使是你个人支付的津贴，新员工也要一段时间之后才能得到。下面的清单列出了你需要为新员工考虑的事项。

- 安排实验桌椅。
- 单位的电话地址簿。
- 一份实验室手册。
- 安全问题（紧急情况时的联系人或电话号码）。
- 如何订购。
- 如何申请得到从事放射性或重组 DNA 研究的许可证，以及工作所需的任何特殊要求（如疫苗注射等）。
- 确信电话已经连通；确信新员工清楚付费方式（如私人电话费用是否由个人支付等），打电话程序、接收信息，将自己的联系方式加入单位的电话簿。
- 电子邮件账号/网络接口。
- 实验室记录本（公司会提供这些）。
- 信件（在哪里取信、如何寄信）。
- 哪里可以获到文具。
- 身份证明（身份证或门卡）。可能需要拍照，而且办理实验室、医院、动物房等场所的出入门卡时，身份证是个要件。
- 实验室和办公室的钥匙。
- 学术研讨会安排（新成员应知晓如何能得到此信息及其他信息，如本部门的实时通讯）。
- 卫生保健和保险。
- 停车。
- 个人信息（银行、学校和日托、交通）。

创建培训合作关系

安排实验室新成员跟随有经验的人一起工作不但有利于新成员本人的进步，也有助于建立和强化实验室必不可少的团队合作精神。这种安排应局限于一系列实验，直至新成员掌握了一系列实验的必需技术，这种合作通常是不长久的。如果明确了培训事宜，维持较短的时间，看看怎样的合作关系效果好。

> 我总是让新手参与到部分项目中去，从事进展的不太顺利的那一部分工作。这样他们自然而然地就会去请教别人。

一个新来的工程师、本科生或者是刚进校的研究生，在培训期间，可能被期望能够快速地做一些实验。这种情况是有限的和暂时的，应该在监督的条件下进行：你也不希望让新成员被实验室的同事们过高的要求所利用。但你也必须认识到那些有经验的成员在传授技术时做出的牺牲：你不能要求他们为了实验室的大局而无限制的牺牲自己的工作。

> 我让新成员参与实验项目。如果看起来还行，他便能感受到发现带来的喜悦与激动。

安排同一位技术员重复培训博士后或硕士生可能是一种引起麻烦的安排。当技术员们得知自己的薪金比他们所教的人少很多时，这样做可能很容易引起技术员们的怨恨。

任何新成员接受有经验的同事的指导后都会受益，哪怕他本人是个有经验的博士后。这种情况是微妙的，因为有些博士后初到实验室得知自己要和他人合作，心中会升起一种强烈的被冒犯的感觉。在实验室，独立和与团队合作这两种能力都是需要的。可能最好是既能培养他们的独立能力，同时要求新来的博士后应该向实验室的其他同事学习一项特别的实验技术。如果只是暂时的安排，如简单地给一个博士后演示一项技术，你就不必过多考虑两人的个性问题。例如，你可以假定，一个勤劳的人可能会讨厌一个懒惰的人，但是在一些意想不到的地方，合作和友谊是会发生的，这种层次上的担心是不值得的。一些 PI 发现，达成最好伙伴合作者关系的方式是满足他们在工作时间上的偏好。

> 我安排一个新成员参加几乎已经完成的项目，目的是让他能够成为论文的中间作者。通过负责“打扫”这样的事，即可能是参与论文中对照组实验的工作，他成为了团队中的一员，明白科学工作是怎么做的，科学绝非仅仅只是奋斗。

> 我给每一位新成员匹配他感兴趣的研究项目的其他人做搭档。慢慢地原来的研究项目被分化成了更为细化的项目。

当实验室没有其他人可用时

当只有你和你雇用的第一个雇员时，你可能要在工作的所有方面：科学、实践、伦理等成为老师。一天中的大部分时间你们都在肩并肩地工作，但是公为公、私为私，公私界限现在还是产生了。对于你和你的下属来讲，从工作的第一天起，你们的关系就相当特殊，你必须为这种关系把握正确的航向。

你愿意谈论前一天晚上与搭档的不愉快对话吗？你喜欢每天早上都听别人讲述男女朋友间的烦恼吗？可能会，但可能也不会，因为亲密的程度也许在实验室人多的时候可能不是总是起作用的。建立一种持续的可以慷慨分享你的科学和专业知识的关系。

实验室人员的培训

为什么要培训已接受过培训的人员?

我听说很多经理因为无法忍受日益增长的培训费用而终止了员工培训，他们说："我们不需要培训，我们只聘用有经验的人。"但是情况在变、程序和技术也在变，昨天的技术已经不足以面对今天的挑战。

Brown（1985，p. 136）

经营实验室最大的开销就是支付薪金，可能要占到总开销的80%。几乎没有人会花上10万美金买下一套设备，然后让其安放在某个房间中，说明书都不看，从不使用，也不维护。然而的确有一些PI在指导严重不足的情况下，放任最没有经验的助手们做研究。即使你想在实验室内建立适者生存的体制，从来也不想建立互动的实验室，但对新员工进行培训对于保护你的投资还是具有现实意义。

一个来自于能力极强的实验室的问题是，当你开始创建你自己的实验室时，这与过去的实验室完全不是一回事。你的一个技术员仍需要培训，需要你留心；你可能有一个学生，但什么也不懂；你的一个博士后也很平庸，因为没有人刚开始创业就是伟大的博士后。你导师那里起作用的事情到了你这儿竟然一点用都没有。

除了第一位受聘的技术员外，新的实验室成员被一个接一个地拉进实验室参观实验桌，花上一两周时间来弄清楚实验室动态、采购仪器和设备的方法、学习本领域内的基础知识和至少几种技术。

虽然不插手是实验室的传统培训方式，但效果是差的。尽管实验室的领导坚信实验室成员应该在各个方面都完全独立，但培训是使实验室工作人员增强实力的最好和最快的方式。

谁来培训? 当然，一开始肯定是你。你可以借此来形成整个实验室的特色。通过亲自做实验监督来实验室的新员工的培训，你可以确定他们的技术和思维方式是否符合你的标准。经历一年或多一点的时间，很多PI都会指派实验室的现有人员去训练新来的人员。

应该培训什么?

在我看来，给出一些建议针对应该知道、应该获得什么样的技术教育、必须达到的技术水平、对成功所需要的强烈渴望、粗心和偏见等一定要避免的事项。这些建议比纯理论的条条框框和警告有用得多。

Ramon Y. Cajal（1999，p. 6）

没有人规定你具体讲授哪些内容，即便你培训的是参与某一特定课题的技术员。你必须明确你自己究竟希望实验室成员知道什么。仅有技术培训往往是不够的。为了形成和维持一种有效的实验室文化，所有实验室成员都应同他人的课题及整个科学界保持密切的联系。

- **技术培训。**如何设计实验、进行实验、处理实验结果。
- **背景知识**与课题所在领域的关系、这个领域与其他科学领域的关系以及科学与社会的对应关系。
- **判断技巧。**分析自己的和本领域内的实验数据。
- **交流。**学会聆听和接收指示，表达自己的思想，讲课，与同事和睦相处，建立起自己的人际网，如何进行合作。
- **政治技巧。**选择合适的时间和场合发表自己的见解，该和谁一起讨论实验数据。
- **组织和演讲。**

最为关键的是，你必须告诉受训者，真正重要的不是答案，而是问题。那些习惯于长年累月的在校园里读书的人可能难以接受这个概念。但是这个概念一旦在脑海中扎根，便会带来明显的变化。

针对各种不同岗位人员的培训应有多大差异？这在一定程度上取决于你所倾向的实验室类型。在等级分明的实验室里，一些 PI 向技术员和本科生提供的背景知识和指导明显少于提供给研究生和博士后的。不管怎样，知识就是力量，有些 PI 只希望技师们服从命令，不喜欢他们提问。所以这样的实验室为技术员们提供的培训内容取决于技术员们要做的实验，随做随学。

学习方式

不管你实验室的成员看起来多么相像，他们的学习方式也都各不相同。经常遇到的是，有人可能显得“慢”性子或反应有点迟钝，事实上，他不过是用一种与 PI 截然不同的方式来处理信息罢了。

学习方式是个体特色的学习方法，是个人社会、心理、生理及文化背景的综合反映。有很多模型从信息处理到情绪反应等角度来理解和解释独特的学习方式（Kearsley 2001）。本书中我们引用了其中几种。强行将所有人都明确的归入某一类是不合理的，但是，只要明确学习方法远非一种，就能帮助你应对那些看似不愿学习的人了。

视觉型、听觉型、触觉型/动觉型学习的人

- **视觉型学习者。**通过观看学习。善于从图表、曲线图、实验程序、背景阅读材料中获得信息。远离说话打扰时学得最好。喜欢通过自己查资料来解决问题而不愿向他人请教。不愿与别人交流，因为和谈话相比，阅读和思考是更好的学习方式。
- **听觉型学习者。**通过听觉学习。适合参加各种会议、讨论、与同事们交流实验。他们看似对实验的背景知识和实验原理漠不关心。
- **触觉型/动觉型**（肌肉运动感觉型）**学习者**。通过运动、触摸、感受来学习。做实验

是他们的最佳学习方式。习惯于多项工作一起做，并不时地停下来学习。在工作过程中和接受指导时，他们好像并没有注意和认真听。

动机定义的学习类型

下面列出了根据学习动机来分类的各种学习类型（Kolb 1976 于 Yentsch，Sinderman 1992）。

- **动力型**
  探求隐藏的可能性。
  在不断的尝试与失败中学习；自我发现。
  察觉信息的细节并积极对其进行处理。
- **创新型**
  追求深层次含义。
  学习中积极地与同事交流，听取他人意见。
  注意信息的细节，处理信息时乐于动脑筋反复思考。
- **常识型**
  追求实用性。
  通过一些看起来可行的方法检验理论知识学习。
  抽象汲取信息，积极处理信息。
- **分析型**
  探求事情真相。
  通过反复思考学习。
  概要汲取信息，通过反复思考处理信息。

在探索真理的过程中，条条大路通罗马！有些研究人员建立起一个与科学家密切相关的对学习方式进行分类的模型（Felder and Silverman 1988）。在这个模型中，同学们需先回答 5 个问题（如下），每个人的学习风格部分地由这 5 个答案决定（Felder 1993；Felder and Soloman 2000）。

学习方法	教学提示
• **感官型/直觉型。**学生们最喜欢接受哪种信息类型：**感官型**——所见、所闻、身体感觉；**直觉型**——记忆、想法、见解？	• **感官型**的学生喜欢学习事实，享受细节；而直觉型学生讨厌来回重复，更喜欢创新，喜欢思考和大胆设想。**直觉型**学生干活可能比感官型的快，但是后者往往更细心。
• **视觉型/听觉型。**以何种方式传递的感官信息最有效地被你接受：**视觉型**——图片、表格、图示、图表、演示等？**听觉型**——声音、被写下来和讲出来的文字、方案？	• **视觉型**学生通过图表、曲线图、参考书目等可视性材料学得最好；而**听觉型**学生通过听报告或讲座学得最好。

• **归纳型/演绎型**。最适应以哪种方式组织的信息是学生们接受最舒服的：归纳型——给出事实与观察方法，可以得到蕴含的理论，演绎型——有了原理，可以演绎出结果及其应用。	• 先给出步骤，**归纳型**学生能够得出结果。而**演绎型**学生则希望首先给出实验原理和理论结果，然后他们才会理解细节。
• **活动型/反省型**。学生喜欢怎样处理信息？**活动型**——通过体力劳动或讨论；**反省型**——通过反省。	• **活动型**学生比反省型学生更加喜欢团队活动，后者则喜欢独自学习。活动型学生很像前文提到过的触觉型/动觉型学生，他们喜欢学习时有动手机会。**反省型**学生可能会需要一段时间来消化所教给的知识。
• **渐进型/全局型**。面对一个问题，怎样从不解到理解：**渐进型**——一步一步循序渐进；**全局型**——大跳步式，全局性的。	• **渐进型**学生一点一点地逐步理解问题，而**全局型**学生则思维跨度很大，看起来就像顿悟了一样，突然间就什么都明白了。全局型学生在掌握细节之前要先对整体构架有一定的了解，而渐进型学生则要一步一步地慢慢理解某一理论的全面影响。

注：经授权转载自 Felder（1993）及 Felder 和 Soloman（2000）

学习方式调查可以上网填写并在线评估（http：//www. engr. ncsu. edu/learning-styles/ilsweb. thml)(Soloman and Felder 1999)。这个评估对于所有实验室人员都有用，也包括 PI。通过它可以了解实验室成员间学习方式的差异，有助于你针对不同个人选择不同的教学方式。

为什么知道学生的学习方式是有用的。这些学习方式很难分成这类那类或归入某一种类型，而是代表了更大的强势或弱势的领域。当你为了一些无法理解的怪事而头痛时，了解动机、动力和保持的差异可以使你保持耐心。例如，你可能认为一个视觉型或反射型学习者总是躲着你，这时他只是在与你讨论前需要一些时间来阅读或消化材料。在实验室里，一个全局型、活动型或听觉型学生往往被认为比一个渐进型、反射型或视觉型的学生要更聪明，反应更快。

知道自己的学习方式可改善你的教学效果。如果你是听觉型的学习者，按照自己的习惯方式对视觉型学生以很快的语速进行口头指导，那么你很容易误认为那个学生心不在焉、不得要领。如果你能边说边画点什么，效果便会好得多。同样，对于一个触觉型/动觉型学习者，你可以在演示技术的同时作一些讲解。最重要的是，了解其他学习方式可以避免你武断地认为某一个人懒散、漫不经心或孤僻。

实验室全体人员的主流学习方式会深深地影响实验室文化，甚至可以创造实验室文化。有些实验室整天都有人口头上、快速、大声地交流科学和实验的想法，而有些实验室则只有在开会时大家经过准备才交流各自深思熟虑的观点。这在一定程度上体现了实验室的个性，但是PI应该确信，哪些少数的学习方式与众不同是人绝不可以被否定的。

PI应努力创建一种愿望，所有的学习方式都应得到你和实验室其他人员的支持。

如何培训实验台上的新手

实验前

- 设计一个实验室常做的已知结果的实验。这可以使受训者初步感受一下所从事的领域，接触实验室的常用术语及常用试剂。
- 写好实验流程，**提前一天**交给学生让其仔细预习。尽管你对各步操作一清二楚，但也要书写下来，因为在实际操作时，你很可能会疏忽某些细节，讲课逻辑性可能也会有欠缺。
- 为学生提供与实验原理相关的阅读材料。浏览与实验技术相关的文献还能够强化一种观念，即实验是动真刀真枪的，不是练习。
- 尽量做好一切实验准备工作。新成员很难把实验和实验准备工作分开，准备工作不事先做好将导致在细节处浪费过多的精力。

实验中

- 你的解释要清楚。讲明你要做什么和为什么。如果你还不了解对方的学习习惯，索性图文并用、边讲边写、适当作些示范。
- 注意指导的逻辑顺序。从简单到复杂，按照实验步骤进行指导。不要在实验的不同部分间跳来跳去。
- 鼓励做记录。要求大家必须作记录！提供两份实验流程，其中一份供实验人员在上面作记录。虽然的确有人不喜欢通过书写来学习，养成工作时记录下细节的习惯是作科研实验的重要一步。
- 演示实验。详细介绍仪器的使用方法。演示如何正确手持仪器、操作、开关，亲自把实验演示一遍。对仪器使用上的恐惧可能会给有些人的整个实验都蒙上阴影。
- 让学生自己操作仪器和做一些实验。但是不要让其动手过多，以免听讲时分心。

实验后

- 示范实验后如何整理实验台。这是让学生明确你的要求并养成良好习惯的良机。
- 提醒学生再读一遍实验流程。看过别人演示或自己动手操作之后重温实验步骤非常有价值，往往会有意想不到的收获。
- 让学生独自重复实验。在旁边监督，但是不可插手。

每次实验需要说明的事项

- 怎样找到实验流程，如何使用。
- 怎样核实实验以发现实验设计的不足之处。
- 怎样得到自己需要的材料、试剂及其他物品。包括如何订购。
- 怎样记录实验结果。
- 怎样分析实验结果。
- 为什么要进行重复实验，重复几次。
- 如何处理实验中出现的问题：可能是什么问题，怎样解决。
- 实验中的安全问题。

- 分清楚什么是本实验的个性，什么又是所有实验的共性。你所传授的是做任何实验都必不可少的由设计到完成的整个思维方式，绝不仅仅是一种特定的实验技术。

实验失败时，准备好与实验人员一起一步一步地核对他的操作。如果发生了错误，实验人员应该总会这样对你说，“我是按照程序做的实验”。实验人员可能不愿意回顾每一步实验，但是90%实验失败的原因可以这样被找出来。

1. 对着该实验的操作流程，让学生从第一步开始复述他的实验过程。注意他的实验步骤是否完整，针对每一步提出相应的问题。

2. 如果没有发现什么疏忽或错误，再次回到实验流程，检查实验过程中的每一个细节。例如，可以询问，“离心之后，你是怎么处理离心管的”？这时候询问测定的问题。

3. 下一轮，可以进一步调查实验材料的问题。可以询问，“你是从哪里得到 1mol/L 的 NaCl 溶液的？你是怎样配制的溶液？我能看看你的计算吗？”

4. 如果到现在还没有找到问题的原因，让这个实验人员重复一次实验。对于非常低层次的人员，你应该在现场仔细观察他的每一步实验；而对于较有经验的实验人员，则让他们自己独自重复实验。

实验台上特别需要注意的事项

无经验的技术员

没有经验的技术员大多数是大学刚毕业就直接进了实验室的学生。他们通常是理科专业，符合实验室的要求。这有利也有弊。好处是他们熟悉实验室的一些仪器、一般实验原理及数据记录。但是他们可能习惯于实验的一帆风顺，不会去思考如何能够在实验室发挥他们应有的作用。

新毕业大学生的另一个让人喜忧参半的特点是他们年轻，但可能注意力不集中，可能还在尽情享受着离开学校后的第一个“假期”。有时，他们又备受鼓舞而对新工作满腔热情。你究竟教给他们多少知识，这些知识更多地受到你性格的影响，而不是你的职位。PI 们估计培训一个技术员需要 6 个月到一年的时间。在此期间工作很少会像最初几周那么累。如果受培训的技术员独立做过研究或是从事过实验室的其他工作，一切都会简单些。

- **从一项简单的实验技术开始教起，**这项技术不需要繁琐的工作，但又确实是个实验。让受训技术员重复这个实验：对于一个刚刚离开大学校园的技术员来说，认识到进行重复实验的价值以及获得重现性好的数据的意义是重要的课程。
- **使用最通俗易懂的语言**来描述研究工作，不要用纷繁的理论和论文去搞乱他们的大脑——尽量少提供背景知识。更多的信息可以以后慢慢传授给他们，也不要推翻那些从一大堆杂乱无章的信息中得出的结果。
- **一点一点地进行铺垫。**围绕第一课及第一项技术进行全方位的准备。没有什么事情是理所当然的。
- **放慢语速，**不要看见学生点头就以为他们听懂了。提出问题来确证他们到底有没有理解，清楚地告诉学生们，你更喜欢大家不懂时发问，而不是不懂装懂。

本科生

对本科生的培训可以采用与技术员相同的方式。因为他们没有接受过太多的高级课程，动手做过的实验可能比技术员们的要少。在本科生完成实验前，尽量少涉及背景知识。本科生一般不善于处理大量信息，而且容易分不清轻重。

研究生

研究生通常是初来实验室时鲜见训练，而离开时具有丰富的知识和实验技能。研究生在开始的日子里吸收所授信息的能力相互间差别很大，有些人应该像本科生/技术员一样来教，重点强调实验本身而不是实验背景知识。而另一些人就不一样了，他们乐于在实验前充分了解背景知识，并且能把这些背景知识融合到实验中去。

博士后

永远也不要假定一个具有博士学位的人一定受到过很好的训练，多数博士后应该接受实验台上的实验培训，除非是对一个新技术员的特殊培训，但是，这不能阻止你期望好的研究技术和实践。如果你在演示一项新技术，提前把相关的阅读材料交给他们。一般情况下，博士后在实验前都喜欢尽可能多地了解相关的知识。

医生

临床培训由轮训组成，是一种高度组织化的培训。临床培训的规则很清楚，大家须严格按照规则执行。医生初到一个新的实验室时会感到很茫然，一切都要自己摸索让他们不知所措。

实验室里截然不同的传授知识和培训的方式更是加剧了他们的无能为力的感觉。整个医学院里，学生们按部就班地展开对一个领域的学习，逐步学到更为复杂和专业的知识。但是在大多数实验室，医师们得到的指导都是零碎的。一个新到实验室的人，可能上午需要跟着一个人做试验，而下午又要向另一个人学习其他技术。他们不清楚所学的技术与研究项目是否有联系，有什么样的联系。而且还可能出现这种情况，教他们技术的技术员本人也是知其然而不知其所以然，或者负责培训他们的学生觉得自己没有义务为他们的项目考虑什么。

理想的情况是有一位知识渊博和经验丰富的人对医生们进行大约 3 周的培训。这个人应该解释清楚实验背景、能够循序渐进教授实验技术（如先教细胞培养，再教 DNA 的抽提）、帮助分析实验结果、随时回答问题。然而，一个年轻的实验室通常是找不到这样的人。尤其是来实习的医生们只在这个实验室呆几个月，就更找不到合适的理由来给本已十分繁忙的学生或博士后们加码了。

但是，安排这个医生跟随一个学生或博士后一起工作几周也是很有帮助的。尽管技术员们对医生没有偏见（因为很多技术员希望到医学院去学习），但是他们往往缺乏大局观。在这几周里，负责培训的学生或博士后应该努力以渐进和有序的方法传授技术背景。

一个可能有效的可以避免给实验室成员增添负担的方法是，自己尽可能多地像技术培训一样承担知识培训的任务。知道 PI 亲历参与人员培训能够让实验室变得更富有吸引力。

做所有人的导师?

被承担的指导

我不知道有哪个简简单单的年轻的科学家会对自己的博士生导师的感情充满矛盾。通常师生之间的感情趋向于相互敬重，或者相互怨恨。一些人和他们的导师在职业与个人关系方面曾经建立了并将继续保持着极好的关系。而其他一些人，所谓的师生关系只是名义上的而已。尽管如此，指导者与被指导者之间良好的关系被公认为是博士成材的基础。在很大程度上，这种师生关系不仅影响着学生未来的发展方向，甚至牵涉他能否顺利获得学位。然而，仍有部分同学难以与导师和谐相处。

Fiske（1999）

除了韩的惊人的智力、直觉天赋和许多科学成就，他避开了个性的“影响”，而且坚信科学家应该是受欢迎的、为公益工作的世界范围多学术的团体成员。韩学习汉语(在他 70 岁时)，在特殊的政治气候下，他到中国并支持中国的细胞生物学家们。在他的职业生涯早期，他关心女性科学家职业发展的机会缺失，远在属于流行的政治可以这样做以前，他就开始呼吁这样的公平现状。他的平等主义态度、正直以及献身于为所有人提供严格的科学训练的精神得到了人们极大的喜爱和欣赏。

Lim 和 Sepsenwol（2005，p. 43）

指导关系的完整含义很像师傅与弟子的关系，师傅在科学的各个领域中对弟子进行指导，而且是弟子的未来长久的捍卫者。但是像下面列出的，还有多种多样的指导关系。

- 正式或非正式的指导关系。
- 同等人间的指导或师生间的指导。
- 被动的指导，就像榜样一样，并不传授信息。
- 简短的指导或整个职业生涯的指导。
- 完全全面型指导，不仅提供职业指导，还提供个人生活上的指导。

> 大的实验室，人们对金钱的看重，使实验室成员常常得不到的指导。

成功导师的作用

- 展示做研究的风格与方法学。
- 建立选择重要问题的分析方法，并选择合适的方法来解决问题。
- 讨论各分支学科的基本概念和观点，以及这些概念随着时间的变化。
- 搜索和评估本学科文献及其所属领域的各种扩展知识。
- 讨论科学研究的伦理基础。

- 思考、分析及评估同事们的工作及结论。
- 通过举例和讨论传授有效的科学论文写作的技巧。
- 评估成功的教学技术。
- 创造机会促成学生进入学科内的科研团体（如科学协会、同龄人组成的团体、国际性学会及各种“小圈子”）。
- 说明科学研究过程中团队合作的重要性及方法学。
- 进入成为一个与科学家相关的许多个人关系的态度和途径。

经 Perseus 出版社授权，转载自 Yentsch 和 Sinderman（1992，p. 147-148）

你所拥有的实验室的组织结构和类型可以说明指导学生是否是你工作的一部分。在一些较小型学院的实验室中，PI 通常被认定为是所有学生的导师，但是对每个学生的指导水平仍由你自己掌握。通常，规模越大、竞争越激烈的组织和实验室，得到悉心指导的学生便越少。最终，由你自己决定是否建立一个指导关系并决定这种关系的界限。

成为一名导师

一名好的导师应该具备以下特质：经验和成熟、成为一个好的听者（如最好的建议可能是不要急于给出建议）的能力、对待每一个学生/博士后像一个个体及不要采取“一个尺寸适合所有人”的方法的能力、不要根据自己职业生涯的思想去看待别人职业生涯的能力。

Caveman（2000，p. 32）

自《谁在指导导师?》(p. 32-33)

如果你是一名导师，你必须相信你自己，否则你永远不会尊重那些相信你的人。你必须有批评精神并诚实。如果你被问以“你对我成功的机会是怎么想的”？你必须能够建设性地评价一个人的机会。

> 我不是真的擅长指导。但非正式地发生了，当实验室的人看你怎么做事，你如何对待合作，如果你需要一个试剂，你怎么得到它……你不能告诉他们怎么做，他们看你像明白你是怎么做的。

很多 PI 刚刚上任时自己也不知道该如何做好导师。有时，他们需要为一些仅仅比他缺乏一点经验的人提出至关重要的建议。这会让他们感觉自己年纪太轻、缺乏足够的头衔或荣誉来完成此项任务（即使他们坚信自己的建议是正确的）。经历过这些岁月的导师们都难忘记上任伊始的困难重重，但是他们表示，这些困难最终会随着时间的推移而渐渐淡去。

> 我需要学习如何做一名导师。在实验室运转的第 3～6 年，我逐渐意识到自己更像这些学生的家长，我开始感觉到了做导师的乐趣。

灵活机动是导师的必备素质。一名好的导师应该能够帮助每个人知道他们自己的优势和弱势，在制订计划时充分利用这些特点，凸显出个性化设计而非千人一面。此外，你必须确定自己与某人的师生关系是否仅限于工作。如果你决定了不卷入实验室成员的个人生活，你的指导范围也相应被划定了一个界限。对于一些指导风格来讲，这点很不错，因为你可能并不想知道大家的私生活的具体细节。但是这也可能使你的建议带有一定的偏见。例如，一名实验室成员由于丈夫要求她回家做饭而必须在下午5点前结束工作，你该怎么做？你可以讲她丈夫的要求是不合理的，并建议她下午5点之后继续工作，显然她的工作会使你受益。你的建议是自私自利的。有些人能够顺利解决这类问题，但这是个危险的区域。

> 我对学生施以指导，但我并不直接告诉他们该如何对待自己的事业。

为自己寻找一位导师是学会如何指导他人的最好方法。

你自己的导师对你指导风格的影响

PI们培训时曾经的导师对他们自己的指导风格与期望值会产生巨大的影响。这种影响可能是积极的，也可能是消极的：有些PI当初被导师弄得相当沮丧，可是轮到他们自己也当导师时却又重蹈覆辙。很少有人会直接地去模仿自己的导师。有些PI只是开始时模仿，但很快便发现由于实验室情况的巨大差异，以前的方式根本行不通。大多数PI会有选择，一种情况采用某位导师的方法，而另一种情况则采用另一位导师的方法。

> 我的导师们倾注在实验室的时间很长，远远多于他的同事们，这对我的影响很大。

> 我想要成为更像我导师的人，他非常宁静，这是我所没有的。但他的实验室比较大，所以他能够经得起放手不管的风格。

连续性的导师也对实验室成员的影响很大。随着PI们不断积累经验，他们能够从一些有经验的导师那里得到越来越多有价值的想法。

> 俗话说，近朱者赤。当发现一名导师演讲时的说话方式与风格与他的导师如出一辙时，千万不要惊奇。毕竟导师是你的榜样，在生活中处处指点你。这就像你脑中的家就是你自己的家一样。

成功导师的优点

- **成功**。传授给学生各种知识，在自己的有竞争力的领域中取得足够的成功。
- **自信**。沾沾自喜或屈尊俯就是令人讨厌的，但是你应该相信你是导师的一个好的选择。
- **坚信导师的重要作用**。渴望将自己成功的经验传授给学生。
- **洞察力**。能够判断什么对学生有利，而不是什么可能对这个年纪的人有好处。
- **诚实**。你不可能总是对的，但是你必须说出你是怎么想的。
- **社交技巧**。你必须能够听别人说话，听懂别人说话，并用每一个人都能懂的方式解释问题。

下述情况表明你不适合做导师

- 坚信自己的成功完全出于你的奋斗，他人也都应该做得像你一样出色。这些导师通常缺乏耐心，讨厌甚至憎恶别人的批评。
- 希望通过做导师来为自己结交同事和朋友。作为一名 PI 导师，师生关系中已经暗含了一层自我的意思——你所指导的人研究能力越强，实验室的运转便会越好——但是绝对不能把纯粹的个人利益与实验室的利益等同起来。

选择指导对象

我的一位最重要的导师是 Howard Temin。在我遇到他前的几年他获得了诺贝尔奖，但在我认识他以前我一直不知道这件事，我也从来没有猜想过，因为他是如此的谦虚。对他来说，他在多个科学领域的成就要比他的声望和褒奖要重要得多。其中之一就是对年轻人的影响。当他信赖一个年轻科学家的时候，他让他们知道这事。作为一名研究生，我跟随 Howard 老师的研究课题是工业研究对大学的影响。这是我第一次在挤满了数百人的报告厅作演讲，包括新闻媒体。我的心怦怦直跳，整个开场白我的声音在颤抖。我感到慌乱不堪和无所适从。在我结束的时候，Howard 老师靠过来轻声说，“精彩的工作”，并对我露出了最著名的 Temin 式微笑。我对我的工作是好还是坏已没有概念，但是他的支持让我觉得我做了一些有价值的贡献，我要参与讨论了。我以稳定的声音参加了剩下来的讨论。

Handelsman 等（2005，p. 62）

在你实验室内部

延长指导时间的方式对于创建你实验室的精神至关重要。大多数 PI 在开始时总是设想自己可以为实验室的每个人提供一样的指导。但是随着时间的流逝，有些导师更加坚信指导每一个人就是他工作的一部分；另有一些导师则觉得他们正将大量的时间和精力投入到了一个黑洞里，转而选择性的指导某几个学生。实验室人员之间天资的差异可能令人吃惊，这就需要天资和耐心来指导这些人员。

> 我指导的是研究人员，不是普通人。我必须因材施教。使每个人都有足够的资金、良好的环境、好的项目及充裕的工作时间。他们的事业在离开实验室很久以后还会受益于我的指导。

> 我对学生的指导不是在相同范围内进行的。我尽力在出差旅途和开会时带上他们，看看他们如何与一群科学家相处，这对于实验室是重要的。他们必须知道不知者无罪的人文文化。

可以提醒你自己的是，你指导的学生不仅相互之间不同，而且他们都不像年轻时的你自己（真实的和想象的）。很多 PI 假定，每个人希望成为也有能力成为他们自己类型的科学家，并按照这种方式进行指导。在一个确定的和成功的实验室，可能就是这种情形，但很可能不是一个新 PI 的情形，你可能遇到需要更多指导或者比你接受的更多类型的指导。

> 我指导所有的人，但可能按如下顺序：学生>博士后>技术员。

当一个富有洞察力的 PI 能够帮助他人实现他们需要的结果的时候，这是最好的结果。对所有实验室人员进行一种设定程序的会议和评估，能够帮助你了解每一个人的需要，给每一个人有一个基本的时间保障和培训。努力做到公平。如果每一个人觉得你注意到了他或者她，如果可能你为了一份有希望的工作，带将要离开的学生去吃饭以讨论选择问题或者介绍博士后的科学论文，就不可能出现任何偏爱的问题。

指导那些对研究没有兴趣的人

在 1997 年，Scripps 研究所的细胞生物学家 Sandra Schmid 注意到了她的一个博士研究生动力下降，这个研究生开始提前离开实验室，不重复失败的实验。Schmid 与该学生谈话，她解释说对实验研究没有兴趣。在以后的两年里，Schmid 根据该学生自己的主要兴趣：科学策略，调整了她的博士论文。这个学生与一个博士后合作伙伴完成了论文研究，写成了学术性较高的论文。她没有参加细胞生物学会议，而是参加了美国科学促进会（AAAS）政策论坛。Schmid 通过帮助这个学生改变了她论文实验的中心并重新分配和节约了她的时间和努力。Schmid 说，现在，这个学生是一个美国参议院的科技政策顾问。

Dolgin（2008）

有些实验室成员明确表示自己对研究不感兴趣，他们希望能从事非研究性的科学工作。但是并非所有的 PI 都乐于或能够针对其他领域提出建议或提供帮助。

> 如果有人不想成为一名研究人员，我仍旧希望他作为实验室的一员发挥作用，勤奋工作。我会尽量提供他所需的机会，但是我对他的非研究性职业生涯无能为力。

一些新上任的 PI 们已经打破了仅仅从事学术研究才有价值的偏见，他们意识到当下诞生的理学博士生们在科研领域中的选择余地太小。有许多激烈的争论，实现人才的培养是实际就业情况的反映。国家科学与技术基金会副主席安妮·彼得森说，“在当今社会中，理学博士培养方向的选择应适当参照法学。很多在法学院学习的学生并不选择法律作为自己未来的事业”（克莱姆 2000，p. 31-32）。而皮尤（Pew）慈善信托基金的项目官员雪利·汉斯的看法则截然相反，他在国家研究委员会的一份报告中指出，“从事非科研事业不该作为解决博士就业问题的良方而被向博士生们以及一些科学论坛大肆鼓吹。委员会发现，由于需要额外的培训，在法律、记者及美国汉语教师（K-12）等行业中得到的就业机会相当少，而且不具有吸引力。他们建议理学博士应该坚持以科学研究为中心”(Samiei 1998，p. 2)。

如何培训及对待实验室里那些对研究不感兴趣的人，至今还没有一致的意见。主要的问题是：对于从事或不从事研究工作的人，期望值是否应该相同？有些导师对每个实验室成员进行指导，并且极为关注学生的个人前途，他们乐于多花费一些时间因人施教。在一些较大规模的、竞争性较强的实验室，以及工业领域的岗位培训中，情况就大为不同了。这些实验室的 PI 们要求成员只要待在实验室就必须努力把研究搞好，不管个人兴趣究竟在哪里。

保持尊重但要记住，你指导的学生不是你的克隆：对你有用的东西未必对别人也有用。另外，记住一个热爱科学的人，你可以培养他的特质，可以使他融入整体，这在任何职业中都可以发挥作用。

实验室成员的其他导师。实验室成员有时可能面临特殊情况，建议使用你实验室以外的其他人来指导，或是代替你，或是与你合作，或者是你自己指导。他们是朋友辈份的导师、和你来自同一领域或专长相似、文化相似的的顾问，都能提供宝贵的经验。你实验室的人员能够对话的人越多，每个人的受益也越多。如果你的内心升起了些许妒意，忽视它。

研究生和博士后们有时会觉得除了 PI 他们便没有可以求助的人。即使 PI 本人做得很好，但还是有缺陷——实验室成员与外界社会的割裂感也危害颇深，既不利于个人发展也不利于科学进步。

在实验室之外

意欲指导本实验室之外的人员，要考虑的首要问题是自己是否有充裕的时间给予实验室内部人员足够的指导。在刚开始运行实验室的时候，这通常都不是一个问题。

有人可能会邀请你做他的导师。你首先必须仔细考虑你是否满足作为导师的条件。如果你不能或不想满足这个人的请求，你就绝对不能与其建立指导关系。指导者与被指导者的期望值应该是相同的。在签字之前，必须先与邀请者讨论清楚即将建立的是怎样的一种师生关系，你必须知道以下几点。

- 这个人为什么选择你做他的导师。
- 指导他需要花费多少时间。
- 这个人有怎样的期望。如果他需要的是一个朋友，而你只是想收一个学徒，你做不了一个好导师。

> 除非我觉得那个人是可塑之材，否则绝不迈出这一步。我只指导那些将来会成功的人。做导师远非简单的为学生提供一些帮助，要不厌其烦地为学生树立自信心，帮助其建立公众形象。

你有权利拒绝出任导师的邀请。事实上，当邀请者对导师的期望值高出你希望的范围或者你所能够做的，你应该拒绝邀请。

你也可以自愿成为一名导师。可以通过正式的程序，也可以通过非正式的途径。有些人可能因为不够自信而不敢向你提出申请，这种情况下，你可以直接把机会提供给他。甚至或者至少在开始的时候，有可能整个师生关系的走向都是由你来主导的。有些人来自于以前没有导师单位，不习惯或难为情向他人请教。他们可能觉得自己的要求会给别人带来负担，所以他们尽管暗地里一直在努力的向你学习，但却不好意思请你来做导师。你可以通过自己的指导来改变一个人的一生。

到其他实验室“挖墙脚”极易引起利益纷争，还可能会使你卷入政治危机之中。当然，千万不要企图与其他实验室的成员秘密地建立师生关系。实验室成员也有必要在发生这种情况时通知他们自己的PI。

特殊利益

在研究上或者单位里不能充分代表集体的PI们可能发现他们自己被要求作为导师的同单位的其他人员所包围。有时，你可能见到一个要求实验室里全是女性的女PI，或者一个被要求每一次作一个安排好了的关于“多样性的科学”报告的非裔美国科学家。虽然有些PI觉得他们听懂了一些特别的问题，而且愿意成为所有邀请人的导师，而另一些人因为他们的种族地位、性别或者国籍，不想被选作导师，同时也因为人的种族地位、性别及国籍而不想选为实验室成员。

毫无疑问，这种指导关系对于很多个人的成功是关键的。尽可能多地对待成为导师的邀请，将它看成是一种机会而不是负担。与人力资源部门、妇女组织及校园里的多种组织商议，因为这些组织可能会为你的学生提供如奖学金和差旅费以及你的基金支持。

何时及如何结束指导关系

一些师生关系有一个自然的结束时间。一个人因为工作变动、毕业或是参与其他课题的研究，皆可导致指导关系的渐渐终止，这些对于双方都是满意的事。

> 我的两个导师发现直接向一个人讲话是困难的。当发觉某人工作不够勤奋时，他们习惯于找实验室里的另一个人来转达他的看法。我并不喜欢这样做，但我发现自己也这样做。这是一个错误，我现在不这么认为了，他们这样做并非出于懒惰，而是通过这种间接的方式可以避免伤害到某些人的感情。

有时候，指导关系必须被正式终结。如果关系双方的任一方对此不同意，也没有可以看得到的自然终结的迹象，那么两个人最好进行商讨，进行适当的调整或者结束合作。当结束导师关系时问题出在PI而不是实验室成员时，结束这种指导关系是困难的。如果你是诚实的，你可以找一些借口，如“我没有足够的时间对你进行适当的指导”或者“我又接受了很多额外的工作，我想如果我们将半个月见一次面改为一个月一次”可能会好些。如果你真的希望结束你们的师生关系，而不想慢慢的结束它，就尽管直说吧。长痛不如短痛，长远来看，这对你们双方都有好处。

如果不幸被实验室成员“炒鱿鱼”，不要有被冒犯的感觉。儒雅地接受现实，不要垒砌怨恨或者不安全感。在你的同事网中尽可能保持与他的联系。

建立联系网络

你的导师们指导你，你又指导你的学生们，这条线构成了一个科学家集团相互联系的网络。其他联系网络的联系人可以由你读研究生时的同学、博士后工作时的同事或者特定领域的研究人员所组成。你的联系网互相重叠。尽你可能将你指导过的学生纳入这个网络。随时将他们介绍给外面的人，在讨论科学问题时，让他们参与电话讨论会。鼓励你的实验室成员尽可能地与你、其他实验室人员以及其他实验室的科学家们联络。

通过合作或社交手段与在实验室工作过的人员以及实验室现有人员保持联系。这能够增进实验室成员间的友情，培养一种归属感，而且有助于新成员尽快地融入集体之中，融入科学研究的巨网之中。

建立一个网络是不够的，也是不合适的。在你的一生中，你会联络（或者被联络）你认识的写信的人、给你建议的人、技术人员、政策人员及合作人员。这些关系会融入你的职业生涯，对你的私人生活也提供友谊和支持。

建立和维护你的联系网络需要付出努力。这意味着最好是在开会期间与研究生时的一个老朋友共餐而不是在睡前聊聊天。意味着整理好你的商业名片，联系或者写电子邮件感谢他们的意见或者帮助。积极主动并传授你的学生联系关系的重要性以及你维护联系网络的经验。

参考文献

Alberty B. 2006. Mentoring to the bottom line. *The Scientist,* September **20:** 79.

Association of American Medical Colleges (AAMC). 2006. Compact between postdoctoral appointees and their mentors. December (www.aamc.org/postdoccompact).

Barker K. 2003. *At the helm: Avoiding management mistakes. Science Careers* (http://sciencecareers.sciencemag.org/career_development/previous_issues/articles/2520/at_the_helm_avoiding_management_mistakes/).

Barker K. 2003. Leadership on the mountain: Lessons for the lab. *Science's Next Wave,* November 14 (http://sciencecareers.sciencemag.org).

Belker LB. 1997. *The first-time manager,* 4th ed. AMACOM Books, NY.

Deal T, Kennedy AA. 1982. *Corporate cultures.* Addison-Wesley, Reading, MA.

Benderly BL. 1999. Heavenly labs. How to find them. *HMS Beagle* **62.**

Bernstein J. 1987. *The life it brings.* Penguin Books, NY.

Brown S, McDowell L, Race P. 1995. *500 tips for research students.* Kogan Page, Philadelphia.

Brown WS. 1985. Fatal error #10. Fail to train your people. In *13 fatal errors managers make and how you can avoid them,* pp. 127–151. Berkley Books, NY.

Caveman. 2000. *Caveman.* The Company of Biologists Limited, Cambridge.

Dannhauser CL. 1999. Burn this resume. Three companies take a novel approach to filling vacancies. *Working Woman,* June, p. 26.

Dantley KA. 1999. Advisor vs. mentor: Intervention in competitive science. *Science's Next Wave,* January 9, pp. 1–3 (http://sciencecareers.sciencemag.org).

Dolgin E. 2008. Management for beginners. *The Scientist,* July. **22:** 75 (http://prod27.the-scientist.com/careers/article/display/54802/).

Duff CS. 1999. *Learning from other women. How to benefit from the knowledge, wisdom, and experience of female mentors.* AMACOM Books, NY.

Dziech BW, Weiner L. 1990. *The lecherous professor: Sexual harassment on campus,* 2nd ed. Illini Books, Urbana, IL.

Feibelman PJ. 1993. *A Ph.D. is not enough: A guide to survival in science.* Perseus Press, Reading, MA.

Felder RM. 1993. Reaching the second tier. Learning and teaching styles in college science education. *J College Sci Teaching* **23:** 286–290.

Felder RM, Silverman L. 1988. Learning and teaching styles in engineering education. *Eng Education* **78:** 674–681.

Felder RM, Soloman B. 2000. *Learning styles and strategies* (http://www4.ncsu.edu/unity/lockers/users/f/felder/public/ILSdir/ilsweb.htm).

Fishher BA, Zigmond MJ. 1999. *Attending professional meetings successfully.* Survival Skills and Ethics Program, University of Pittsburgh.

Fiske P. 1998. Dysfunctional advisee-advisor relationships: Methods for negotiating beyond conflict. *Science's Next Wave,* April 23 (http://sciencecareers.sciencemag.org).

Fiske P. 1999. How to separate ideal employers from bad ones during your job search. *Science's Next Wave,* February 26, pp. 1–4 (http://sciencecareers.sciencemag.org).

Fitz-Enz J. 1997. *The 8 practices of exceptional companies. How great organizations make the most of their human assets.* AMACON Books, NY.

Gawande A. 2000. When doctors make mistakes. In *The best American science writing 2000* (ed. J Gleick), pp. 1–22. Harper Collins, NY.

Goleman D. 1995. *Emotional intelligence: Why it can matter more than I.Q.* Bantam Books, NY.

Gould R. 1986. *Sacked! Why good people get fired and how to avoid it.* John Wiley, NY.

Handelsman J, Pfund C, Lauffer SM, Pribbenow CM. 2005. Entering mentoring: A seminar to train a new generation of scientists. The Wisconsin Program for Scientific Teaching. Board of Regents of the University of Wisconsin System (www.hhmi.org/grants/pdf/labmanagement/entering_mentoring.pdf).

Harris J, Brannick J. 1999. *Finding and keeping great employees.* AMACOM Books, NY.

Hasselmo N. 1990. Presidential statement and policy on sexual harassment. In *The lecherous professor: Sexual harassment on campus,* 2nd ed. (ed. BW Dziech, L Weiner), pp. 203–212. University of Illinois Press, Urbana.

Hoagland M. 1990. *Toward the habit of truth: A life in science.* W.W. Norton, NY.
Kearsley G. 2001. Explorations in learning and instruction. The Theory Into Practice (TIP) database (http://tip.psychology.org).
Klemm WR. 2000. Ph.D production: Global perspective. *The Scientist* **14:** 31 (http://www.the-scientist.com).
Kreeger KY. 2000. Scientist as teacher. *The Scientist* **14:** 30–31 (http://www.the-scientist.com).
Lamoureux JA. 1998. Issues in graduate mentoring: Diverse career options and accountability in the mentor-student relationship. *Science's Next Wave,* January 9 (http://sciencecareers.sciencemag.org).
LD Pride Online. 2001. Making your learning style work for you (http://www.ldpride.net/learning_style_work.html).
Leibnitz R. 1999. The NIH postdoc experience. *The Scientist* **13:** 13 (http://www.the-scientist.com).
Lim S-S, Sepsenwol S. 2005. In memory: Hans Riis, January 2005. *ASCB Newsletter,* p. 43.
Linney BJ. 1999. Characteristics of good mentors. *Physician Exec* **25:** 70–72.
Maslach C, Leiter MP. 1997. *The truth about burnout: How organizations cause personal stress and what to do about it.* Jossey-Bass Publishers, San Francisco.
McManus P. 2006. *Coaching people: Expert solutions to everyday challenges.* Harvard Business School Press, Boston.
National Academy of Sciences, National Academy of Engineering, and Institute of Medicine. 1997. *Advisor, teacher, role model, friend. On being a mentor to students in science and engineering.* National Academy Press, Washington, D.C.
Pacetta F, Gittines R. 2000. *Don't fire them, fire them up: A maverick's guide to motivating yourself and your team.* Simon & Schuster, NY.
Piel G, Segerberg Jr. O. 1990. *The world of Rene Dubos: A collection from his writings.* Henry Holt, NY.
Pritchard PA. 2006. *Success strategies for women in science: A portable mentor.* Elsevier Academic Press, Burlington, MA.
Ragins BR, Cotton JL. 1999. Mentor functions and outcomes: A comparison of men and women in formal and informal mentoring relationships. *J Appl Psychol* **84:** 529–550.
Ramon y Cajal S. 1999. *Advice for a young investigator.* The MIT Press, Cambridge, MA.
Recchia P. 1998. Mentoring: What's going on now? *Science's Next Wave,* January 9 (http://sciencecareers.sciencemag.org).
Ryugo DK. 1998. Why you should care about mentoring. *Science's Next Wave,* January 9 (http://sciencecareers.sciencemag.org).
Samiei HV. 1998. Congratulations, Doctor. Now what? *HMS Beagle* **40:** 1–3.
Soloman BA, Felder RM. 1999. Index of learning styles questionnaire (http://www.engr.ncsu.edu/learningstyles/ilsweb.html).
Weiss P. 1998. Don't even think about it (The cupid cops are watching). *The New York Times Magazine,* May 3, pp. 43–47.
Wilkinson I. 1996. *Life, the lab, and everything.* American Association for Clinical Chemistry Press, Washington, D.C.
Wingerson L. 1998. Help wanted. Mentoring in biology. *HMS Beagle* **37:** 1–5.
Yentsch C, Sinderman CJ. 1992. *The woman scientist: Meeting the challenges for a successful career.* Plenum Press, NY.
Gawande A. 2000. When doctors make mistakes. In *The best American science writing 2000* (ed. J Gleick), pp. 1–22. Harper Collins, NY.

第5章

以研究为本

确定方向

聚焦中心

整个实验室都是以你所决定的中心研究任务为基础建立起来的。即使当你的实验室很大且能够自给，即使当它能够自己激发所有成员的积极性，你还是需要为这个实验室确立一个核心的研究方向。这样，你才能为这个实验室指明前进的方向，并让它日复一日、年复一年朝着正确的方向前进。

选择项目

……只有那些业余的人才会死抓住一个看似聪明无比的想法而从不考虑放弃它，真正的专业人士应该明白这样的道理，如果他们无法走运到中头奖的地步，创立一个又一个的理论才是他们的职责所在。想要成功，一种超然而公正的态度是很重要的，也就是说他们可以为了一个理论的建立而放弃另外一个理论。

Crick（1988，p. 142）

我对医学家和生物学家的建议是，如果你们在天文学者的指引下创造出属于你们自己的工具，你们能够成功得更快。

Freeman J. Dyson（1999，p. 44）

在当今竞争激烈的学术环境下，正确地选择一个明智的研究方向是至关重要的。在大多数大学里，新成员通常要花去 5～6 年的时间来获得他们的终身职位。这会是一个影响深远的决定，在这 5～6 年的时间里，一个人的工作习惯和风格会基本确定下来。沿着当年攻读博士学位的路继续前行——这是个最简单的决定，也通常会是个错误的决定。因为这样做多数是通过整理零碎的材料以期获得更多证据的方式来支持早期的结论。这样的选择在短时期内也许会有高的产出，但马上产出就会越来越低。当你想在一片未知的领域里获得成功，需要付出大量的时间和努力才能获得足够的知识来提出可信度很高的方案，或者写出一篇有意思的论文，但你的任期也快到了。

Vermeij（1997，p. 129-130）

大多数 PI 的共识是，应该从“小”做起，也就是说，你和你可能小的实验室应该先把精力集中在较小而又较为可行的项目上，先把论文做出来。对于一些 PI，这意味着选择一个与你博士后工作的方向和你之前导师的研究方向尽可能接近的领域进行研究。而对于另一些 PI，这意味着应该选择一个切实可行的新项目，这样才能同时开始撰写你的论文并提交你的项目基金申请书。

归根结底，是你所在的单位和你想要做什么样的科学，最终决定你是不是要跳出你导师的研究领域。想要做这个决定，最好先弄清楚两个问题：你想做哪方面的研究？你想解决哪方面的问题？当然，除非你有极其稳固的社会地位，否则你就要尽快发表论文。

> 尽早地将眼光聚焦在某一个项目上，并着手为一篇重要的论文积累数据。撰写和投稿这篇文章，同时提交一份这个项目的基金申请书。理智地接受批评意见，并对你的每个结论持严谨的态度。永远不要用立式的－70℃冰箱（它的压缩机经常出毛病，用卧式的）。

- **别让金钱左右你所从事的工作。**无论你是处在产业界还是在学院从事研究工作，资金状况通常不可避免会影响你对项目的选择。不幸的是，研究经费的分配也会追求时新，那些聪明而有风险的项目经常会得不到资助。一个有了一定成果的科学家（PI）就比较容易得到资助，而新手们则迫于经济的压力不得不在申请的项目上做些折中。不过，如果让钱来决定一切，就会留下一系列的后遗症，如你的积极性及项目的实用性问题。因为某个项目能支付你薪水而选择它，这是一种短期生存策略，但它有可能会成为一种坏习惯。当你把精力和资源用于这样的“权宜之计”时，你是在伤害你自己的思想。如果你想要有创新，那么你迟早还是要冒点风险。

> 在最初的工作阶段，我所犯主要错误之一就是太过保守，不够积极而创新地思考。

> 最开始的时候，我为了筹款，写了很多小的基金申请。这就是一种什么钱都想挣的思想，但是这些小的项目基金太过琐碎，工作做了很多，但收效甚微。

- **自己配制重要的和唯一的试剂。**购买日常试剂，在你真正需要某种试剂进行特别的实验时可以从别的研究者那里借用试剂。但一定要问清楚，一定不要懒惰，要自己配制试剂。
- **让实验始终围绕核心问题。**别让你的实验围着技术转，就算是你发表了一两篇关于技术的文章，你最终所要解决的问题才是你应该抓住不放的。一味追求技术会让你陷入一个误区，使你觉得无法用其他方法来解决问题。
- **提出重要的问题。**不要欺骗你自己：与世界上十个人相关的一个问题的所有细节可能是不重要的问题。

> 申请的要求（RFA）是个问题，当一个与实验室工作并无太大关系的项目摆在你面前时，你会只是因为它能得到经费而盲目地追求它吗？我曾经犯了盲目追求资助的错误。如果你拿到了项目资助，你也可以让博士后来做这个你不太感兴趣的项目。

- **尽可能快地发表文章。**大多数有经验的 PI 赞同这样的观点：必须尽早形成发表文章的习惯。这将吸引更多的人来你的实验室，并使之成为你实验室的一大特色。它也会在很大程度上决定一个人的选择——那些犹豫不决的人会因为不善于发表文章而觉得他们不适合你的实验室。
- **尝试新东西。**想要在科学领域做出大的贡献，你必须走出你的博士后项目的工作范围。很多科研人员觉得自己没有及早地迈出创新这一步。一般认为，用一年或一年半的时间做你之前很熟悉的事情，写项目基金申请、写文章，而这之后，就应该换一个项目，否则你也许要失去太多，甚至不再可能突破进入一个新的领域。

大家都希望能够处在一个最容易实现自己科研计划的环境中。但如果实际情况不尽如人意的话，你便需要修改你的计划，或者换一个地方，不然你就需要想出一大堆应对的策略。应该清楚地认识到期望和现实之间的差距。如果你在一个很小的本科学校工作，有 4 个 19 岁的“小将”为实验室工作，那么，你总不能因为他们不能经常在《自然》杂志上发表文章而烦恼不已吧。当然你也不能总处于过度紧张的状态，这样你就没有时间和其他实验室成员讨论实验了。你所工作的地方在一定程度上决定了你会是什么类型的 PI。遇到这样的情况，要么改善自己的处境，要么改变你的期望。

项目和人员的匹配

她做了两件事，第一件事是不让我称她为 Hodgkin 教授，并说：“你要称我 Dorothy——我们实验室的人遵循美国的风俗，不如直接叫名字。”这个倒是很容易做到的事情。第二件事是她带着我在实验室里参观了一圈，看看“我想要做些什么”。我对这个感到很不理解，因为之前我们已经达成共识了，我打算做胰岛素的课题。她带着我转了所有的实验室，看实验室里的人都在做什么，我们回到她的房间后，她又问我“你想做什么”。我回答道：“我想做胰岛素。”她说：“好的。”如果我的回答是“维生素 B_{12}”。她或许也会回答“很好”。

Guy Dodson 于 Ferry（2000，p. 314）

清楚自己的目标

在你可以在实验方案和计划方面指导你的实验室之前，你应该再进一步：你必须了解你的目标。展望你的研究目标以后，你可以把你长期的科研计划分割成一个个能分配给实验室里的各个成员的小项目。在 PI 的所有任务中，这点是大多数 PI 认为是他们最胜任的工作。

- **实验室需要。**可以使实验室正常运转和生存的资料。
- **PI 们需要。**准备项目基金申请书、进展报告以及发表文章的数据。
- **实验室的成员们需要。**积累可以用于发表文章的数据，一直保持热情，不断充电。

我已经不像开始运行实验室那样事必躬亲了。当时我还以为一切都像我从前的导师那里一样。我希望实验室里的人都可以完成他们自己的方案，但在一个运作得还不是太好的实验室里，并不是每个人都能有明确的目标的。

我尝试着将实验室人员各自的兴趣和实验室的总目标以及项目书中的目标结合起来。理想情况下，每个受训者都有一个项目。这个项目可以提供有用的可供发表的结果，至少也会是一个令人兴奋地又可以完成的项目。

产出好数据

无论是什么样的实验室，能做出好的数据结果是最重要的。每个实验室成员都应该是一个可行性良好的项目的一部分。他们都应该努力地去获得有意义的实验数据，一步一步地解决问题，走向成功。任务的分配方式是多种多样的，即便是在同一个实验室内也会有不同的分配方式。

> 我在一些小而琐碎的问题上浪费了很多时间，而忽略了那些大且更重要的东西——总是在回顾中才认识清楚，而在当时却视而不见。

新的PI们在没有经验丰富的成员的情况下，就只能简单地指派任务，不给成员们太多选择的余地。这种做法在可用资源有限的情况下是可行的。新PI们都盼望可以不为实验的细节操劳得过多，然而PI们必须记住他们自己才是项目的发起人。不过当实验室里有更多有经验的工作人员以后，PI们就能稍稍的松口气，这时候才可以留给大家更多的选择余地。

> 我让他们选择。他们来的时候，我大致地告诉他们实验室里在进行的工作，让他们自己去选择。

> 我让他们先做些综合性的工作，然后在几周内让他们做出选择。他们需要的是充满热情的项目。

随着时间的推移，会涌现出更多的想法，有更多的项目供新人去选择。而指派任务就会变得越来越难。谁来负责最重要的部分？新来的研究生应该做些什么？怀孕的女士应该做些什么？还有快要当爸爸的，又该如何呢？你会让大家在一起工作么？你允许他们之间互相竞争吗？有风险的那部分工作交给谁呢？

> 大家选择自己喜欢的课题，而我是在让他们的才能和兴趣与项目和谐结合。

安全性和风险性

尽管PI们希望人们能够独立地负责自己的项目，他们通常还是会觉得自己应该对每个项目以及对培养科研人员的能力高度负责。不同的是PI们在理解和处理怎样“分担风险”这一问题上有各自不同的见解。大多数PI不会给任何一个人强行指派带有风险的项目，而是要求实验室成员在充分了解项目的风险所在以后，由他们自己去挑选项目。多数人都认为学生一开始应该做一些比较小、可行性较大的项目。

> 你可以让学生冒险，因为即使没有什么论文他们也能顺利申请到博士后。通过学生，你可以问一些大问题，而对博士后，你必须更加保守，并确保安全。

> 我不会将一个有风险的项目交给一个学生，但我可以交给博士后。如果他们愿意冒险并花更多的时间，他们就可以得到一个带风险的课题。他们得到的回报通常也是不错的，不过我总是要确认项目有可行性。

在实验室，成员要培训，但同时PI们也要维持实验室的正常运转。要知道并不是所有的项目都会成功，而且有时求稳和冒险之间的界限并不那么明显，所以当你决定开始一个新的项目时：

- 现实地分析成功的可能性：有多大的可能发表文章？如果这个项目失败了，会给做项目的人带来怎样的后果？
- 设定一个基准才能保证实验室的项目有足够的时间得以完成。
- 给自己留条后路：无论是你自己还是实验室的工作人员，都应该在风险比较小的领域进行研究工作，不要太冒险。

博士后们必须为自己考虑，如果他们不能独立工作，就没有前途可言。

没有责任心的人通常会选择“最基本”的项目，有责任心和雄心壮志的人会选择一些风险较高的项目。对那些实验做得很糟糕的人，我不觉得我负有很大的责任，因为我事前已经告诉他们这些是有风险的。

PI 的 责 任

你究竟需要对你的成员们项目的进展尽哪些责任呢？新 PI 们会因担心学生们的项目和前途而痛苦，因而试图帮助他们顺利前行。有些 PI 强烈地意识到他们的实验室人员选择了一个新 PI 所带领的实验室，自己不够有名、钱不够多、不够稳定、人脉网络也不够好。所以这些 PI 就去尽一切努力，想让选择他们的实验室人员不至于后悔他们当初的选择。

有人认为 PI 的责任就像是一个晚会上主人的责任，但责任也是有限的——一旦实验室已经建设成你所想的那样，你就不必再为别人的选择及进展承担过多的责任。这里存在一个责任大小的问题，而这个度其实很难确定。你确认必须让每个人都有一篇第一作者的文章吗？你必须为他们找工作吗？这要看实际情况。最好是看你对你的贡献的慷慨和诚实、实验室人员自身的预期贡献、预期的研究成果的分享责任。

我觉得我对那些学生和博士后们是没有任何责任的，他们应该自己对自己负责。他们应该自己学会这一点。他们靠自己得到想要的东西——不过这不表示我不会帮助他们。

还有些 PI 认为自己对实验室成员的现在和未来没有一点责任。尽管这能让一些 PI 从许多郁闷的事情中解放出来，但这种极端的行为是不健康和不现实的。新的 PI 们如果不能心甘情愿为成员们的成功负责，就不会找到愿意为他们工作的人。

平衡合作与独立性之间的关系

我学过一课，一个好的领导应该挑选好的人手，把责任分配到人，但盯紧事情的发展。

Luria（1984，p. 138）

有些PI喜欢合作精神——用大家的资源和智慧一起来解决每一个问题；有些PI则喜欢把大项目分割成若干个可以独立运作的小部分。但是，合作与独立相结合才是大多数PI最为青睐的方式。通常的形式是：让刚进实验室的新手跟着师兄师姐们一起工作，等他们成长到可以独立处理问题的时候，再让他们自己工作。

当他们考虑当前的问题时，我会先他们一步想到以后的问题。一个人只要在实验室里待了一年，我就能看出他的实验以后会怎样发展，我能够勾勒出后期需要做的实验，并指出最主要的创新点在什么地方。

不过，即使大家都一起工作，PI们还是很看重独立思考的能力，“独立”应该是一个科学工作者受训的最终目标——只有能够独立思考的人才会受到大家的重视和尊重。无论合作有多么频繁，团队里的每一个成员都应该在合作中追求最大的独立性。

组建并维持一个团队

一个PI应该具备的最值得一提的技巧就是你既能让手下的人在一起开心而有效地合作，又能时时刻刻地保持团体性。在很多实验室，团队是以每个成员各自的工作内容为基础自由组合起来的，这类团队建立在平等的关系上，成员之间没有上下级的关系，他们都只解答自己的问题。这样的团队里大多都是有一定经验和资力较高的人的。他们容易自定目标，而PI扮演的角色就是不让他们偏离方向。

如果你是自己在组建一个团队，你就会有机会自己去挑选一起工作的人。但也不是所有的人都能这么幸运地找到符合以下特点的所有组合：①一个独立和英明的团队领袖；②几个聪明而顺从的成员；③一个勤劳但缺乏眼光，却会心甘情愿地跟着那些更有雄心的人。他们最大的可能性是，你只是将项目所需要的人聚集在一起，然后再慢慢地解决由之而产生的各种问题。

我喜欢成员更独立地工作，但现在知道不是所有的人都能这样。博士后可以，但博士生还不能。我能接受的最大的教训是，不是每个人都能独立地工作的，但是你可以让他们做到。

实验室里的一个小团队就是一个小社会。在这样的小社会里，由于人们的工作关系密切，所以彼此之间的磕磕碰碰也不可避免，有时候敌意会越来越强，矛盾会越来越集中，人们会有越来越强的不安全感。所以PI们应该时时刻刻保持惊醒，准备好去调节大家的工作关系。

除了保证所承担的项目是大家工作的焦点之外，PI们的主要工作是保证小组成员间的力量均衡。关系密切的团队之间不可避免会有人争名夺利，出现紧张局势。这有可能是性格所致，也可能是科学研究工作本身造成的，但你的任务便是阻止这些事情的发生。然而除非有人接替你的职务，不然你就必须保证自己是整个团队的核心。

为了公平，作为PI的你，你不能总是只和某一个人说话，而应该和每个人进行认真的交流。在解决人事问题和科研问题的同时，你应该好好地考虑处理一些潜在的关系：谁来发表文章？谁来做第一作者？如果整个项目分出一部分，谁来负责？

偏离方向

实验室人员可能偏离了实验室的研究方向而进入其他的领域，这时 PI 们应该决定究竟应该为这个新的领域付出多少？你需要权衡一下这个领域是否值得你涉足？你对它真的有兴趣吗？这些工作是博士后或博士生无法避免必须要做的吗？这可能是你的学术作为一个独立思考着的象征，也可能是缺乏专注力的结果。开辟一些新路是可以的，但如果过于耗力耗资，那么应该及时停下来，重新调整你的方向。

私下的工作

PI 们也许以为自己知道实验室里发生的一切，但有些人觉得自己成熟的标志就是不和 PI 讨论就自作主张地做一些其他的实验。有些 PI 很反感这样做，但有些 PI 也许会觉得这是独立和创新的标志，甚至希望每个人都能有一点这样的创新精神。

技术员和科研助手的作用

一个实验室刚开始时能够找到的最佳人选就是技术员，技术员通常会有自己的项目，一些企业和小型的学术实验室之所以能够运转，就是因为技术员们在 PI 的指导下实现了多种需求。

当实验室逐渐发展壮大起来，招到了了学生和博士后，技术员们就不太可能单独负责某个项目了，因为一个在实验室里只待过 1～2 年的技术员想要完成一个独立的项目几乎是不可能的。时间和薪水都会严重不足，PI 们也会越来越没有时间指导技术员们的工作和实验。

技术员们通常是协助另一个实验室人员的某个项目。他们特别适合在项目间填补空洞。但是 PI 们应该不会允许让一个技术员同时去协助几个人的实验。管理者有不一样的期望，而实验室里会出现某个人会要求一个技术员为他工作要比为别人工作多的情况。另外，技术员们通常会不经意地或故意地利用一方来反对另一方。总的来说，PI 们要给技术员们一些他们感兴趣又愿意去做的事情，这些事情给了技术员们在实验室里的稳定身份和地位。

合　　作

在选择合作者时有两个主要的选择：寻找一个水平相当的同事或者在你的领域里寻求一位名人。Rosei 警告与大亨合作是个错误。他说：“他们很忙，很少会像你这么真诚。”而且，即使你做了最大份额的工作，使他们可以获得最多的荣誉。优先权和责任“永远也不会平等”，他这样注解……但是伊利诺斯大学香槟分校的生物物理学家 Taekjip Ha 则持相反的观点。他说：“如果你想研究你并不擅长的事情，你们寻找这个世界上最优秀的人，”他还说，让世界级的专家加入到你的课题，将使你的研究享有盛誉，且容易得到发表，“这样永远比你自己工作更可取”。

Powell（2005，p. 591）

科学家中的运动类型：合理地组合你的实验室队伍

科学是一项很有意思的比赛，个人天资和团队精神的结合很重要。这场比赛有它自己的结果，有胜者、有负者。让我们来把科学家类比成现实生活中一些体育项目的运动员，以便更好地组合实验室里的成员。

- **赛跑者**：他们都是很孤独的，竞争意识很强，能够以苦为乐。或者说至少能够与困难做艰苦卓绝的斗争，不需要过多的硬件设备和资金的支持。任何条件下都能保持高度活力的状态，无论是短期的还是长期的工作都可以胜任。唯一的问题就是他们独来独往，不具备足够的合作精神。

  总的评价：一笔好的投资。他们很独立，为了成功可以付出一切，却很少需要你的设备、时间和培训。

- **慢跑锻炼者**：不要把他们和赛跑者混淆。他们有明确的目的——为了锻炼心血管机能或者为了减肥，而这其中竞争的意味便少了很多。所以有时他们跑着跑着还会走一段。他们的鞋子和衣服都是新的，甚至很贵，走的路程也是不定的，这取决于（气候和道路）条件和慢跑人当天的心情。他们会给自己放假几天或几周，需要保持高压才能赶着他们向前走。

  总的评价：对慢跑锻炼者的投资并不是很值得，他们太不定性也缺乏毅力，需要花费太多的人力和设备来供给他们。

- **高尔夫球员**：需要实验室给他一块很大的地方，尽管利用效率不高，还需要很专业地维护。尽管如此，这人还经常埋怨这儿不对或那儿不好。尽管根本分不清他们是如何工作的，但他们还是需要许多昂贵的仪器，还要求有最新的和最高的科技含量。虽然是一个人在玩，但他们喜欢在充满嘲笑和责骂声的群组里玩。

  总的评价：尽可能少用，他们所需要占用实验室的地方太大，还需要昂贵的最新仪器设备，却不能给实验室增加什么产出。

- **足球运动员**：通常是从欧洲和南美洲（在美国不流行）受训回来的。从这个观点来说他们是自主选择的。每一个成员都有自己独到的技巧，能相互合作形成小组，并合力竞争以胜过另一个小组。他们所需要的地方可能不很大，所需要的仪器也许不很贵，队员们通常会很听教练的话。

  总的评价：对这样的人是值得用的，尤其是那些有一技之长的队员。主要的缺点是有可能比赛结束时比分很低，甚至没有进球。一场令人激动的比赛却没有一个进球，这就会让人反思该不该要这样的选手了。

- **篮球运动员**：他们具备足球运动员的所有优势。但不会出现像足球那样 0∶0 的最终比分，而一定是完全胜出。这是场高比分的比赛，需要的队员又少，场地也小，需要的仪器也便宜。n.b 的篮球鞋很贵，但这种鞋子不是打球时穿的。

  总的评价：一定值得拥有。

- **钓者**：不要偷笑哦。我真的见过几个很聪明很成功的科学家坐飞机去垂钓鲑鱼和大马哈鱼。他们相当精确，总是备齐了工具，能找到好的地方钓到大鱼。而且不管怎么说，将最近失败的研究中得到的材料用做钓饵来钓鱼，倒也不失为合理利用资源的好办法。

  总的评价：这样的人也许很难找，但如果你能遇到那么一个，也还是值得去珍惜的，只有不是名声有问题。

- **板球运动员**：忘记他们吧——他们是不值得花力气去培养的。你想要这样的人吗——他们推拉抢拽，要穿着盔甲般的厚衣服保护自己，傻傻守着一个小门，在旁边徘徊，就为了攻击投手的左后野，击中一个球。而且，这种比赛太耗时，等他们比赛完，其他人早就走光回家了。

  总的评价：这样的人还是不要到我的队伍里来吧。

- **冰球运动员**：他们的情况可以用一句老话来概括："当你想打架的时候，去玩冰球吧"。玩冰球的人都比较暴力，每个人都需要一大堆保护措施，还需要一大间冷库和冰盒供他们工作。比赛允许参赛者相互击打，但实际上，每个队都有一个专门去攻击对方队员的人，叫"打手"。
  总的评价：每个实验室还都需要一个这样的"打手"。

那么，你想把你的实验室组建成怎样的队伍呢？如果是我，我会要一两个善于跑步的人、一些篮球打得不错的人、一个垂钓者，当然，还要一个在冰球比赛中充当"打手"角色的人。

经许可转载自（Caveman 2000，p. 40-41）

好的合作关系是最令人愉悦的科学研究的回报。这也正是科学所追求的知识、智慧和能力之间的交换。一个好的合作者能为你提供很多导师才能给予的指导，而他却是你身边的一个平等的工作者。

相反，差劲的合作人既让人头疼，又浪费时间，甚至有的时候会给你带来痛苦。差劲的合作关系就像其他恶化了的关系一样，会给实验室带来反叛、嫉妒或者受伤的情绪。但不管怎么说合作总是必需的。除非你是在一个不需要发表文章、不愁会被解雇的"优越"环境里，如你是在一个较小的文科大学里教书，或者在一个很大很有钱又很成功的学术性或公司的实验室里——不然的话，合作就是实现资源扩大化最好、最重要的方式。

你的合作方针

……当 Essex 博士的助理提到他们在细胞系 CT-1114 方面的工作时，谈话被中断了。由于某些原因，这个被艾滋病（AIDS）患者的血液感染过的 CDC 细胞系拥有很强的病毒活性。CDC 曾经把 CT-1114 送到 Essex 的实验室让 Harvard 博士做一些验证实验，看 HTLV-I 和 HTLV-II 是否存在于其中，或许能提供 HTLV-I 和 HTLV-II 是否是导致 AIDS 的直接原因的线索。Essex 一直用单克隆抗体的方法进行这方面的研究。

Gallo 打断了他的话，尖锐地问道："你们那些抗体都是从哪里弄来的"？

Essex 年轻的助手回答道，它们是 Gallo 前不久送给他们的。Gallo 于是都要气炸了。

"你们和我合作，怎么能瞒着我做这些事呢？"他大喊，"无论你们要拿我的材料做什么，都应该事先通知我。你们没有得到我的许可，怎么能擅自做主呢"？

Gallo 迁怒于 Essex 和他的同事们，继续咆哮了近 45 分钟。CDC 的博士们都吓呆了。

Shilts（1987，p. 350）

Francis Crick 拿到诺贝尔奖后，在接受英国广播公司（BBC）采访时说，在科学研究中，礼貌是合作的一大禁忌。合作关系的灵魂是坦诚，在需要的时候就算是粗鲁一点都无可非议。Crick 说，这首先要有一个先决条件，每个人在合作中的地位都是平等的，如果有一个人的地位远远超过其他人，那么伴随而来的相敬如宾就会像毒蛇一样向整个集体侵袭。一个出色的科学家会更加看中批评意见，而不是所谓的友谊：其实这么说也不对，应该说，在科学研究中，批评是友情更有深度的一种表达方式，甚至也可以用它来衡量友谊。Crick 说："合作者应该有耐心地指出错误。" James Watson 马上反驳了这种近似胡说八道的理论——他提到了 Rosalind Franklin，在从 1951 年秋到 1953 年春的 18 个月里，她在伦敦国王学院（King's College）做关于 DNA 结构的研究，从她的笔记中我们可以看出，在这一过程中她非常需要却恰好缺少一个这样的合作者。她坦诚，需要的时候也会发火，其实以她的性格不难推断，如果找到了好的合作人，一定能够成功的。

Clifton 和 Nelson（1992）

实验室里人们的第一次合作通常是和同实验室里的另一个人进行的。这个过程很自然，因为新进实验室的人总是需要向前人学习实验技能。PI 应该时刻注意成员之间的关系，因为许多人都还需要去学习怎样才能做一个合格的合作者。这里也有一个大家不太注意的付出和索取间的平衡问题，作为 PI，你应该扮演一个导航员的角色，告诉大家在合作中应该期待什么，又有哪些是自己应负的责任。

要求包括实验室内的任何一个合作项目的合作人都要听从 PI 的指挥，这很公平也很有必要。这个要求应该是前提，PI 对其做出详细的解释。实验室里的学生，甚至是博士后，对科研合作中的义务链和依赖关系所形成的复杂的关系网都不是很明白。他们不谙世事又热情十足，他们会在寝室里聊天聊上一整夜，也可能会聚在一起讨论一个过凝胶柱的方案……于是，有的时候你也许会觉得你是在跟一群甚至你都不能完全信任的实验室的人在合作。

想控制学生们的激情而又不挫伤他们的锐气是一件很需要技巧的事情。这是走向成熟的第一步，这样做当然对学生们是非常有利的。他们的这种合作也反映了他们的交流能力和对交流的渴望。作为 PI，你的任务是告诉他们这种合作方式是否合适。

什么时候是合作最有效的时间？什么时间——大多数 PI 认为——是在需要引进一些新鲜知识的时候。合作之前，首先要确保你有能力为这种合作做出一定的贡献。

一份合作协议书可以清楚地界定实验室内部合作和与其他实验室的科学家们合作的目标和责任。不管你觉得这个合作是多么的不正式，所有的合作人必须知道以下事项：

- 涉及哪些人？
- 每个人的贡献是什么？
- 什么基金用于支付实验和其他费用？
- 如果合作产出了文章，谁担任作者身份？
- 如果需要另一个人的技能，会发生什么？
- 合作什么时候结束？

不论你是在促成一个实验室内部的合作还是与外部的合作，将你们的商议结果形成文本文件。你们的讨论最好是亲力亲为，合作的术语可以通过电话或电子邮件进行谈判——但是合作的所有团队必须在协议书上签上姓名和日期。

多数情况下，也可以非正式地进行，仅仅在这些相关的研究人员之间：合作协议仅用于作为所有合作者的指导或备忘录。但是如果涉及知识产权，或者在合作的开始，或者在合作的中期，你必须需要一份正式的协议书，与你单位的律师和技术转让部门商量。

实验室动机

紧随领域发展

卡耐基-梅隆（Carnegie-Mellon）大学的 Robert Kelley 曾经一遍又一遍地问在不同公司工作的人们一个同样的问题：你工作所需要的知识中有百分之几是已经储存在你自己的记忆库里的？1986 年，这个问题的答案在 75%左右。但是到了 1997 年，这个百分比降到了15%～20%。

Goleman（1998，p. 203）

> 在我写基金申请书或审核一篇文章时，我突然得到了更新，与学生/博士后相比，我可以获得关于这个课题的更多的知识。

为了保证实验室的短期利益和长期利益，你必须能正确衡量你的实验室在整个研究领域所处的位置，并且能够时刻警觉地把握实验室的正确方向。由于随时都能获得大量的信息，很多人就不再保有激情的有耐性地去了解整个项目的细节问题，有时甚至由于信息量的过分庞大我们已经不可能不费劲地就能掌握某个研究方向的细节以及你的实验室所处的位置。你需要学会如何处理信息。例如，你应该知道什么需要记在心上，什么你应该和别人分享，哪些是你需要储存的，哪些是需要的时候能够找到就行了，还有哪些是可以不要的。

你也许就像实验室的园丁，而且还要花很多的时间去读关于实验的书，思考有关实验的问题。你也许会发现不看书而只是依靠一些会议和讨论也能了解你想知道的，找到问题的关键所在。尽管许多 PI 在理论上比较支持前者，但实际上，他们都是按照后一种方法做的。

PI 们阅读越来越少的原因主要是时间：有那么多“紧急而不重要”的事要处理，而阅读属于“重要而不紧急”的事，就被扔在一边了。可能出于自我保护，有时会滋生出这样一种感觉，文献中没有什么重要的东西，重要的事情都发生在你的实验室，如果会有什么重要的事情发生，实验室一定会有人来告诉你。但是，保持信息畅通和及时更新是 PI 的职责，你需要处理好这个问题。

去哪里获取信息——得到后应该怎样处理

到处都是信息。从前，PI 的工作就是收集信息，而现在是将搜寻的信息分类，并从中筛选出对自己有用的和重要的部分。

许多 PI 依然处于不知该怎样有效处理大量信息的窘境，他们还是习惯于进行文献复印、列清单、整理实验操作方案，然后把他们归档在各种文件夹，永远担心一不小心将这些信息永远丢失了，所以把它们都复印下来安全保存。但是现在，新技术的出现使得你所需要的任何资料都能反复查到，而且还可以毫不费力地进行知识更新。

- **网络。**好像有无数的关于科学和研究的信息可以从在线杂志、网页、会议报道、新闻、博客中查询到。如果你有一个问题，作一个搜寻——你马上会得到你问题的特别回答。

有很多网页可以提供有关科学、政治、教学、运营实验室、职业发展等的一般信息，包括：

《科学家》(*The Scientist*)，http://www.the-scientist.com/；

纽约科学院（New York Academy of Sciences），http://www.nyas.org；

霍华德休斯医学研究所（Howard Hughes Medical Institute），http://www.hhmi.org；

《新科学家》(*The New Scientist*)，http://www.newscientist.com；

专业学会，如美国科学促进学会（the American Association for the Advancement of Science，AAAS）(www.aaas.org)、美国细胞生物学学会（American Society for Cell Biology，ASCB）(www.ascb.org)、美国微生物学学会（American Society for Microbiology，ASM）(www.asm.org)、生物物理学会（Biophysical Society）(www.biophysics.org)、美国化学学会（American Chemical Society，ACS）(www.acs.org)。

《科学事业》(*Science Careers*)，http://sciencecareers.sciencemag.org，《科学》杂志的分刊。科学事业有基金和资助、工作搜寻和一般信息方面的信息——从实验室内部和大型团体——如何成为一名科学家。

- **阅读。**虽然你可能仍然希望你能阅读更多的文献，但你已不可能再阅读所有的材料了。大多数 PI 设法阅读《自然》和《科学》杂志，可能两到三本专业杂志：很少有人会这样定期阅读了。
- **实验室的成员。**他们可以相互交流，甚至可以跨国与其他实验室的人员进行交流。从这种交流中得到的信息可能较为零碎，但恰恰是从这些零散的信息中，你能了解到通过其他方式所不能了解到的他人的想法。
- **期刊俱乐部。**实验室和院系的期刊俱乐部能够实时地更新你和你所有实验室成员大脑里的知识储存，包括专业的和更宽领域的。如果没有，成立一个。
- **会议。**你和你的实验室成员无论什么时候去开会，会议纲要能够帮助为参加会议的成员（及在场睡着了的人）抓到最重要的问题。每一次会议都应该认真出席，找出重点的东西，记住它，并与其他与会者交换意见。不要放走学习和交流的好机会的会议。
- **实验室报告会。**实验室内的学术报告会通常会从一个研究领域的背景综述开始，能很好地帮助新手们了解这个领域。
- **写论文或项目申请。**对于多数 PI 来说，能够真正坐下来读点文献的，大概就是写项目申请和起草论文的时候了。有些人为了写综述文章，尽管只有在文章写完之后他们才真正知道自己到底从中学到了多少。
- **网络化。**保持与同一领域的其他朋友的联系是一个最简单的获得领域信息的途径，养成习惯，定期给他们写电子邮件或者打电话，提出问题，或者讨论你自己的实验。

• **PubMed。**PubMed（http：//www.ncbi.nlm.nih.gov/PubMed）是一个基于网络的、由NIH资助建立的、可以免费搜索科技文章的网页。你可以搜到近期的和很久以前的参考文献，并有超链接将你导向期刊上发表的文章。如果你所在的部门订购了这个杂志，你不仅可以浏览、下载，还可以打印这篇文章。有些研究者只用自己的书籍目录软件来处理各种报告、手稿和项目基金申请书。他们用PubMed来进行所有的搜索。

想办法减少信息储存量。应该更关注找到有用信息的效率，辨别出最重要的部分。本书中有一个章节“用计算机有序地组织实验室”是专门讲述怎样用计算机选取有用信息的。

谁了解项目更多——你还是实验室人员?

在实验室的第一年或时间更长一点，PI们应该比学生们更多地了解一个特定的项目。如果你足够幸运有一个极好的博士后，你仍然应该是了解这个领域最多的人。依赖别人的能量和能力可能是容易的，但是你仍然在运行一个实验室，你应该坚信正朝向正确的方向。

这个人完成了项目，如果不是他，就不可能是这个人。我希望这个人知道所有的细节，并能够考虑到，如果学生或博士后没有“完成好项目”，将不会成功。

你与实验进展得好的人还是差点的人待的时间更多?

我曾经学过一课，说在研究时应该让人独处，特别是那些优秀的人。做到这样并不容易。许多时候，尤其在我的早期工作中，总是会不自觉地打断学生们的实验，提出我的建议。其实有很多这样的建议都是多余的。越好的学生就越应该任其发展。偶尔也有太散漫的人需要一些压力，而神经质的人则需要一些安慰。这两类人我都碰到过。

Luria（1984，p.135）

一个实验室最基本的哲学会表现在这两个问题上：你是否会奖励那些在你的悉心指导下工作十分努力的人？你会不会放手让那些能够靠自己的能力达到自己的目标的人进行单独的探索，而只是在他们遇到困难时才指导一下呢？这对你的实验室来说是一个很重要的问题，它会对你的科研工作、你的时间分配和整个实验室的精神面貌产生深远的影响。毫无疑问，和比较成功的实验室成员一起交流、工作是件令人愉快的事情，大家可以一起谈论以后的实验论文，还有未来的发展前景，但实

这主要看人，而不是研究项目是否成功。当研究进行得很顺利时，多数人喜欢和别人分享数据，但进行得不顺利时则表现各异，有些人经常到处询问，提问题；而另一些人则把数据藏起来，到处生气。我本想好好地描述一下后一类人，但我一向都不评价别人的失败。

验室里的其他人也许会更需要你。

缺乏关爱心的 PI 却成功地领导一个大的实验室，这是科学上的奇特现象。如果有一个年轻的 PI 问这样的大实验室的 PI，应该花多少时间与哪些人在一起时，回答一定是很坚定的："你就应该对那些实验不好的人一句话都不说，你如果和他们说话就是鼓励他们永远停留在原地。"有些 PI 在估算后会说："在一个大实验室里有三分之一的人能独立地做得相当出色，但也会有三分之一的人无论做什么都会失败，别去管他们，只把精力集中在那些在你的帮助下能够有所建树的人身上就足够了。"

> 我和实验做得好的人待在一起的时间比较多，这样比较有乐趣，我比较喜欢和他们在一起。

在一个大实验室里几乎可以做任何想做的事。有些实验室成员会中途掉队而没有被察觉，但整个实验室的运转照常进行。但即使你相信适者生存是最好的模式，年轻的 PI 也没有办法能集中到足够的人力和物力来保证其正常运转。

> 以前，我会花更多时间与工作进展不佳的人在一起，但现在我在他们身上几乎不花什么时间。我只是帮助分析项目为什么进展不佳，如果依然不好，我就会终止这个项目。

很少有 PI 愿意在那些很糟糕、一点工作积极性都没有的人身上多花时间。不过也有少数 PI 愿意这样做，以期找出解决问题的方法。最令人难以相信的是，有些人你无论做什么都帮不了他——不是说他不该被帮助，而是你根本没有办法去帮他。

> 大家的工作都进展得很顺利时，我当然会多花点时间在那些问题多一点的项目上。

如果你有充裕的时间、丰厚的资金支持，又有进行教育的义务，如果你有能力又有耐心，又不着急发表文章。在这样的情况下，你就可以帮助那些迷失了方向的人找准自己的位置。

但是如果你的工作主要依赖于文章的发表，就该有个轻重缓急了。没有必要去为了那些根本不支持你工作的人伤脑筋了。你自己到底需要什么？

你的实验室到底需要什么？这是个很重要的问题，而且越早面对越好。

> 同样的事情，但是给我的感觉是不同的，这可能是个人的性格所决定的。做科研工作需要热情，如果你去找 PI，问问他的意见，你会知道更多东西——科学上敢作敢为是很有回报的。这就是一个选择的过程，这就是现实。如果你不知道如何获取意见，你就一定会失败。

要求实验室里的所有成员都写书面的进展报告。书面报告是你了解实验室项目进展状态的一种有利的方式，也是你帮助他们理顺思想和得到的数据的途径，促进他们学会更有效率地写作。这种方式通常不会使人感到太厌烦，要求实验室人员定期写进展报告可以避免书面报告中存在的瑕疵。

> 我让每个成员都建立自己的时间表，我让他们分时间段完成任务，有长期的里程碑也有短期的。

把这些信息存入计算机以记录每个人的实验进程，甚至可以使用项目管理软件，或者其他的数据库程序用于搜索关键词，书面报告不能代替口头汇报，但当 PI 们不在或到了写基金申请时，这种方式就很有用了。

记得去读书面报告并且对其作出评价。如果不这样的话，会让实验室成员因为空忙半天而感觉非常恼火。

动　机

对渴望的意识作为一种驱动力，我们开始探寻究竟什么在激励着那些成就不菲的生物学家们：他们热爱自己的事业。超出他们承认的，他们热爱的是生命的本身。这种感情会在周末聚会的餐桌上、学术讨论会上不知不觉地显露出来。他们向那些还没有集中在一个领域奋斗超过十年的人们展示了生物学家一生最重要的元素，即对所选目标的深层热爱。

Janovy Jr.（1985，p. 41）

我深深尊重和敬仰我的一些同事，他们将科学研究看成自己生命的全部，他们的脑细胞被工作分分秒秒地占据着——恐怕醒时如此，睡时也如此。以一种极端的形式，这种对科学的高度专注同样会表现在其他方面。曾经有过一个关于著名的德国数学家 David Hilbert 的轶事，一天他看到一位年轻的同事因为妻子离开自己而流泪，他轻轻地拍拍这位年轻人的肩膀，连连安慰道："Es wird convergieren，es wird convergieren!"（一定会收敛的）还有什么能够比积分不收敛更会让数学家伤心的呢?

Luria（1984，p. 121）

PI 们的工作之一就是激发人们的积极性。作为一位领导者，你应该为属下提供将注意力集中于项目和目标的科学的动力和方法。给大家一些感情上的动力是 PI 工作的一部分，尽管 PI 们在该给多少激励上还有意见分歧。

为什么大家会来到实验室里？为什么大家热衷于研究？你应该怎样对待他们呢？来到实验室的原因各不相同，而这个原因会深深地影响每个人的工作积极性。

- **自我激励者。**这些人为了实现自己的目标而努力工作。他们的目标有的是为了完成项目，有的是想找到一份好的工作，但好的科学研究就在他们之中完成。他们会孤独，不寻求帮助，彼此之间只有对目标有同等贡献的时候才能实现合作。因为他们喜欢关着门做实验来验证热门理论正确与否，所以最好让他们自己挑选实验项目。
- **合作者。**这类实验室成员的动力来自于与同一实验室的其他人的交流与合作，大家朝着共同的目标一起努力，别人的赞扬和肯定对他来说很重要，相反，别人的批评则会动摇他对整个结果的理解。他们在合作中干得出色，适合于方向固定、目标明确的项目。
- **雄心壮志的人。**有一种人总是喜欢在工作时间干别的，或者不正经地和人交流。他们喜欢支配别人，他们很有雄心壮志，但并非真正热爱科学。不过，大多数实验室成员都不愿意做他们定下来的事，也没有什么人和他们合得来。他们还经常性地盯上别人的项目。因此他只能做独立的目标和明确的项目，还需要特殊看管。

促使人们来实验室里工作的其他原因有很多，几个、几十个，甚至几百个。但是如果你了解了每个人来实验室的个人动机，处理实验室里的问题就会得心应手得多。

大多数的问题是动机问题

传说科学家们自始至终被对事物如何运转和自己能做什么的与生俱有的好奇心所驱动。今天的状况却有些不同，人们倾向于满足个人的灵感，而不是一味地谨慎和保守，大家都希望在人群中脱颖而出，而不仅仅是去解读自然、征服自然。

Price（1963，p. 111）

缺乏动力最明显的表现就是无法胜任艰苦的工作，结果通常会减少产出。它也会表现出工作没有以前机智，也没有以前有激情。分析这类问题，你应该从以下的问题中寻找答案。

- **是否实验室本身**、人员或科学问题而干扰了大家的工作？
- **是不是工作自身的问题呢？**可以解决吗？这个人可能不喜欢这个项目，或者某个合作人不喜欢这个项目：这些问题可能被混淆。或者这是个较大的问题。例如，这个人缺乏信心、不喜欢科学，或者感觉“我为什么做什么都不对呢”？

> 我经常会在实验室里走来走去，看看有没有什么事情发生，有人说我问得太多了，他说：“如果我有什么事情，我会告诉你的啊。”他好像有点生气的样子，后来我意识到了，他之所以会有这样的反应是因为感到不安全。

- **是否问题出于个人危机？**这个危机可不可以解决？例如，是急性的还是慢性的？是不是伴侣不喜欢他这么工作？他家里人突然生病了需要治疗？

对于一个PI，应该明白工作动力的产生是一个典型的因果关系。工作动力是全部个人经验和个性的总和，而实验室成员们所拥有的经历会影响他们对科学的态度。如果你认为一个学生或博士后缺少了前进的动力，你应该为他指出问题所在，告诉他们这种问题的严重性——这无异于自我毁灭。人们为自己背上各种各样的包袱，这些包袱也许会使他们变得不再自信，或变得不再现实甚至自我膨胀。简单地说，保持工作动力的部分技巧就是让人放下包袱。

如果某个学生工作效率总是不高，这个问题就难解决了。这通常是由于缺乏自信心所造成的。他们不相信自己能够解决重要的科学问题，或者老是把眼光集中在一些细枝末节上，总是在关键问题的外围打转。有的人意识不到自己就是一线的科研人员，总是说“他们那些搞科研的人”，不少实验室花大力气去解决这样的问题。

阅读那些有关实验室的传记、回忆录或者实验论文集之类的书籍，对实验室的建设和壮大有很大的帮助。而如果人们能有成功的经历，他们就会有积极性，这种成功不一定需要很大，如成功地办了一个期刊俱乐部、成功地开了一个实验室的组会、成功地发表了一篇文章等。

就是不愿意干涉实验室人员个人生活的PI们也同意，激发实验室人员的工作动力是PI们的主要工作。如果很长时间内没有好的数据，或者实验进程太过缓慢，或者当他们根本不知道自己在做什么的时候，PI们应该做的是告诉他们：“胜败乃兵家常事。”

可能出现的动机问题

根据培训内容和个人背景可以看出，有些人是带着明显可预见的和特殊的需求来到实验室的，适当考虑成员的个人经历有利于避免对其行为和态度的误解，也有助于尽早发觉危机的出现。

医师

医师们带着各种目的来到实验室，有的是为了促进他们的临床研究，有的为了得到一份证明以便于求职，有的则是为了今后的科研事业积累经验。下面列出了医师们在实验室里可能碰到的一些问题。

- **感觉工作效率不高。**与培训中有条不紊的信息反馈及医院的快节奏相比，实验室出成果太慢。

> 一些实验室人员怀疑医师是否能真的对基础科学研究产生兴趣。

- **开始时的茫然。**这种茫然可能被人误解为傲慢，因为他们觉得自己应该指导得更多一些而不敢询问别人。医师们接受的培训相对较少，空余时间也比实验室人员的少。如果导师能协助他们找到合适可行的能出文章的项目，他们会受益匪浅。
- **不被实验室人员接受。**非医学的系、所可能保留有很多关于医学博士的笑料和故事。很多非明显临床的实验室里存在着对医师的强烈偏见。在学生和博士后们的眼里，医师并不对研究感兴趣（否则他们当初便应该选择学习科学而不是医学），与大多数实验室的人相比，他们对做研究的过程知之甚少，然而他们的薪水却高于指导他、帮助他的任何一个人。

然而，这种偏见还有另外一个侧面。医师们在实验室里得到的报酬比他们从事临床工作时要低得多。因而他们一定是本人希望在实验室工作，想了解科学研究。他们认识到自己是实验室的新人，只要别人愿意教，他们就乐于学。

受训的医师习惯于听从指导，对实验室老板的敬重程度几乎可以与部队里士兵对长官的态度相媲美。开始，PI 们可能对这种完全服从不习惯，也可能适当地利用这点。后来，如果医师们渐渐学会了由被动转为主动，PI 们有可能无法及时针对这种变化做出调整。

学生

学生们进入实验室从事研究的动机可以说是千奇百怪，目标也各不相同。有些学生可能让 PI 感到不快，但是知道他们的目标可以帮助你引起他们的兴趣，知道如何调教他们的方法。

有些学生选择科研完全是处于其内在的乐趣。他们之所以攻读更高的学位，是因为他们喜欢让生命与科研相伴，用心享受过程与结果。他们想要一个有趣的课题。精明的学生希望那个有趣的课题能够成为热点。

有些学生选择科研则是别无选择，他们必须有自己的事业，做研究看起来比较可行。有些学生则看重高学位带来的声望，或者可以凭借学位给自己多一个选择的余地。而另一些学生则因为别人让他们做研究，抑或是再也想不出还有什么事能干了。

博士后

与学生一样，博士后们也是带着不同的动机来到实验室的。起初，博士后们在拿到博士学位后进入实验室为今后的科研生涯作准备，现在很多人的想法也是如此。然而，一些博士后即将进入企业、法学院或者其他地方，想利用博士后的这几年时间积累各种经验。

博士后们为了工作和基金烦恼。渐渐地，博士后们的注意力会转向其他方面。他们可能因此而忽视了自己的实验室工作，忽视了与他人的关系，忽视了曾经认为很重要的一些细节。这会让人感到不舒服，有了一种被忽视和边缘化的感觉。

技术员

人们选择技术员这个职位往往有两个方面的原因，两者之间存在着如此大的差异，以至于不得不区别对待。

- **职业技术员。**很多人喜欢研究，喜欢科学，但是不愿意读博士学位和/或不愿意经营一个实验室。有些人有一个特别的长处，如转基因鼠的胚胎移植或组织样本的电镜观察，他们是这个领域的专业人员。在学术性实验室里。技术员们可能觉得自己并不被实验室里的人重视。学院实验室的情况更为严重，这里看重学位而不看重经验。
- **临时技术员。**有些学生最终要去研究生院或医学院读书，他们想先工作一年左右，他们不太在乎学术，挣到钱能玩乐一番就可以了。对于一名技术员，你的本职工作是去支持实验室人员，服从命令可能让人感觉受到了奴役。

行政助理

行政助理可能正处于其管理生涯的起步阶段，也可能是一个乐于长期从事书籍及管理技巧的人。从任何角度看，他们都是实验室的重要人员。但是即使在规模较小的实验室，而且他们就在实验室里工作，行政助理的存在也会被实验室里的其他成员所忽视。在那些行政助理被各个实验室共享或者他们的工作场所离实验太远的地方，他们就像处于与实验室完全不同的世界一样，实在是很难燃起他们的工作激情。

如果表面上的动力缺乏是实际上的能力缺乏怎么办？

美国人倾向于认为能力在很大程度上取决于态度，但是科学家们不这么认为。什么时候工作不力是由于能力问题而非动力问题造成的？这是PI们必须回答的问题：PI要能够在需要的时候告诉一个人，你不适合做独立研究。

能力不够也许跟课题有关。可能一个人不擅长发现问题、解决问题，对微观上的形态变化反应不敏感。通过变换课题，或许能找到与其能力和个性相适合的项目。

> 但是工作必须完成！我对她说，“我知道这份工作对你来讲难度很大，你确实非常努力。我也不知道为什么进展不顺利。你肯定能出色地完成压力略轻的其他工作。我很乐于为你安排另一个任务”。当别人问起时，我就讲，她的确需要指导，但是也能够胜任简单一点的工作。

以身作则

激情是确保别人会以你为榜样的重要因素。如果你自己很低沉，或者言语中暗示了对实验室工作的不如意，实验室人员的情绪也会受你所影响。如果你感受到了科学的召唤，实验室的工作有助于拯救患者的生命，实验室人员则很可能追着你前进。

> 我让他努力工作，自己周末也去实验室。

评　价

PI 的工作之一就是让实验室人员知道，他们项目进展的效率如何，他们要成为一个科学家已经训练到什么程度了。这可以随意进行评价，可以在实验室踱步时、在实验室会议上、在一对一的会议室、在午餐时。然而，对于很多人来说，这种反馈是不够的。尤其是在实验室有很多人员时，与每个人保持沟通是困难的，以建设性的方式能够真实了解每一个实验室成员的进展情况就更难了。

文章不是评价成为一名优秀科学家的唯一标准：要看他与别人相处的能力、紧跟学科发展的能力、与其他科学家包括 PI 的对话能力。评价实验室成员的一个有效途径是做常规性的、书面的评语、每 6 个月或 1 年考察你认为重要的培训的多个方面。一个研究员 Karen Ottemann 对此作了高度概括，让实验室成员对照书面评语去评价自己，然后再让 PI 评阅评语（见实验室绩效考核表，Ottemann 2002）

通过这种形式的分析，你就会更加了解你的实验室成员以及他们的个体优势和需要。你就会发现谁讨厌开会，谁感到没有受尊重，谁只有在团队工作在幸福，还有可能谁可能会在另一个实验室里更幸福。你有可能成为对作为一名科学家和 PI 的你自己的优势和需求更加了解的人。

将每一个评价形成文档，将它们都放到这个人的评价文件夹中。追踪你和实验室成员已经同意了的每一个评语，否则全部过程都是形式主义。

实验室绩效考核表

这份表格是根据我们实验室每年绩效考核的一部分制作的。我的目的是帮助指导你成为你能成为的最优秀的科学家。看看以下实验室工作的领域，思考以下你所做的每一项的进展，什么是你可以做得很好的。在你考虑了几天后，我将约见你听你说你对你做的事情的想法，让你知道我对你做的事情的看法。然后我们将达成对事情改变/未来一年的工作的意见。

从考虑这三个问题开始：

1. 为什么到研究生院/实验室来？

2. 你来这里这段时间的目标是什么？

3. 你将来想做什么？

你对实验室成员评价的类别

A. 实验

1. 实验应该：

(1) 可能的话预先计划好；

(2) 深思熟虑；

(3) 包括对照。

2. 实验准确执行了吗？

3. 坚持不懈了吗——你坚持到底了吗/如果需要，重复了吗？

4. 实验是否足够严密以支持结论。

5. 你表现了适当的独立性了吗？在你需要的时候你找人帮忙了吗？还是靠自己思考实验得出结论的呢？

6. 你知道什么时候放弃、改变计划、充分总结你自己做的实验。

7. 你将最终目标记在脑子里了吗——如果你写出文章它会是什么样的，或者你的研究中有阻止你下结论的漏洞吗？

B. 实验室公民

1. 你的行为愉快、交互吗？

2. 你帮助他人吗？你请求别人帮助吗？

3. 你关注实验室吗——注意到是否什么东西需要补充、清洁？

4. 你做完实验后自己做整理吗？

5. 你做实验室事务吗？参与实验室打扫吗？

C. 与实验室内或实验室外的人交流

1. 与你的 PI/导师：

(1) 你能告诉我（PI）你的实验结果吗/你今天正常吗？

(2) 你对与你的 PI 互动的水平满意吗？

(3) 在你需要的时候，你会找到 PI 吗？但是合适地独立完成实验吗？

2. 与其他人（实验室内或实验室外的）：

(1) 你会经常地告诉实验室的其他人你在做什么吗？

(2) 你会与我实验室以外的其他人交流吗？谁？结果怎样？

(3) 你对你科学讨论的水平/数量满意吗？

D. 工作效率

1. 你以有效的方式做实验吗？

2. 你做“足够”的实验以完成目标吗？你花更多的时间完成实验或者花更多的努力节约你在实验室的时间吗？

3. 你的工作时间与别人的重叠以致你既可以帮助别人又可以从别人那儿学到东西吗？

4. 你设定优先级并按次序做实验以至于用一定的时间做最多的事情吗？

5. 你在实验室的时候专注吗？

E. 笔记本、记笔记和组织

1. 你的笔记本：

(1) 完善吗？

- 每一个实验记录得像“方法”一样
- 结果清晰地推算出来
- 包含结论和讨论

（2）更新吗？

（3）易懂吗？

2. 你会在预用笔记本或小纸片上记很多东西，或者这些记下的东西没有及时转记到真正的笔记本上吗？

3. 你怎么组织你的文献/论文——你能实时地找到文章吗？

4. 你写下全部结果和考虑将来的文章吗？

F. 获得科学知识和关键思想

1. 你采取什么方式扩充你的科学知识？

2. 你常看的是什么杂志，你常做的文献综述是什么？

- 对我们的有机体是特异的（在这里填上你的）
- 对我们的领域是特异的（填空）

3. 你思考你实验的关键问题吗？通过查找文献或者与别人交流如何找到可选择的解决方法吗？

4. 校园里你常参加的学术会议是什么？有没有可以改进你参加学术会议的方法/从这里你学到了什么？

G. 参加实验室会议

1. 你提问题吗？

2. 你回答问题吗？

3. 你会投入很多的努力在期刊俱乐部文章上以参加讨论吗？有什么事情可以改变你的努力以促进你的参与吗？

4. 你是自愿参加的吗？

5. 当你报告你自己的研究时，你的报告清楚及思维缜密吗？

H. 更大的前景和目标

1. 什么是你愿意改变或为了改变而工作的事情？下一年为了完成这些目标你将采取哪些方法？

2. 什么是你为实验室愿意改变的一件（或两件）事情（包括管理风格）？

3. 有什么你现在还没有碰到的能让你离开这个实验室/工作环境的事情？

你的姓名：__________________

经许可，摘自 Ottemann（2002）

防止工作人员的工作热情被燃尽

传统的观点认为，能力的丧失殆尽是个个人问题，也就是说，人们的精力崩溃是他们自己性格上、行为上、创造力上的缺陷造成的。根据这样的观点，问题在人们自身，解决的办法就是改变他们或者离开他们……我们的观点是：热情的燃尽不仅是他们个人的问题，也与他们工作的社会环境有关。工作环境的结构和运作方式决定了人们与其他人交流的方式，也决定了他们开展工作的方式。如果对工作中人性化方面的问题认识得不够清楚，那么，这种丧失热情的可能性就加大，而随之而来的代价也就加大。

Maslach 和 Leiter（1997，p. 18）

对于企业来说，与跳槽的员工相比，那些对公司失望却既不辞职也不设法找到解决失望办法的员工所造成的危害要大得多。他们学业上的成绩、在工作上和外面取得的成绩，这些事实都说明其实他们都是有才能的。原本他们是可以为公司贡献更多力量的，问题通常出在没有人真正赏识他们，或者他们根本没有被接纳为公司的一员。

Thomas 等（1992，p. 47）

缺少积极性的原因可以归结为能量匮乏，也就是通常说的丧失活力。这种情况也不一定非要等到工作了几年以后才会发生：有的人也许工作几个月以后就会出现这种情况。有时，这意味着这个人根本不适应这样需要定力的工作，这份工作经常需要你从容地去面对难以预料的起起落落。不过这种情况只有几件倒霉的事情极其不幸地同时发生的时候才会出现。例如，实验室人员关系破裂而又昭然若揭；或者碰上了一个很无聊的项目又碰上了一个忙得顾不上他的 PI；或者感觉和实验室的其他人员存在文化上的鸿沟；又或者家里有患者要照顾。一般像上述这些情况只要渡过难关，活力又会回到身上，有的时候，你所要做的就是静静去等待这段时期的平稳过渡。

时刻保持敞开交流的大门，是防止实验室成员们激情燃尽最好的方法。防患于未然的效果远远好于治理于已然。

撰写论文

论文＝科学生存

论文是研究者的身价。你需要文章获得终身职位、提升及资助。你需要文章来吸引人们来你实验室以及在你的领域里成为名人。强调成为第一个发表结果的人有时候似乎有些荒唐和令人泄气，但是做实验策略上的感觉就是发表文章获得生存的需要以及为了你实验室人员的成功。

更加重要的是——即使回报不是那么十分明显——文章是科学家相互交流的主要途径。它们是储存科学知识，让科学家成为公众人物的基础。如果你不通过文章交流你的工作，你在这个领域内根本不存在。

什么时候是写论文的最佳时机

“作为一名科学家，在我的生命里最让我担忧的事情是，什么是正确的对照?”Gerald Fink 说，“你投了一篇论文等待发表，你被这样的疑问所折磨：我做对了吗？我用了正确的对照了吗”?

Angier（2007，p. 33）

实验室成员在写论文时经常面临的一些问题是，什么时候才算是有了足够的实验数据可以开始起稿写论文？是应该把这些数据分写成几篇投稿给一些专业杂志呢？还是应该继续研究等待一篇“巨著”的出炉呢？发论文的时间，还有这其中所需要的策略可能和实验数据本身同样重要，甚至有时会比数据更重要。而这时 PI 们的经验就可以给你做一个很好的指导。即使你自己觉得在这方面也不是很在行，那也是你要传授给你实验室成员的一个关键而重要的技巧。

这是在科学领域生存的一个症结问题：对实验室人员的精心挑选，无尽的文献阅读，还有那些无休无止重复的实验，所有的这一切最终都应该体现在你的论文里。特别是在一些比较小又比较孤立的实验室，人员们通常会觉得在那些很顶尖的杂志上发表的论文其实和自己并没有太大的关系。发表一篇好论文，是让你实验室成员尽快进入角色最有效的办法。

有些 PI 要求在开始进行一个项目时就在脑海里构建一篇论文的框架。对某些人来说，这种要求未免有些冷血，但这确实是一个有效和中肯的方法，因为这样他们才能将精力集中在所负责的项目上。集中注意力对年轻的实验室人员而言能让他们少分散注意力，因为他们特别容易做感兴趣但偏离方向的课题。集中精力不会扼杀创造力。

当然，一旦一个项目开始，论文所需要的数据就应该成为你所做的实验的基本指导。做一个项目通常有多种不同的方法，但对于一个风险性较小的项目来说，能在一本好的杂志上发表论文的方法就是最好的方法。所以，要教会实验室的年轻成员们，一开始就应该从数据出发考虑问题。

你应该教会成员们，对实验数据要熟练地把握，不能仅限于在起草论文或者准备演讲的时候，而是需要自始至终。为了更好地理解和阐明实验，实验室里展开讨论的时候，话题不该只是局限在当天的实验上，而应该学会把当天的实验结果与早期的实验结果作比较，并对数据进行解释，设计新的实验。

在你和你的实验室成员对所做的一系列实验有透彻的了解以前，不要让他们去做其他的实验。产出的实验数据是比较简单的部分，但不一定是最重要的部分。通常实验室里很少会有人知道什么时候应该对实验数据进行统计分析。也许你足够幸运，实验室里有一个成员是统计学的专家。但即便如此，你也需要拥有足够的统计学知识，从而能够建议你实验室的成员怎么去工作。

发表论文前对实验数据进行分析能防止实验室成员误入歧途。人们看见数据中的一些特殊情况的时候，就很容易去编织一个看上去很有意思的结果，但这种结果在统计学上是毫无意义的。你要要求你的实验室成员养成一个好的习惯，在获得数据的过程中就开始进行统计分析，而不是等到开始写论文时才注意这样的问题。

谁来写论文

Zan相信做科学研究还不够，成为一名独立的研究者意味着还必须能够清楚和简短地写出和讲出你的研究成果。他的部分研究生指导工作是设计他们的第一篇论文，讨论每一个句子、删除大部分的标点符号、对原始数据进行去粗存精、非常合理的论述。一旦经过他的指导而对文章进行了润色，他们会被当成博士后同事一样对待，会发现他们的论文手稿上仅仅多了一些神秘的建议，如扩展、缩短或者专注。简短并不是他写得匆忙或者缺乏耐心，简短是传达和保留主要观点。

Moberg和Steinman（2009，p. 16）

> 我亲自写论文——但我已不在做实验了，而写论文是保持在实验室感觉的一个好方法。

通常，PI在整个研究生和博士后阶段都是亲自写论文的。现在PI们非常难找到和他们当年一样能写好论文的实验室人员，这正是PI们在成立实验室的早期需要适应的。在合作越来越多的今天，年轻人确实可能难以找到写论文的机会。另外，要在一个好期刊上发表论文的难度，让新的PI们无法放手让别人花长时间写一篇劣质的论文手稿。但更主要的原因可能是，新PI招聘来的实验室成员的素质往往不够高，难得有愿意且能胜任写论文的人。

> 现在还是我在写论文，但我正在转变观点——写论文是实验室人员培训的一个重要部分。

但是，伴随PI们的许多责任中，很多PI们不能长期控制让其他人来写文章。他们觉得他们就是没有时间来培训其他人写论文。他们是这么忙，因此最简单的事就是自己写论文——而在将来花些时间来培训他们。而喜欢微观管理的人和完美主义者却发现让实验室成员写论文是特别难的事。

> 为学生写论文是一件对他们有害的事情……发表论文的压力确实很大。对博士后所写的论文，我只做大幅度修改的工作。

以有效的方式写好文章是对一个成功科学家的要求。培训实验室人员好好写论文是一个PI作为导师工作的一部分。这些是两种必须调和的截然相反的自明之理，你越多越快地让你的人员写文章，对每一个人就越好。

大部分情况是学生或博士后写初稿，PI来润色。需要润色的程度是各不相同的，这也为PI培训实验室成员提供了一个好机会。如果一个人的资历非常浅，稿件可能需要经过五六次甚至更多的修改才能让PI满意。认真对待学生们的这些稿件，并尽可能快地修改返回给他们。

> 这要看情况，一些人自己写论文，一些人不，很少能找到有人可以自己写论文。这是一种技能，它帮助人们学习写作，因此我在写论文上与人密切合作。

对于那些完全没有经验的实验室成员，更好的方法可能是PI来写初稿，然后由这些实验室成员把方法和结果的细节补上，再对引言作文学上的加工。实际上有一些PI和实验室成员一起撰写论文。这对所有相关的人来讲都绝对是极其痛苦的，但同时也是对实验室成员的最好的教育。

> 因为语言问题，我来写论文。但是每一个人写他们自己的“方法”，然后我删减并浓缩文章。

对于母语非英语的人来讲，撰写论文是一件非常困难的事。大多数PI愿意为英语不是很好的实验室成员写论文，并认为这点小付出换来了实验室更多论文的发表！但同时PI会承认，这样对实验室成员并不好，对所有博士后的论文，应该更多地考虑编辑，而不仅仅是写作。

教如何写论文手稿结构

> 最终产品产生了40篇手稿，我们认为这篇文章将是历史性的，而且我坚信它也是尽可能的完美……最终，每一个人因为参加了这个伟大的项目、作为这么关键文章的作者而兴奋。
>
> Venter（2007，p. 200）

撰写论文是一件复杂的工作，而PI们很容易忘记，大量错综复杂的事情应该受到培训中的科学家们的重视。在写文章前和写文章的过程中，建议你的实验室人员查看“投稿到*BioMedical*杂志的统一要求”时一般性当成“投稿统一要求”（URM）。由国际医学杂志编辑委员会（ICMJE）制作，这个网页详细描述了一篇好文章每一个细节的要求，包括手稿出版中的伦理学的、出版的、编辑的问题。这些在ICMJE网页可以查阅，www. inmje. org/urm _ main. html。

怎样区别好论文和差论文。对实验室成员来讲，了解论文好与坏的最好方法是阅读很多很多的论文。期刊俱乐部的讨论，对于帮助了解一篇论文的优秀和不足之处有不可替代的价值。因此，论文的讨论包括这篇文章究竟有多好的部分。

- **这是重要的。**不必要打破范例，但应该通常超过 3 个科学家。
- **组织得好也写得好。**确保没有拼写和语法错误，或者任何的粗心和匆忙的痕迹。
- **引言应该确立该实验的数据在这个领域里的重要性。**然后结论要把论文里的新数据和该领域里的其他工作结合为整体，并提出对其他研究的赞同和不赞同，以及建议进一步的研究来解决问题。
- **引言和讨论部分要有所不同。**不要在引言和讨论中大量引用文献和链接深奥的研究。
- **参考文献的列出必须全面。**应该包括所有对独到见解有贡献的人，而不仅仅是那些支持该论文的文献。
- **数据是论文中最重要的部分。**图表必须清楚并且能很好地表现实验的要点。应该有必要的对照，还要有证据表明实验重复了足够的次数。

谁应该在论文上署名？

……我觉得有点奇怪，论文初稿上的作者名单里怎么会有我的名字呢？自从上次实验室开完会后，大家已经达成了共识：只有对实验项目做出实质性贡献的人才能被列入作者名单，而如果仅提供了一些建议的人是不可以列入作者名单的。我问 Sydney：“为什么要加我的名字呢?”他朝我咧嘴一笑，“为了你一刻不停的唠叨”。好吧，既然他这样说，也许有一定的道理吧。

Crick（1988，p. 135）

Wigler 也一直积极地捍卫着实验室里每个人的利益。在准备一篇关于酵母中 ras 控制的腺苷酸环化酶活性的论文报告期间。Mike 为了确保 Takashi Toda 能多得到最高的利益而置自己的好名声于不顾。曾经为了项目能够顺利进行，Wigler 答应和日本一些研究过酵母中腺苷酸环化酶的科学家们合作，并且还答应其中一个叫 Isai Uno 的人，说可以把他放在第一作者的位置。但后来 Wigler 意识到 Takashi 为整个项目所做的贡献更多。于是 Wigler 打电话去日本告诉 Uno 的领导人，非常抱歉地告诉他他改变了主意，Takashi 应该作为第一作者。电话里 Wigler 能隐约听到 Uno 愤怒的咆哮声。Wigler 也为自己的爽约悔恨不已，但由于他对 Takashi 负有责任，所以 Takashi 所需要的东西才更重要。

Angier（1988，p. 297）

Harvard 意识到了组里由来已久的敌意以后，他把大家集中在一起，准备讨论一下这个问题。Gilbert 坐在一边，Efstradiadis 坐在另一边，Villa-Komaroff 和 Broome 坐在中间。Gilbert 发话了：“我们讨论一下作者的问题吧。”

“当时每个人都很沉默。”Efstradiadis 回忆道：“Wally 指向我，似乎是要我发言，我于是说‘我比其他任何人投入这个项目的时间都多，不过我没有做基因克隆部分的实验，所以第一作者应该是我或者是 Lydia。’”

Villa-Komaroff 沉思了很久，深吸了一口气，说得很简要：“我比你们任何人都需要这篇论文。”看 Efstradiadis 没有提出什么异议，Villa-Komaroff 松了口气。

这是关于一个以下研究人员作者排名的讨论，Villa-komaroff L，Efstratiadis A，Broome S，Lomedico P，Tizard R，Naber S，Chick WL，Gilbert W。一个合成前胰岛素的细菌克隆研究［*Proc. Natl. Acad. Sci.* 1978，75：4344-4348］。

Hall（1987，p. 224-225）

下面列出的是处理作者排名问题的指导方针。

- 通常，工作是谁做的，谁的名字就应该放在第一位。实验室的领导放在最后。第二个、第三个等，都应该按照贡献由大到小的顺序依次排下来。
- 合作者的作者名单排列，应该和本实验室成员同等对待。
- 第一作者亲手起草论文，协调并管理大家的工作，包括数据准备、给编辑写信、申请专利等方面的工作。
- 通讯作者应该是对论文内容了解最多的一个人，他能够参与讨论解决有关论文的任何内容。可以是第一作者，可以是 PI，也可以是论文的其他作者。
- 如果第一作者在论文完全完成以前就离开了实验室（或者没有在离开实验室后一段规定的时间里完成），那么第二作者可以根据他对论文的贡献晋升为第一作者，当然随之也要负起第一作者应有的责任。
- 在作者权争端问题上一定要保护你手下的人的利益。不要为了你自己的政治利益或者取悦合作者而牺牲他们。如果真必须牺牲谁，倒是可以商榷你自己在作者名单里的位置。
- 出于情面把任何名字加入作者列表的举动都是不够理智的，同样，也别指望别人出于礼貌把你列为作者。应该事先就和大家达成共识，制订一个通用的标准，用这个标准去衡量某个人是否应该列为作者：署名权应该给予那些对文中做出了贡献而理应得到的人，这才合乎道德规范。产业实验室有一个规定，技术员们是没有权利发表论文的。
- 致谢栏对不是作者的那些人是有一定用处的，至少它给了你一个通行证，若你的名字出现在致谢栏，至少说明你对论文的内容是持支持态度的。
- 除非确实没有其他人参与实验，否则对于研究性论文来说，最好不要把自己列为唯一的一个作者（对于综述性文章是可以的）。多数情况下，将帮助你工作的人列入作者名单。

技术员作为作者

仍然有很多 PI 认为技术员是不太重要的角色，他们的专业知识还没有达到一定的层次，所以不适合作为论文的作者。无论是学术界还是产业系统，在确定论文作者名单的时候，通常都不把技术员的贡献考虑在内，而是根据实验室的人事等级来确定。这种情况通常发生在比较大的实验室。而如果是新成立的或者较小的实验室，技术员们就是整个研究工作的主要动力，也理所应当得到更多的尊重。实

> 技术员在我的实验室里自己独立做实验，可第一作者往往是别人。但他们只要是产出了可发表的数据并且是自己设计的实验，也表现出了足够的积极性，都会被排在第二或第三作者的位置。

验室里有更多资深的研究人员加入后，技术员们的作用就会被忽略，所以即便是他们为项目做了很大的贡献，也不会被列入论文的作者名单。

对技术员的这种不公平导致了实验室一种很不好的状况。大的实验室也许可以消化或者对这种不愉快视而不见，但也一样会在成员的脑海中酝酿出这样一种想法：同样的工作却得不到同样的承认。所幸，现在大多数 PI 改变了这种观点，他们认为只要是为项目产出了数据的就应该作为论文的作者，而贡献小一点的，也应该被列入致谢栏中。

作者署名权

毋庸置疑，我对 Avery 博士一直以来都怀着深深的敬意。但我确实不能理解，也很生气，为什么他从外面度假回来，却成了论文的第一作者，而我原以为这次的项目主要的功劳都是我的。所有人都觉得我只是 Avery 博士实验室里的一双手，做的都是 Avery 的工作，忙来忙去只是为他人作嫁衣，我为此而苦恼不堪。

现在我已经明白了，一个项目，最艰苦最困难的部分并不在于实验本身，而是在于实验的思路。在我们的这个项目，目的是想出一种可以防止肺炎球菌感染致病的方法——攻击这种细菌机体的某种组分。而这个想法的提出完全是 Avery 的功劳。尽管我是为这个实验加入了一种比较新颖的方法（通过拒绝每一个人都建议我用的方法），但是很明显，实验最具有创新性、把实验工作形成概念的那些困难的部分，其实早在我还没有进入 Rockfeller 研究所之前就已经完成了。

Piel 和 Segerberg Jr.（1990，p. 62），Rene Dubos，一种细菌酶对Ⅲ型肺炎双球菌的特异作用［*Science* 1858，72：151-152；*AUG*，1930，8］

丹麦科学欺骗行为调查委员会遇到了一件很奇怪的事情，一个公司邀请一位有名的科学家为与一篇他们产品有关的论文当第一作者。这位科学家没有答应，而是正确地选择了向委员会投诉。

Riis（1994，p. 2）

有人在物理学家中进行了一项调查，主要关注论文中不合理的作者排名问题。造成这种不恰当的作者署名的原因主要有以下 4 点（Tarnow 1999）。

1. 想要维持一种特殊的关系。例如，博士后通常需要导师的推荐信，那么导师在论文署名时的位置就不言自明了。

2. 那些只有很少贡献的人，原本只是感谢一下就足够了的，但也变成了作者。

3. 有些科学家基于他们之前在这个领域所做的铺垫工作也以作者的名义出现，他们对项目的贡献是思想上的，似乎从来都没有物化过。

4. 有些人根本没有真正去做过这个项目，只是因为有很密切的社会关系或者是在同一个项目组，所以也得到了署名权。

许多不合理的作者名单可能是出于感激，可能是出于欣赏。这样的作者署名体制其实对 PI 是有利的，他们作为不合理的作者被列入的机会约 10 倍于那些博士后（Tarnow 1999)。很明显的是，把PI哄开心最重要，比奖励那些学生、博士后、技术员们都更有必要。很多PI还是很喜欢也很期待这种科学界的“小费”的，但也明白，这是实验室里一件很具有欺骗性的事情。PI们都觉得这样的事情很难处理。实际的情况是，整个学术界对科学家的评价都以他所发表的论文作为依据，晋升、项目申请，还有由此决定的他们的任期。如果不会对任何人造成伤害，这种体制是很容易被合理化的，为什么不按惯例把这个实验室产出的论文后面都署上你的名字呢?

另有一个问题是，通常一个小组内的成员，或者是做其他部分工作的人们都希望自己的名字能被放在这里产出的每一篇论文上。其实很多研究人员都想过，怎样去解决这种比较庞大的合作队伍的论文署名问题。如果你的学生或博士后只是一个小组中的一员，又只是一篇论文10个作者中的一个，那他们要怎样才能显示出自己呢?

有几家杂志采取了这样的办法，公开所有作者为整个项目所做的贡献。对论文的作者署名问题没有一个清楚的规范，会变得很不正规。总的来说，第一作者是做了最多工作的那个人，而最后那个是实验室的领导，而离第一作者的位置越远，就说明他的贡献越小（Renni 1999)。但是这样就没有办法让大家知道是谁负责的某个具体部分。下面是保证署名合理性的几条方针。

1. 工作完成了以后，关于论文的署名问题应该在工作人员内部解决。

2. 署名有一个底限，做了全部工作的5%～10%才能被列入作者名单，而且名字按照贡献递减的顺序排列。

3. 其他做了一些工作的人应该放到感谢栏里感谢一下。

4. 那些个人帮助过实验的人应该附在论文上面，如谁做的免疫荧光检测、谁做的抗体……

5. 有那么一个或几个人可以作为整个项目的担保人，确保工作的完成，负起所有的责任。

即便你并没有按照方针上的经典方法做，作者署名规范的建立也很有用处。这些为确定署名所做的说明也会成为衡量研究者们工作的一个方法。

虎头蛇尾——未完成的论文

实验室里有一个长时间困扰大家的问题，博士后或学生离开了，可却没有完成他们的论文。他们的本意是想在新的环境中完成论文的写作，但他们没有充分估计到新的项目、新的工作所带来的压力。如果他离开时，只要再做一两个实验就能完成论文，而实验室的其他人又不能代劳的话，这种情况就会很致命。

当有新人进入实验室的时候，最好提前告诉他你对发表论文的态度和政策，尤其要说清楚你允不允许他们带着未完成的论文离开实验室。要提醒他们，也要提醒自己，论文没有完成可能会导致多年工作的功亏一篑。一般来说，这种情况很少会发生在一篇优秀论文上，但是学生和博士后也确实容易忘记（特别是当学生或博士后满载荣誉离开的时候)，论文数多能为自己的简历增光添彩。下面列出的是一些建议。

- 要求所有成员们离开实验室的时候必须完成论文。
- 如果在作者离开的时候，论文已经投出去了，可是后来又因为需要进一步修改被打了回来，这时，修改论文的应该是原来的第一作者或者是预先指定的某个人。

- 如果投稿的论文在第一作者离开之后被拒回来，需要重写，那么重写论文和进行投稿的人就变成了第一作者。通常鼓励最初的第一作者去做这个修改的工作。
- 如果第一作者离开前论文没有写完，继续完成论文写作的人（即使不是主要贡献人）成为第一作者。

专　利

专利持有者不一定就是和它有关的论文作者，这种知识财富实际上是一个法律问题，但作为 PI，你有责任为这一过程添加一些道德的成分，尽量让应该得到专利权的人得到它。

由于涉及专利权，身处大学的 PI 们都会遇到这样的问题，他们通常都会和公司签订合同，专利权是属于公司的，研究人员在开发出来以后，就没有任何权利去使用专利技术和产品，即使是非营利性质的使用也是违法的。

你所在机构的法律部门应该早在论文发表之前就做好相应的咨询。当专利权出现疑问的时候，就应该采取行动，如让相关实验的记录作废或者采取联合署名的办法。

论文的伦理问题

对科学工作一个很普遍的曲解是科学论文本身，论文其实是对一切既定事实的一种重建。所有之前曾有过的错误想法，设计不周的实验和不准确的计算一概被忽略。论文里出现的东西通常会给大家这样一种错觉，这个研究从一开始就把一切考虑得很周全，实验的计划和执行也一直进行得紧凑而有序。有些是为了验证某个假说而进行的实验。

Martin（1992，p. 2）

科学本身是无法区分真实和虚假的，那些诚实的人常被置于一个很尴尬的境地，因为那些骗子根本不用为他们的行为付出代价。

Luria（1984，p. 117）

> 写论文时的道德观念，不是善良的结果，而是源于害怕，害怕在同一领域里的竞争对手抓住自己作弊的把柄。

欺骗分为很多种，但很少有人做得像 Mark Spector 那么明显（在条带显影的时候为了得到自己所需要的条带，他使用了^{125}I 标记蛋白质，而不是^{32}P 磷酸化蛋白质）(Broad and Wade 1982)。欺骗是很普遍的现象，而且有时也许是很细微的方面。欺骗开始时会有一些前奏——慢慢开始不那么坚持既定的原则，或者即使实验数据和我们所希望得到的不符也睁一只眼闭一只眼。所有的人，在以下几个方面一定要遵守道德规范。

- **作者署名。**所有在作者栏里署名的人，他都应该能够代表他对该论文的发表所做的贡献。
- **数据。**所有的实验数据都应该适当地重复几次。论文中应该注明该数据的重复性究竟有多高。这个问题不能一带而过，一定要说清楚。

- **统计。**如果你对论文中的数据统计是否正确不甚了解，虽然不算是一种公然的欺骗，但很容易被人家认为是很不专业的表现。如果分析数据的方法不正确，往往就会得出不恰当的结论。
- **材料的引用。**如果有其他的杂志（如某些不太出名的杂志）也出现了相似的研究性论文，那么这个时候，也应该恰当地加以引用。
- **竞争。**害怕别人抢先报道、发表论文，这种压力如果变成动力，可能有激励的作用。但不幸的是，对失败的惧怕，虽然有时有正面作用，但也会导致实验室成员急功近利使用虚假数据。
- **利益冲突。**杂志要求研究人员公开可能会发生的利益冲突，要么就宣布该研究不存在这种财政方面的冲突。不过现在，很多杂志对这种政策都持怀疑态度。他们要求从资助者本身那里，或者从一些和研究结果直接有利益关系的人那里，公开所有财政收支（Stolberg 2001）。

建立数据收集、分析和发表的实验室道德规范。防止欺骗发生的一个最好的办法是营造一个欺骗行为根本无法生存的氛围。每次实验室会议、每次你和成员们的单独谈话都应该让他们清楚所有的实验结果都必须具有重复性。开会的时候，要让大家非常清楚一点，一个有希望的实验观测在被稳定重复数次以前它就不能算是一个结果。你应该时刻注意，以缓和的方式对一些不太适合的目标，又或者是过于完美的数据提出疑问。不允许实验室的任何人隐瞒实验数据，确保你和其他成员都能都多次看到原始数据。

写论文的时候一般不会发生公开的欺骗，但捏造实验数据的事情很有可能发生，繁忙的 PI 甚至一点也不会怀疑。你对实验室的每个人了解得越清楚，发生这种事情的可能性就越小。如果有人向你反映其他人的数据有问题，或者说你自己就对某个实验数据有所怀疑，以下就是你所应该遵循的步骤。

1. 对你的每一个怀疑都持认真的态度。

2. 记录下你所怀疑的东西，还有你为了排除这种怀疑所进行的每一个调查步骤。

3. 尽快和出现问题的人谈谈。要求查看他的原始数据、实验记录本，检查一切需要检查的东西，确定他确实没有欺骗的机会。

4. 在很多时候，一些造假发生在很小的地方，没有出现在最后发表的实验数据上，而只是实验准备或者分析数据过程中的造假。这种情况下，应该和出现问题的这个人好好谈谈欺骗的严重后果，同时告诉揭发的人，你没有发现什么欺骗行为。

5. 如果你查不清楚是否存在弄虚作假的现象，应该找你所在机构的仲裁人员，如系主任或专门调查舞弊情况的政府官员，向他说明情况，他通常可以帮你决定是否需要进行常规的调查。

6. 如果和一个不涉及这件事情同时又比较公正的官员谈话后，你相信这是弄虚作假的事情，你要做的第一步通常是把这件事交给指定的人或委员会成员。有些机构专门有人可以处理这类事情。

研究机构内部处理欺骗行为的指导方针

如果一个机构接受联邦基金的资助，他们就应该有一套相应的处理欺骗行为的政策。一旦欺骗行为被公开报道，便开始执行这套程序：没收所有实验记录，然后调查清楚是否真的存在弄虚作假行为。

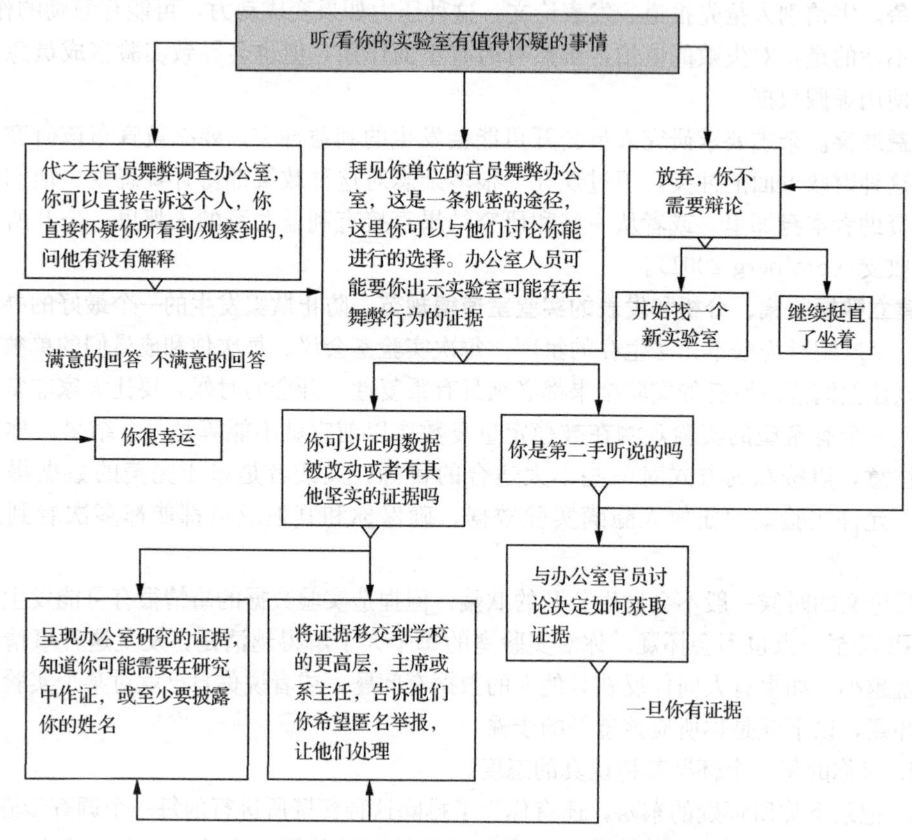

图 1　你该做什么？调查欺骗行为可能的程序事件

［经允许摘自 Gawrylewski（2009）（http：//www. the-scientist. con/2009/03/1/67/1）］

对欺骗行为的调查是一个复杂而长期的过程。如果涉及危害健康或暴力犯罪的欺骗行为，或者这种弄虚作假的行为已经被公开化，就应该让公众健康和科学办事处的科研诚信办公室来参与处理这件事情。

所有的数据都被没收了以后，项目基金申请和论文就不能继续写了，同时相应的研究实验也会随之处于停滞状态。一个曾经经历过这一切的 PI 说，那是一段太痛苦的回忆，所以面对这种弄虚作假的行为时，最好还是先不要公开处理。这其中存在的危险使 PI 们可能也会被牵涉这种欺骗中来。所以说，保持清醒和警觉是防止欺骗行为带给实验室严重后果的最好方法。

参考文献

Angier N. 1988. *Natural obsessions. The search for the oncogene.* Houghton Mifflin, Boston.

Angier N. 2007. *The canon: A whirligig tour of the beautiful basics of science.* Houghton Mifflin Company, NY.

Belcher WL. 2009. *Writing your journal article in 12 weeks: A guide to academic publishing success.* SAGE Publications, Thousand Oaks, CA.

Blaser B, ed. 2009. *Career trends. Careers away from the bench. Science Careers.* The American Association for the Advancement of Science (http://sciencecareers.sciencemag.org/tools_tips/outreach/away_from_the_bench_booklet).

Bremer M, Doerge RW. 2009. *Statistics at the bench: A step-by-step handbook for biologists.* Cold Spring Harbor Laboratory Press, Cold Spring Harbor, NY.

Broad W, Wade N. 1982. *Betrayers of the truth.* Simon & Schuster, NY.

Carr JJ. 1992. *The art of science. A practical guide to experiments, observations, and handling data.* HighText Publications, San Diego.

Caveman. 2000. *Caveman.* The Company of Biologists Limited, Cambridge.

Clifton DO, Nelson P. 1992. *Soar with your strengths,* pp. 43–61. Delacorte, NY.

Committee on Professional Ethics 1999. Ethical guidelines for statistical practice. The American Statistical Association (http://www.amstat.org/about/ethicalguidelines.cfm).

Crick F. 1988. *What mad pursuit: A personal view of scientific discovery.* Basic Books, NY.

Day RA, Gastel B. 2006. *How to write and publish a scientific paper,* 2nd ed. Greenwood Press, Westport, CT.

Dean C. 2005. Mundane misdeeds skew bindings, researchers say. *The New York Times,* June 14.

Dyson FJ. 1999. *The sun, the genome, and the internet: Tools of scientific revolutions.* Oxford University Press, United Kingdom.

Ferry G. 2000. *Dorothy Hodgkin: A life.* Cold Spring Harbor Laboratory Press, Cold Spring Harbor, NY.

Feist GJ. 2000. Distinguishing "good" science from "good enough" science. *The Scientist* **14:** 31–31 (http://www.the-scientist.com).

Gawrylewski A. 2009. Fixing freud: Tips for preventing research misconduct and maintaining the integrity of your research. *The Scientist* **23:** 67 (http://www.the-scientist.com/2009/03/1/67/1).

Goleman D. 1998. *Working with emotional intelligence.* Bantam Books, NY.

Hall SS. 1987. *Invisible frontiers.* Tempus Books, Redmond, WA.

Hayes R, Grossman D. 2006. *A scientist's guide to talking with the media: Practical advice from the union of concerned scientists.* Rutgers University Press, Piscataway, NJ.

Howard Hughes Medical Institute and Burroughs Wellcome Fund. 2006. *Making the right moves: A practical guide to scientific management for postdocs and new faculty,* 2nd ed. Chevy Chase, Maryland.

Huth EJ. 1999. *Writing and publishing in medicine,* 3rd ed. Williams and Wilkins, Baltimore.

International Committee of Medical Journal Editors. 2009. Uniform requirements for manuscripts submitted to biomedical journals (http://www.icmje.org).

Janovy Jr J. 1985. *On becoming a biologist.* Harper & Row, NY.

Judson HR. 2004. *The great betrayal: Fraud in science.* Harcourt, NY.

Katz MJ. 2009. *From research to manuscript: A guide to scientific writing,* 2nd ed. Springer, NY.

Klomparens K, Beck JP, Brockman J, Nunez AA. 2008. *Setting expectations and resolving conflicts in graduate education.* Council of Graduate Schools, Washington, D.C.

Kreeger KY. 2000. Know your legal rights. Intellectual property lawyers and tech transfer offices help researchers navigate legal issues. *The Scientist* **14:** 1–4 (http://www.the-scientist.com).

Louderback AL. 1999. Abstract accepted: Now what? *The Scientist* **13:** 16–25 (http://www.the-scientist.com).

Luria SE. 1984. *A slot machine, a broken test tube.* Harper & Row, NY.

Martin B. 1992. Scientific fraud and the power structure of science. *Prometheus* **10:** 83–98.

Martinson BC, Anderson MS, de Vries R. 2005. Scientists behaving badly. *Nature* **435:** 737–738.

Maslach C, Leiter MP. 1997. *The truth about burnout: How organizations cause personal stress and what to do about it.* Jossey-Bass Publishers, San Francisco.

Medawar PB. 1964. Is the scientific paper fraudulent? *Saturday Rev.* August, pp. 42–43.

Moberg CL, Steinman RM. 2009. *Zanvil Alexander Cohn 1926–1993. A biographical memoir*. National Academy of Sciences, Washington D.C.

The New York Times. 1999. Panel casts doubt on human cloning claim. *The New York Times*, January 29, p. A7.

Olson R. 2009. *Don't Be Such a Scientist: Talking Substance in an Age of Style*. Island Press, Washington, D.C.

Ottemann K. 2002. Laboratory performance appraisal. *Sci Aging Knowl Environ* **2002:** tr5 (http://sageke.sciencemag.org/cgi/content/abstract/sageke;2002/38/tr5). Also in Ottemann K. 2002. *Sci Aging Knowl Environ* **2002:** tr5, 25.

Pacetta F, Gittines R. 2000. *Don't fire them, fire them up: A maverick's guide to motivating yourself and your team*. Simon & Schuster, Philadelphia.

Pechenik JA. 1993. *A short guide to writing about biology*. HarperCollins College Publishers, NY.

Piel G, Segerberg Jr O. 1990. *The world of René Dubos: A collection from his writings*. Henry Holt, NY.

Portny SE, Austin J. 2002. *Project management for scientists*. *Science Careers*, July 12 (http://sciencecareers.sciencemag.org/career_magazine/previous_issues/articles/2002_2007_12/noDOI.11589789757837229753).

Powell K. 2005. Tag teams. *Nature* **437:** 590–591.

Price DJ. 1963. *Little science, big science*. Columbia University Press, NY.

Rennie D. 1999. Lessons on authorship from high altitude: Contributors should disclose their contributions. *The Scientist* **13:** 12 (http://www.the-scientist.com).

Rennie D, Yank V, Emanuel L. 1997. When authorship fails: A proposal to make contributors accountable. *JAMA* **278:** 579–585.

Riis P. 1994. Authorship and scientific dishonesty. In *The Danish Committees on scientific dishonesty. Annual Report 1994*, Chapter 3 (http://www.forsk.dk/eng/uvvu/publ/annreport94/chap3.html).

Shilts R. 1987. *And the band played on*. Penguin Books, NY.

Stolberg S. 2001. Scientists often mum about ties to industry. *The New York Times*, April 25, p. A15.

Tarnow E. 1999. An offending survey (http://www.salon.com/books/it/1999/06/14/scientific_authorship/index1.html).

Thomas Jr RR, Gray TI, Woodruff M. 1992. *Differences do make a difference*. The American Institute for Managing Diversity, Atlanta, GA.

Tufte ER. 1997. *Visual explanations: Images and quantities, evidence and narrative*. Graphics Press, Cheshire, CT.

Venter JC. 2007. *A life decoded: My genome: My life*. Penguin Group, NY.

Vermeij G. 1997. *Privileged hands: A scientific life*. W.H. Freeman, NY.

第 6 章

支撑研究的实验室建设

建设实验室文化

遵守你的使命宣言

一个建设得很好又运转得很好的团队本身就是可以永远存在的有机体，它总是能够不断地进行自我更新。

Pacetta 和 Gittines（2000，p. 103）

所谓使命宣言（在本书第 1 章“计划你想要的实验室”一节中有所介绍），其实是阐明了你在实验室要做哪方面的研究，表明你的研究动机，还有你想营造的工作气氛。

一个实验室在刚建立的几年通常都没有办法安定，会有很多很琐碎的事情需要处理。如果你能够做到总是把你的目标放在第一位，就是在处理那些很微不足道的事情时也这样，你就可以保证实验室的方方面面都会朝着你的最终目标而去，所建立的实验室文化也不会与你的意愿背道而驰。

如果你希望大家更有团队精神，你可以为大家准备好实验设备、定下实验室会议的时间表以及与你的目标相符的科研项目。如果你所追求的是实验室成员的独立性，那么选择项目就会各不相同。

让你的目标清楚

你知道你想要什么，但有时候觉得实验室里的人难以遵从分派。记住大多数实验室人员都在努力将工作做好：他们自己不是在故意捣乱，而有时可能是泄气的 PI 在这样做。

问题很可能是你没有将目标说清楚。有些事情看起来清楚，所以你并没有强调这些事，当你没有得到你所要求的，你就会泄气。你假定、你暗示——但是实验室里的人理解的思路与你预期的不同。

> 在讨论他的研究工作时，你告诉一个研究生他的研究要准备写出文章。你在假定（因为你重视独立性，而且因为这正是你和你的论文导师的工作方式）这个学生会马上开始起草一个初稿，会在一个星期左右给你看他的初稿。而他在假定（因为他从没有写过论文）你会起草一个初稿，然后给他或者告诉他做什么。你们两个都在等。

解决的办法是把你的目标说清楚，用特别的语言讲，并且了解你的实验室人员已经明白了你的目标。

实验室的政策是期望值（目标）。让政策符合你的哲学和使命，政策不仅可以保障实验室的功能，还能让实验室的人理解。如果实验室目标不能被执行，查找原因。可能某某技术员因为他认为他的优先级选择应该是做完开始了的实验，或者公共汽车改变了时间表，因而实验室会议他迟到了。在合适的地方，结果是可想而知的——但是在执行前，你必须致力于理解目标的每一个失败细节。

尽可能地与相关的实验室人员讲清楚他们执行的任务。不要依赖单位里的章程，这些章程有时是针对他们自己微妙的日常事务的。坐下来解决它。例如，在你实验室里一个轮转生应该做什么才能获得信用。当然，必须是文章，但是要多长时间？能做一个报告吗？学生的需求合理吗？这些符合她的需要吗？它们能符合这个学生的时间表吗？然后，记录下你的决定。

评价能让你和你的实验室人员知道，你是如何解释和满足你所有的目标的（见第147页的“评价”）。

阐明实验室伦理

有这么一个主意，我们都希望你在学院里已经学过学习科学——我们从来不明确地说这是什么，但只是希望你能通过所有科学研究的实例去理解。因此，说出来吧！明确地说出来是有意思的。这是一种科学的完整性，对应于绝对诚实的一种基本的科学思考——走另一个极端的例子。例如，如果你在做一个实验，你应该报告你认为可能导致无效的所有的事情，不仅要包括你认为是正确的事情，还要包括可能解释你结果的其他原因。你认为通过其他实验你已经淘汰掉的数据，它们是怎么作用的——确信其他同事可以告诉你他们已经淘汰了这些数据。如果你知道实验细节，可能对你的解释产生怀疑的细节必须给出来。你必须做你能做到的最好的——如果你知道任何完全错误的事情，或者可能错误的事情——去解释它。如果你提出一种理论。例如，要么灭掉它，要么把它拿出来，而且你必须还要评价所有不支持结果的数据，以及所有支持结果的数据。归纳起来，给出建议是尽量给出所有的信息来帮助别人来评判你贡献的价值，而不是仅仅提供能够导致评判一个特别方向或另个一方向的信息。

Feynman (1985，p. 341)

成为一个榜样。与实验室人员交流伦理最好的方式是按照这些伦理做人。双重标准！如果你希望你实验室里的人受人尊敬和诚实，你也必须是。以下列出的是有你可以模仿的行为。

- **总是照你说的去做。**一贯如此。这样可以建立期望的实验室人员的诚信和可靠性。
- **尊重和体贴所有实验室成员。**这个既适用微妙的策略，如在所有人都是最方便的时候安排会议，又适用于更明显的场合，如不要开种族主义的玩笑。
- **亲自动手帮助实验室的人。**这并不影响发挥他们的独立性，还可以促进合作的感觉和相互信任。如果一个博士后在写基金的首页时遇到了困难或者一个新技术员不能培养一个克隆，提供你的帮助。
- **小心。**慎重地选择言辞和行为。草率的思想和行为不属于实验室。
- **不要嘲笑其他实验室的科研工作。**可以与其他实验室讨论你赞同或者不赞同的理由，但是避免讥笑或者苛刻的批评。

与实验室人员谈论伦理问题。很多PI发现很难与新员工谈论实验室的伦理。大多数这方面的信息是通过实验室文化来传递的，而且群体道德保证了对大多数行为的控制。在企业实验室，伦理问题通常被部分方针所覆盖。

但是尤其在一个多文化的研究型实验室里，不是所有的“法制”都能马上交流和被理解：在实验室文化扎根以前，这需要花几年的时间。能够清楚地读出一些重要的问题可能是最简单的事情。午餐时的实验室会议可能是一个合适的讨论这类问题的休闲场所。以下列出的是一些值得讨论的问题。

我让学生们坐下来谈论基本行为和伦理。科学是一个小的世界，你不知道什么时候你会遇到一个有价值的人。你可能在一个很远的城镇，午餐时与某某评审你项目的人见面。而且，我告诉他们不要说任何事情，这些话是你不介意收回的，但是是你已经对他说过的话。

- 利益冲突。是否这个研究者准备利用一个公司资助的调查结果获取资助？
- 如果你一系列有前途的实验不能重复数据，你怎么办：为了一个项目申请，仅仅报道早期的结果吗？
- 如果你的实验室里一个在休假的人在他的论文手稿中使用了保密数据，你会报告这件事吗？你该向谁报告呢？

维持一种公正的氛围。不允许用任何侮辱性或侵犯性的语言谈论一个人或者一群人。永远不。一项研究发现，当群体中的人听到有人制造民族危机，会使其他人也这样做（Goleman 1995）。像这样简单的命名偏见行为或者反对行为，会立即激起建立一种反对这种行为的社会氛围。如果是什么也不说的纵容，作为权威，你必须设置场景，什么是合适的，什么是不合适的。你为不同文化、年龄的人打下了基础，一个让他们感觉到他们是这个整体的一部分的基础。

开始的时候，我正在建立自己的团队。我好像成了我觉得对团队很重要的这些特殊个体的人质。因此一个人对项目的科学结果贡献越多，我能知道的那个人的需要就越多。

建立工作伦理

所谓强大的文化氛围，就是一种不成文的守则，它说明了实验室的每个人每天都该怎样工作。这样的氛围会让大家做事的时候心里踏实一点，也会更加努力地工作。

Deal 和 Kennedy（1982）

你的工作时间决定了速度。工作时间很短的 PI 们，他们下属的工作时间一定长不了，反之亦然。你的工作时间决定了整个实验室工作的节奏。如果你努力工作，你不仅是为他们树立了一个好榜样，还可以提出更高的要求而不会引起非议。

你可以要求你的实验室成员延长他们的工作时间。你可以以“事业当前，要为了自己而工作”作为一个可信的理由，这样对于那些可以自己激励自己的人是有说服力的。但是你不太可能要求实验室人员在周末也工作，而这个

我发现在实验室里居然有人一边看小说一边等着做实验！我一直都试着营造一个更好一点的实验气氛，所以我调小了收音机的声音，试着让这个工作环境更具有职业规范，也试着让他们有一种紧张感。

时间你也从来不在实验室里出现。

让每个人都以目标为导向。当实验室已经建立起来也开始发表论文时，大家就比较容易认清楚眼前的目标了。但是刚开始的时候，大家都没有经验，想要做到这一点就很难。

你不能要求大家从一开始就把在*Nature*杂志上发表论文作为自己的目标。PI应该懂得从小一点的目标开始做起。例如，设计一套好的实验、在系里做一个好的报告、对实验室其他成员的论文有实验贡献、有自己的一篇论文等。但是每个人在任何时候都应该有自己的一些目标。

> 实验室里要是有人工作不努力，会影响每个人的士气，而如果这个人是很受大家关注的人，造成的后果就会更严重。

避免将实验室搞成一个“聚会式”的实验室。有些PI，尤其是身处大学本科或者在一个地理条件上比较偏远的大学里的PI们，会觉得“聚会式”的实验室是有好处的。他们觉得学生们比较喜欢瞎逛，而一个这样的实验室能满足他们的这种需要。从短期效果来看，也许这样能够取悦你的学生，但你就需要花更大的力气让他们投入到工作中去，所以大多数PI在一两年后都放弃了这种做法。

> 我工作很努力，晚上也工作，周末也不例外，我给实验室营造了一个努力工作的氛围，这也是它应该具有的氛围。

这和那种“努力工作，努力玩”的实验室是不一样的！如果科学是大家走到一起的理由，那么大家之间的关系则能支撑实验室的士气。

谨慎花钱

用钱谨慎和用钱小气是不一样的，如果太小气而造成成员们在订购试剂的时候都畏首畏尾，对尝试新事物的惧怕就会油然而生。如果你作为PI，总是为钱的问题担心，那么可能你实验室的人确实是太多了。

> 每隔大概两个月的时间，系里就会给我一份他们花费的清单，我每次都会告诉他们要节省，但没有人听。

但是，如果让成员们随意订购他们想要的东西，就会让他们不会在意是否造成了巨大的浪费。他们往往没有进行周密的计划，因此常常发生试剂过期而需要订购新的试剂。

至少应该让实验室的成员们学会思考如何有效地花钱。在运行实验室时考虑这个问题通常都会有利于产出。即便你的实验室已经很稳定了，有了各个方面的资金来源，也要教会成员们谨慎地订购，保持实验室有一个勤于思考的作风。

为每个成员找角色

就像一个家庭，实验室成员必须知道他们是这个大家庭中的一员。一个好的PI应该能够了解实验室里每个人的长处，然后，不仅要把它们和相应的项目搭配起来，还要和实验室的其他方面搭配起来。例如，那些小心翼

> 你已经知道谁擅长什么，那就鼓励他前行。

翼做事又很有条理的研究生，也许在负责保护维修用于储存菌株的计算机系统方面是一把好手，但对冷库里堆积如山的培养皿和试剂瓶却束手无策。技术员们通常会有很强的家庭责任感，他们可能更喜欢那些并非完全基于实验的研究项目，想要那种严格的“朝九晚五”工作时间的工作，如订货和保证库存，不过他们也许会更喜欢那种可以在任何时间段抽出零散的时间就能够完成的工作。

实验室守则

安　　全

这个地方也是一样的，没有人愿意多费口舌告诉我们该怎样保护自己，不受酸、腐蚀性试剂、火及爆炸等的伤害。好像这个地方就是这么野蛮，就是有这样已经成型的道德观念，让我们来自然选择出无论是专业还是身体都最禁得起考验的人。

Levi（1984，p. 39）

国家保护实验室动物的有关条文都比保护研究生的要多。

Sanford（1999，p. 3）

你对安全问题的看法决定了你的实验室成员们如何看待安全问题。你应该为大家的安全问题负责，绝对不能连一个行为准则都懒得订。确实，每个人都对自己的安全有责任，但如果你能制订一个规范，大家受伤的机会就会大大减小。无论实验室平时的作风多么温和，对安全守则的坚持来不得半点马虎。

让大家清楚在安全问题上你绝不允许存在漫不经心的态度。不要让你的实验室滋生轻视安全的风气，这很容易造成危险。实验室人员没有权力决定哪些安全规则是应该遵守的，更没有权力决定哪些安全规则才应该告诉新来的人。如果有所谓安全组织提供并要求实验室成员们去接受培训或者去开会，你不应该对此嗤之以鼻，不可以让他们不接受这种培训。对实验室的一切安全问题，你自己都应该有清晰明了的规定。例如，

- **化学药品的储存、使用和处理**
  材料安全数据表（MSDSs）的存放处。
- **辐射**
  使用说明、记录表、处理指南。
- **通风橱和生物安全柜的使用**
  注册、使用及指南、维护。
- **病原体、人体材料和其他的生物危害**
- **生物危害的处理**
- **利器**
- **饮食**
- **孩子和其他访客进实验室**
- **应急方案**
  火灾、水害、地震；
  针棒、漏损、溶剂吸入。

实验室安全部门

实验室安全部门是你咨询实验室安全问题的地方。有些实验室把安全部门当敌人一样地防着，不屑于他们所制订的规章制度以及列出的清单，而且极其排斥他们的检查，他们安排的训练课程也是能逃则逃。这是错误的。你与实验室安全部门为敌并没有好处，因为他们完全有能力制裁不顺从的实验室。

更重要的是，他们不仅能在安全上帮你解决问题，如人员培训、功能性实验室的设计以及可以替代一些危险实验的方法。与实验室的安全部门保持一个良好的工作关系只会对你有好处。

实验室的安全管理员扮演联络员的角色，他们在系工作人员和实验室安全部门之间起联系作用。但你在实验室里也应该安排一个自己的安全管理员，如果有人有紧急情况需要处理，他就会发挥作用。各种机构都把安全问题看得很重要，所以这个人应该时时刻刻做好记录，确保大家都遵守实验室的守则。

实验室安全部门对你和你的实验室人员就怀孕以及其他健康问题可以给予忠告。在对待怀孕的实验室人员问题上。他们会给你一个指南清单。尽管大家都觉得辐射是首先应该关注的问题，但其实实验室的辐射很少有高到对人体造成危害的程度。倒是溶剂的使用更值得注意。只要你能遵守实验室安全操作规定并积极预防，就不会有什么问题，实验室怀孕和非怀孕的人都是安全的。

实验室人员如果怀孕应该尽可能早地通知 PI，应该形成这样的一种惯例。如果一个人告诉你她怀孕了，但不想让别人知道这件事，你应该尊重她的要求，并暗自为她所负责的工作做一些必要的调整。

并非所有的 PI 都有足够的同情心，愿意为怀孕的人做工作上的调整，但他们应该了解，很少会有人拿怀孕做挡箭牌来逃避工作的。这个时候通常都是女人感情上最脆弱的时候，PI 应该理解并尊重这种感情，使她的情绪稳定一点。

遇到“太过火”的人怎么办?

实验室成员有的时候会比你更在乎安全问题，不愿意做那些有一定危险性的工作，甚至会反对其他人做。有些人对辐射、人的血液、感染性材料、溶剂、高压仪器都有一种特殊的惧怕心理，这里提到的都是最明显的。有时候，怀孕的人就特别容易陷入到这样的担心中。在每个人和实验室签订协议之前，就应该告诉他们这个工作本身的责任，还有实验室里进行的工作类型。不过项目在进展，我们没有办法预料所要采用的技术，同样也无法预料什么时候会产生这种忧虑心理。

无论你怎么做，不要轻视人们的这种惧怕心理。不要嘲笑他们，更不要解雇他们，也不要轻易在大家面前提起，或者和实验室的其他人讨论这个问题。你应该坐下来认真地和当事人谈谈。列举事实，并安排一个曾经也做过同样事情的人（当然，这个人考虑问题要周全）和他谈一谈。

考虑其他选择。可不可以选择其他的技术呢？或者这个实验过程的安全问题是否能够得到改善呢？或者，这个实验中有没有一部分可以让别人来代替她完成呢？实验室成员们有权利只做他们认为安全的事情，但是PI必须保证项目和科研的正常进行。如果这个人总是畏首畏尾，没有办法满足你的合理要求，那就只有考虑要他换个项目了。

实验室里的紧急情况和突发事件

无论是否在实验室里工作，当出现紧急情况，尤其是涉及人员安全的情况出现时，PI一定要能够被通知到。所有的实验室成员都应该有你的电话号码，还有紧急联系方式。实际上，每个人都应该有实验室所有成员的电话号码和紧急联系方式。很有可能，当实验室出现一般意义上的紧急情况的时候，大家就通过这个联系方式来找你了。例如，这是实验室里常见的一幕——一个人发现另一个人把要培养的细胞落在了实验台上，需要知道应该怎样处理才能使这些细胞生存下去。所以说，大家的联系方式应该写在实验室手册里。

工作时间和放假时间

工作时间

做研究工作一个很快乐的地方就是工作时间相对来说比较灵活。即使是在很大的公司里，工作时间也是根据实验安排而定的，所以成员们会有空来安排自己的一些事情，而学术性的实验室就更灵活了。这种自由首先是一种动力，不过这种效果也有可能受到其他方面的影响。无论工作时间死板一点的还是灵活一点的实验室，记住：两者不可兼得。你总不能希望一个技术员早上8点来上班，下午5点下班，然后，晚上10点钟又来做实验吧。

> 比较自由的工作时间是做研究的一大好处，所以我不会命令任何人。他们什么时候应该去工作了，这是他们的事情，我不能指定时间，不然他们会感到很厌烦。但我的工作时间总是对他们起着指导作用。

你应该强行规定工作时间吗？你能够强行规定工作时间吗？的确，你应该要求大家在某一个时间必须在实验室，以便你能够和他们进行交流。“独行侠”和那些实验进行得不是很顺利的人也许会刻意躲着你。更极端的做法是：他们采取几乎和你工作时间相反或互补的“方法”。不要让这样的事情发生，因为这其实是某种意义上的失控，对任何人都没有好处。

尽量让工作时间灵活。这份工作本身一个很吸引人的地方就是时间的灵活性。科学研究本身并没有把大家的时间固定在上午9点到晚上5点。尤其是你有学生的时候就不得不接受比较没有规律的工作时间。那些边工作边上学的学生，还有那些研究生们都还有其他的课程。到了课程表上的上课时间他们就要去上课，或者还有其他的工作。比较大的公司一般要求大家有比较规律的工作时间，调整并最后固定这个时间其实也是创建实验室文化工作的一部分内容。这种受限制的工作时间的一个比较突出的好处就是私人时间就可以更无忧无虑了。

规定的工作时间取决于不同的工种。行政助理应该在大家需要他的时候及时出现，也就是他正常的上班时间。技术员们的工作时间由他们所参加或协助的项目决定，要和做这个项目的其他人保持同步。有些实验室的时间会使用双重标准，管理人员和技术人员有固定的工作时间，而实验室的其他人则没有。这种情况可能会让实验室难以形成统一的文化，但也不是完全没有可能。应该好好利用他们重叠在一起的时间把大家聚在一起，把大家的共同点强调出来。

如果没有人听你的? 先和这个冒犯你的人谈一谈，找到问题所在。看看这个人是不是从一开始就对这个工作抱有不该有的希望？或者看看有没有什么可以解决的后勤问题?

如果你在一个工作时间比较规律的机构工作，那些不愿意遵守工作时间的人不听你的劝告，可以用整个系统的时间表来控制他。你努力要调整大家的工作时间，而你的努力能否见效，大家对此做何反应，从很大程度上取决于你一开始给实验室设定的工作节奏。如果你已经在实验室书面规定了某些时间必须是工作时间，那么你去影响某个人的时间安排，让他遵守惯例就容易一些。而如果是一个一向工作时间都比较灵活的实验室，要调整一个人的时间习惯就很困难。

孕假。 孕假的长短通常是由单位决定的，这个时间一般是你必须严格遵守的底线，是不能反对的。许多妇女不休孕假，因此很难不对这样的人另眼相看。但是控诉那些休满孕假的人也是违法的。有些情况下，没休完的孕假可以合并到产假中。

产假/育婴假。 像孕假一样，所有单位都有一套产假/育婴假的规定，所以你应该提前有心理准备，生孩子后或者收养一个小孩后到底有多久的假期。你应该知道不是所有的单位都会有保护父母的政策规定的，重要的是你和你的实验室成员都知道你们单位的规定和你的政策，并且尽可能地让你的人清楚你对这些规定的最低期望。新父母们常常投身于一个改变了优先性的世界，知道他们必须计划回到实验室工作，他们依然是实验室有价值的人，这样能够帮助他们调节他们的家庭和工作实际间的冲突，没有负罪感或压力地享受他们的假期。这个期望对你也是有帮助的，因为许多 PI 担心实验室人员会延长假期，知道有一些能帮助你做计划的基本边界和规则。有一个适当的政策其他实验室成员的抱怨就会很少。政策可以帮助任何人。

> 由于自身原因，我自然比较同情那些有很重家庭负担的人，但如果他们实际上并不在实验室却要付给他们工资的话，就会伤害到其他人。

即便如此，还是一种需要很大灵活性的状况。每一个人可能会有不同的健康状况或者个人问题，计划赶不上变化，有些单位的规定是如此的不公——有些单位休产假时不发工资——你还得为你的实验室人员作出自己的补偿。另外，如果有人利用所有正式和非正式的规则，因为隐私问题你还不能采取追索权的活动。事实上，当 PI 们发现某个实验室人员准备要个小孩的时候，这种恐惧感一直萦绕在他们的心头。但实际上很少发生放弃专业责任的事情，支持责任和家庭的实验室文化和实验室守则将很少会碰到这样的惊喜。

育婴假政策在实际操作中应该灵活一点。 许多实验室——尤其在学术中心——对职员和专业人员，在育婴假的要求上是不一样的。像工作时间和放假时间，平时工作时间比较长的人，工作时间会给予更大范围的选择，短期的或者长期的。因此，当博士后和学生们都能够按照自己的意愿选择工作、短假、长假的时间时，就要求支持职员这时候能遵守单位制订的育婴假政策中的白天时间表。不过，如果你有自己的一套规定，就要坚持你自己的规定。如果你打算平等对待每个人，那么对于支持职员和专业人员育婴假的要求一定要一样。无论你是否有自己的规定，对每个人的具体情况保持一定的灵活性是最好的。

> 当一个人生完小孩后，我知道会有一个停工期。有时我会让一个学生去填补项目中的空缺，或者我会把她调到一个相对难度较小的项目。

如果你觉得因为育婴假的存在影响了工作时间，你会把他们安排到另一个项目里吗？PI 们对已为人父母的实验室成员的态度反映了他对实验室所有人的总体态度。有些 PI 允许实验室成员的能力和智力可以有差别，他们的目的是造就每个实验室成员的将来，所以一般不会随便给成员们换项目。而有些 PI 更关心整个实验室的实验进程，那么如果这个准妈妈是在一个比较紧急的项目中，大概就会给她换个项目。比较小的实验室的 PI 们，都会担心人员工作时间的减少给实验室带来的负面影响。

> 怀孕只是一个人人生的一部分，只是个人的变动。一个怀孕的人或者已经生产的人，她们做不了别人那么多的工作，所以我不会把一个怀孕的人安排到一个急需要完成的项目中。但我总能找到适合她做的工作。

这并不是你一个人的态度，也不只是那些身为父母的实验室人员的态度，你应该照顾到的是整个实验室所有成员的想法。在一个管理很严格，刚创建不久的大学实验室里，有小孩好像就是一件很不正常的事情，她的离开总是会遭到指责，只是有人说出来有人不说出来罢了。这时你就是表率，如果你以轻蔑的语气评论这件事情，其他人也会是同样的态度，而你的实验室从此也不再有多样性的文化氛围，不再有包容性。

> 我没有办法应对他们的停工状态。当你可缩放的空间已经相当狭窄，这就是个很要命的问题——我自己每天都要工作 18 个小时。但是你又能做些什么呢？就像一个人生病了一样的道理——你总不能预见什么时候会发生什么事情。

大多数单位都允许父母的任何一方在生小孩或领养一个小孩的时候有一段时间的休假。实验室成员会对有小孩的女性持有长期的偏见，因为她们总是希望能有更多的休假。而如果是父亲，他们的休假申请会越来越容易立即遭到拒绝。许多人一直觉得他们要求的假期很多都是没有必要的，有的人则认为这是他们没有立场的表现。这些改变都在发生，只是不那么明显罢了。

假　期

即使在工作时间最灵活的实验室，你希望每个人在想要放长假之前几个星期就通知实验室是合乎情理的（当然，你也应该尽可能多地将自己的休假通知每个人，也是合情合理的）。

实验室工作人员的假期时间应该由他们自己决定。毕竟，也许他们是想在那个时候能买到最便宜的票，或者已经和某个朋友约好了，或者那时的天气是最好的，这些都不关你的事。另外，也可能会有一些很特殊的时间，如基金项目正在写总结，这时如果实验室的行政助理或者其他工作人员离开，都是灾难性的（或者极其不方便），这时候你可以要求他们体谅你。

如果你所在单位本身对休假有一定的限制，应该要求成员们去遵守。但你也应该愿意为你的成员们破例放宽一点政策。大学或学院里的实验室一般都比企业的实验室在假期长短上要仁慈一些，尤其当实验室中很多人不是本地人，需要经过很久的旅程才能到家的时候，假期的时间常常没有办法控制好。这时，你应该对每个人的假期时间长短有所记录。在你的脑海里对假期的长短要有一个限度，而且如果存在这样的限度，你就该事先让大家都知道，这样你就不会总因为他们的假期时间过长而生气了，实验室成员们也不会变得太懒散、太放纵了。

实验室成员意外缺席应该事先通知其他人。除非他老是这样，或者和工作上的问题有关，否则你就没有必要问是什么原因。

实验室记录本

Matthaei把实验室记录写在装订成像账本一样厚厚的本子里，灰白色的硬皮封面，每页纸都很厚实。他用钢笔作记录，用得很节省，记得很清楚……他自己发明了一套很复杂的符号和文字系统，用它们把实验分成大组小组，按一定的逻辑顺序把它们组织成章节，结果和计算都在一个单独的章节里，前面还有一个索引。

Judson（1996，p. 459）

我从没有见过有谁的笔记本能像Jim的记录那么完美。里面用了很多线条，用不同颜色的笔记录，自成系统。无论什么时候，他都能从里面很快翻出想要找到的实验。

Luria致Judson（Judson 1996，p. 45）

实验室里应该有一条不成文的规定——每个人都应该有一份清晰而详细的实验记录。实验室的任务就是实验结果，和基于这些结果的交流。而实验记录就是每个人研究的所有证据。有很多原因要求研究人员有一份清晰而详细的实验记录，但如果太懒惰，就根本无法做到这一点。无论你所做的工作只是生物学的一个深奥的分支研究，还是要申请一个以后很有利可图的专利，有一份清楚而有据可循的实验记录都很重要。

对实验记录这件事，不能仅依赖于每个人自己的责任感去做。你是实验室里最终负责实验数据的人，而且实验室成员大多都没有学过该怎样保存实验记录。无论你只是偶尔提醒一下（“你看，你的实验记录不应该跳过一页”），还是正式地提醒大家，一定要让大家都明白，小心谨慎地保存实验记录是每个人都必须做到的事情，不是可有可无的。

实验记录本的类型

纸质的实验记录本是最常见的，具有用途多、价格低廉、易于使用的优点。纸质实验记录本的风格可能由系里或者研究所决定。尤其在大公司里，可能会有这样的规定，要求实验记录按指定的格式书写，每天都要由监管人员签名，晚上都锁起来。实验室里的每个人是否都用同样的记录本，这是由你决定的。理想的情况是，这种本子要打上页码、有格子、装订要足够结实，否则放在实验台上使用几个月，纸张就很容易掉出来。

实验室电子记录本（ELN）可以用于输入、储存和分析数据。连上一台耐用的笔记本电脑，它们可以放在实验台上用于记录数据和修改实验程序。实验室成员和合作人员可以共享数据和图表。试剂也可以通过这个系统进行管理。像许多独立程序一样，公司可以根据你的使用需要调整你的共享软件版本。一个实验室要产出大通量的、自动化的或者可视化的数据；与别的实验室合作；发生过高的人才流失等都考虑需要一个ELN系统（Phillips 2006）。

实验室信息管理系统（LIMS）是一个与数据库及实验室设备相配套的程序，方便实验室数据的输入和存储。这些系统都很昂贵，它们都是为了大规模检测和生产设计的，而不用于基础研究的实验室。它们都是很有用的工具：有些是可以控制实验流程的，有些用于实验室设备的定期维护，有些可以在多台仪器上同时搜集和处理数据，有些可以跟踪试剂和样品，有些可以打印样品标签和进行统计分析，有些可以根据你的需要进行定制。但是尽管LIMS能处理大量数据并进行分析，它们仍然不能代替实验室笔记本。

一些实验室为了特别的实验或者合作使用ELN或者LIMS，但还是日复一日地依赖普遍存在的实验室笔记本。

实验室记录本的维护——脑子里应该有专利权的概念

有些实验室能够很好地配合申请专利的可能性，谨小慎微地对待实验室笔记本。而其他的一些实验室，只是做到将一天的实验内容记录一下，而不是随便在一张散落的纸上涂鸦而已。但其实两种类型的实验室在保存实验记录方面的工作都可以有所改善。申请专利、对欺诈行为的控告，还有起草论文都需要清楚而有一定组织性的实验结果。保存实验记录的各种注意事项（见下表），都是以申请专利为基础制订的。可能并非所有的实验室都觉得签名和证人是必要的，但大多数实验室都会从以下列出的建议中受益。

该不该保存实验室记录本

实验记录本是与那些即将拿去申请专利的实验有关的重要记录。从记录的信息中可以看出实验的思路是什么时候想出来的，是什么时候开始将某种技术付诸实践的，又是什么时候开始为这项技术申请发明权或专利权的。下面是14条你在保存实验记录时应该注意的问题。

1. 必须使用装订的本子

发明者应该使用永久性装订的本子，如用螺旋状装订或用胶水装订。如果用的是活页纸，就得每天给它们编好页码，每一页都要标注日期，都要签名，还要找证人证明。

2. 必须签名、写日期、找证人

每个实验记录本都必须在封皮内的封页上签名，并标注日期，说明你是从哪一天开始使用这个实验记录本的。每次开始记录都应该有一次签名和日期。

需要一个相对独立的人作为人证，也就是一个对你的实验内容有所了解，但并不会在最后的时候与你共同申请专利的人，让他在你每次记录完毕以后，在记录本上签上“×××阅”（这个人证的签字要及时，最好能够与每次记录保持同步，但也可以采取多次实验记录一起检查的办法，然后以星期或月为单位签字，标注日期）。

3. 用墨水书写

每次实验记录都应该按照时间的顺序用墨水书写。记录内容不能擦掉也不要用修正液涂去，如果其中有错，就把错误的地方用线划出，然后重新记录。

4. 不要留空白

每次的实验记录中间不要留空白。如果留了也要用线条勾掉或在空白处打叉，以避免日后发生添加。

5. 不要修改之前的记录

以前的实验记录一旦写了就不要再修改。如果有遗漏的数据，就以新的日期再重新写一遍，并与上次记录建立参照。还有，一定要在实验做完以后再写记录。

6. 要使用过去时

如果是确实已经做完的实验，在描述的时候应该使用过去时（如“was heated”）。

7. 要对缩略字符和使用的特殊字母作解释

在上下文里，或者缩略字符表里，或字母表里，对所使用的缩略字符和特殊字母作解释。

8. 把附属记录订在本子上

如图片、计算机打印出来的数据等都应该永久性地固定在记录本上（如用订书机），然后这个附属记录还有记录本的那一页都应该有签名并标注日期。如果它没有办法订上去，就用一个信封把它装起来再订在本子上。然后同样的，两者都要有签名，有人证证明你放进去的东西是否真实。

9. 不要把以前的记录从本子上撕下去

原始记录都是不能被抹去的，任何一页都不能从本子上撕除。

10. 要给新实验勾画一个轮廓

当一个新的项目或者一个新的实验开始的时候，对它的客观性和合理性都应该有一个简要的说明（如写一小段文字或者附上一个流程图）。

11. 要记录下实验室会议上大家的讨论内容

会议上的有关讨论，还有其他人对该问题提出的想法和建议，都应该记录下来。而提出想法和建议的人也应该做仔细的记录。这些信息在以后申请专利署名时是很有价值的。

12. 一定要记录细节

记录你的实验方案，包括比较有利的实验条件，对照实验进行的条件，可行或有利的条件范围，还有可以作为替代的实验原料；实验所得数据以及对数据的分析；实验流程的草图或者实验结果的照片。要回避自己对该实验的观点和看法，任何实验结果都应该有足够的数据支持，并且简明扼要。

13. 要对实验记录本有所记录

最好是每个实验室都有一个关于实验记录本的目录，那里面每一个记录本都有自己的编号，作者也一目了然。而且作者拿到这个本子的日期是这个本子记到最后一页的日期，交上去的日期都应该记录在案。在离开实验室之前，人员应该上缴自己手里的所有实验记录本，包括自己写的，还有别人让你检查的。

14. 要小心保存已经完成的实验记录本

应该建立已经完成的所有记录本的索引（可以根据号码、作者或主题），安全地保存在中心数据库里，并和相应的专利申请和专利证书存放在一起。与发明（已经申请专利并得到了授权）有关的实验记录，保存的时间应该比专利寿命的时间长6年。

经许可摘自 J. Peter Fasse，Esq 和 Fish & Richardson P. C. (2009)

实验记录最好是按照时间顺序进行，而不是按照个别的实验排列。由于多数人都同时在做好几个实验，别说是别人，有时记录者自己都会糊里糊涂。

制作一个目录表是很有必要的。实验记录本一拿到手，就应该先在本子的前面或者后面留几页，然后标上页码，留出空行来记录实验名称，或者记录哪几页是同一个实验的连续部分。

有些实验没完没了，要等到完全完成的话，实验总结就会被推到一个遥不可知的将来，所以PI应该要求实验室成员为每天的实验内容做一个总结。总结每天的数据，能使阅读你实验记录的人，同时也可以让PI从宏观的角度来把握问题。它对记录人自身也是一个提醒，“我当初实验是做到哪里离开的呢”，最重要的是，写总结促使他们每天都对所得数据有一个评价。

检查实验记录本

除了是新来的学生或技术员，PI们一般不会检查成员们的实验记录。可能多数PI的初衷都是不要侵犯别人的隐私权，或者只是不想再给自己增加一个负担。实验记录是私人物品吗？当然不是。这些数据都是发表论文、申请基金、提出理论和将来就业的基础，重要性不言而喻。这不是个人的账目也不是个人日记，而是整个实验室正常运转所依赖的所有东西的关键所在。

> 我不会特意去检查他们的实验记录本，但我检查他们数据的时候总是不忘强调实验记录要有条理，要清楚明了。

在实验室里营造这样一种气氛，这就是每个人都愿意把自己的记录本拿出来给你和其他人看。你可以对他们记录的认真程度做一个要求，里面的内容不仅记录的人能看懂，至少你也能看得懂。对大多数的人来说，有意把记录本拿给PI检查写得是否整洁，似乎都像是一种羞辱。但当你检查数据的时候，要小心地指出记录在整洁性和格式上所存在的问题。

> 我有时会检查学生和技术员们的实验记录本，看看上面的东西是否真实可信。我不是要去看他到底做了哪些工作，而是要向他们说明一个问题，有些问题的出现也许就是因为实验记录组织得不够好。

不要与原始数据差得太远太快。无论你是否检查他们的实验记录，他们是否把原始数据拿给你看，也不管你是否亲自到他们的实验台前去看他们的实验进展，你都必须对每个人的原始数据的质量及其将会产生的结果有一个估计。在实验室工作会议上你看到的数据可能是已经经过润色加工的，以这样的数据为基础提出某种假设会经常不知不觉地让很多人误入歧途。如果你一直对原始数据有所掌握，你就可以对这个实验的重复次数加以评价，提出取代性的实验方案，也会知道某个很小的实验结果究竟意味着什么。

我一直都检查原始数据。实验室的人都知道，如果没有电泳凝胶块，或者显影照片，或者计算过程(或至少要有一个曲线）放在我面前，我无法思考。

当实验室成员们更成熟一点的时候，你就可以更相信他们记录数据的能力了，但你也应该经常和他们就原始数据展开讨论。不过随着实验室建成的时间越来越长，成员们越来越成熟，PI 们有时也会对与有经验的成员们一起工作的新人放松警惕。无论你是否还亲自检查他们的记录，或是指定另一个人完成这件事，还是在实验室会议的讨论会上对数据做一个审查，总之你要有自己的方法去判断每个成员得到的原始数据的质量和价值。

实验记录本的所有权

实验室记录本是属于实验室的。使用过程中不可以带出实验室，当一个成员要离开实验室的时候，他的实验记录本必须要留下来（你可以允许记录本主人为了在新岗位上完成他们的论文，复印记录本中的数据）。PI 要保存这些实验记录和其他数据，直到这个人离开实验室 5 年以后，如果他的实验内容涉及专利，其实验记录的保存时间就要比相应的专利长 6 年。多数 PI 将所有的实验记录本保存在书架上，但是考虑到数据的重要性，应该保存在带锁防火的安全箱内，有些单位就是这么要求的。

实验室事务

尽管有些 PI 有专门负责实验室日常事务的技术员，但大多数 PI 还是会把实验室里繁多的日常工作分成许多小块，然后分配给实验室里的每个成员。这使大家有一种共同的使命感，也会让大家对维系一个实验室所需要的时间和金钱有一个理解。下面列出的是做到这些的几个方法。

- **每件设备都有一个会使用的高手。**他来负责组织维修这个设备，别人使用它出错的时候可以把这个人请过来解决问题。一般来说，指定使用这台设备的高手来做到这一点是一个聪明的做法，因为他对维护这个设备已经有了兴趣，也清楚这台设备的很多缺点。但所有的成员都应该把打开手册自己去学习这个设备的操作看成是自己的工作，而对设备的优先使用也不必当成命令要求大家执行。实际上，有些 PI 会故意让大家轮流从事某项工作，这样，实验室里的任何一台设备对任何一个人来说就都不再神秘了。

实验室里的有些人只做分配给他的事，有些则不同。但是在实验室会议上如果大家讨论这些，羞耻感会促使这些人做好他们的工作。

- **拟订一个实验室日常事务的清单，把它们分配到人。**最好是让大家轮流负责（通常是每个人一个月)。让大家轮流负责工作的原因是，对枯燥的工作所产生的厌倦感也可以由大家一起分担。如果所有人都对分给自己的工作很满意又很有兴趣，那自然不要更换得太频繁。
- **有危险的工作应该协商决定。**有些工作确实有一定的危险性，这种工作不能与其他工作一概而论。从事这项危险工作的人就有权利少做一些其他的工作。

- **实验室事务和仪器维护工作是可以混在一起安排的。**只要每个人的工作量和负责的事情大致差不多就可以了，把这些任务怎么组合在一起都没有大碍。

典型的实验室事务

- 配制常用的缓冲液。
- 灭菌管子。
- 清理冷库。
- 更新同位素使用记录。
- 检查并装满液氮罐。
- 整理文库并使其组织化。
- 安排并保持成员在实验室组会上作报告。
- 处理有生物危害的物质。
- 维护通风橱和其他特殊的工作区域。
- 邮购所需试剂。

你的实验室指南

总有人进出（尤其是新人进入）实验室的时候，实验室指南大概是用来知晓他们相关事情，让他们能够知道实验方案和一些规定的变更的最好方法了。实验室指南里应该都包括哪些内容呢？可以是任何你不想一遍又一遍解释给他们听的东西，是那些能使实验室功能更强大、让大家更好地生活的各种条文规定。

要能有效使用，实验室指南应该可以随时拿出来翻阅。也许你的实验室里有那么一个人，他做事条理性很强，又愿意把定期更新该指南作为自己的工作。否则，你或你的成员们就要每年花上大约一天的时间来进行更新。如果有很多实验流程或配方是普遍使用的，就把它们单独装订成册。

在讨论实验室的政策或习惯时不要太过于独断。例如，你要是在指南里写道“大家的未来都掌握在你们自己手里，所以每人每年的假期不能超过一周”，他们就会觉得你很迂腐了。但在跟个人谈话的时候，你就可以换一种语气，不带任何批评意味地说同样的话了。还有，你的实验室指南在实验室主页上也应该放进去。

规章制度越少越好

规章制度越少越简单，实验室的气氛就会越好。谨慎地挑选你要大家遵守的规定，让它们既符合实验室的道德规范，又符合成员们的期望。例如，在以下清单中，每一个列出的项目提供了两个不同的选择，它们对于实验室里不同的思想可能是有意义的。

- 遵守所有的安全规定/除了你可以在你的办公桌上吃饭，遵守所有的安全规定。
- 实验室工作在每周结束的时候都应该完成/实验室工作尽可能快地在指定的时间内完成。
- 发现试剂剩得不多或供应不足的人要及时去订购/负责供应的人要每天去检查。

- 发现设备损坏的人应该及时处理/通知负责这个设备的人。
- 如果实验室里有“个人”实验台，没有经过本人同意，不要随便在人家的实验台上做实验/所有的地方都是公用的，用完以后要马上清理干净。
- 用他人的试剂时要征求他本人的同意/大多数试剂都是可以公用的，但用完以后要将它重新装满。

实验室指南的内容

所有实验室成员的电话号码和通讯地址

实验室毕业生的联系方式

个人紧急情况时的联系号码

对新的实验室成员有用的信息

- 身份证徽章
- 实验室的钥匙
- 计算机的密码和使用
- 定向课程
- 放射性核素使用徽章和许可证
- 第二语言课程英语

实验室的政策

- 伦理道德
- 出勤和放假
- 计时卡信息
- 轮值的实验室事务
- 公共区域的注意事项
- 实验记录本（使用、要求、样本页）
- 评价

安全

- 紧急情况的联系号码（实验室安全、人力资源等）
- 遇到火灾、水涝、地震、漏损、倒塌、其他健康和环境的应急程序
- 非紧急安全事务的处理程序
- 放射性物质和生物危害物质的遵守法规及实验室守则

用品和设备

- 订购程序
- 试剂的储藏和使用
- 设备的注册、使用、保养和维修

会议

- 会议安排
- 形式和要求
- 会议出席制度

常用的实验流程和试剂配方

实验室出版物

相关的单位章程和政策

出境检查表、合作协议及其他表格

实验室会议和学术讨论会

需要召开实验室会议和学术讨论会吗?

科学研究中需要作出好决定的许多知识和技能是通过亲身经历以及与其他科学家交流学到的。但是这种能力的一部分是难以被教会甚至难以描述的。对科学发现的很多无形的影响，如好奇心、直觉、创造力在很大程度上挑战理性分析，但它们存在于科学家们用以科学研究的工具中。

科学、工程和公共政策委员会（1995，p. 6）

你应该开会吗？从某方面讲，你也许根本没有办法摆脱开会，因为开会最少只需要两个人。实验室创建最初人员很少，你对实验室里的每件事都了如指掌，所以感觉那种定期的会议好像是多余的。不过，最好还是在实验室创建时就形成定期开会的习惯。

- **它会让实验室人员更认真地对待实验室工作。**在实验室初建的繁乱和喧嚣中，人们很难认真去做什么研究。你的成员们也许以前从来没有在实验室里工作过，那么就可以通过这种会议让大家明白，研究和普通的课堂学习是有很大不同的。
- **它帮助你认真对待工作。**其实也很难相信你真的拥有一个实验室了，而且以后就要管理它并对它负责了。
- **它能帮助你组织实验室。**在一个正式或半正式的会场，你可以组织自己的思维，做笔记，找到参考文献。在实验室里，你也许有很多话要说，但一个新的研究人员通常不知道他们的工作是什么，你的评论里哪些是重要的。在正规化的会议中，优先次序会很清楚。

即使你只有一个技术员，你也应该定期召开实验室会议。开会的时候，你应该看一看从上次开会到现在大家得到的数据，并且计划一下将要进行的实验。

如 何 开 会

系里的学术讨论会给我留下了深刻的印象，会议从头到尾由他的个人魅力控制着：15～20 个来自实验室和其他医学院的科学家全神贯注地听着，Lipmann 在前台主持会议。报告人的讲话结束了，出现了一段很长的寂静——1 分钟、2 分钟、3 分钟——让人感觉很尴尬，我几乎都想思考其他问题了。这时 Lipmann 往下看了看，或许是往窗外看了看，问了第一个问题，问题尖锐又极富思想性。局面被打开了，大家展开了激烈的讨论。

Hoagland（1990，p. 67-68）

如果有什么是永远都需要领导的，那就是会议！自由讨论的会议可以没有一个强大的领导，但其他的会议都需要有个人去推动，不然就会陷入僵局。没有领导和指挥，会议可能会进行得很缓慢，抓不住重点，成为个人主义的舞台，于是成了可怕的时间浪费。

- **有个议程。**在开会之前把议程通知给实验室成员，用 E-mail 是最合适的。不过有些时候，用 E-mail 交流也许会让大家忘了开会的原因。
- **确保已经准备好了开会的地方。**这也是一种实验室工作，或者是某个人专门负责的工作。人们总是想舒服一点，午饭时间进行的会议就能满足大家这样的要求——大家会觉得这是对时间一个很好的利用。边喝咖啡边开会也是不错的选择。
- **会议要紧跟着议程走。**如果有人偏离了议程，试图讨论自己的研究而不是报告人的研究，应该把他引到正题上来。确保一个话题接着一个话题，而且进行得很顺利。
- **让会议一直保持活跃的气氛。**有点冷场的时候，要让大家的情绪再高昂起来。
- **鼓励大家的参与。**许多人对在会议上发言都会感到害羞。如果你能为大家创造一个人人都参与讨论的氛围，会议本身的价值一定会大大提升。提出要求，让每个人都有发言的机会。
- **设定一个时间限制并遵守它。**在议程里通知一下会议会进行多久。如果有一个以上的人要发言，也要告诉每个发言者他们有多少时间。总之要让会议顺利地进行。
- **要允许冲突的发生但不能让它发展到失控的状态。**对那些轻视别人、不说实话、妨碍别人、打扰别人的人，告诉他们会议的目的是什么，你想要的会议气氛是怎样的。
- **经常总结。**这样做表明你在参与，你很重视，将不清楚的地方弄明白。
- **保留好会议记录。**特别是与研究或实验室交流相关的话题。
- **追踪问题。**这是一个很好的促进实验室成员间进行个人交流的机会。例如，在每个科研会议以后，关于发言者在会上讨论的问题，如果你和他的观点有不同的地方，你就可以就这个问题和他在会后继续进行讨论。

如果大家迟到，没有准备好发言，或者根本就不到场，你的会议都会进入失控的状态。如果会议的效率不是很高，就应该考虑重新组织会议。你必须首先表现出你对会议很重视，是抱着很认真的态度的。

出席实验室会议

你实验室里的每一个人可能都无法做到每次会议都到场。但要确保对缺席的政策不能放宽，不能允许大家无故缺席。有的时候确实会发生这种事情，但这绝不能成为一种习惯。PI 们要求大家出席会议并准时到场并非是小气的表现，但是如果很多成员都对会议表现出不满的情绪，或者经常迟到，或者缺席，那就问问他们，有没有更好的方式重新为会议确定一种风格，让大家都满意。

系里的学术讨论会经常与大家的研究无关，有时候跟你实验室可能一点边都沾不上。但与会的其他人都是你的同事，如果不出席可能被认为是不尊重人家的表现。因此要坚持去。在这样的会议上，你可以增强与系里其他成员的交流。

参与实验室会议和讨论

你可以要求实验室的每个人轮流在期刊俱乐部和实验室会议发言。第一次的时候你可以帮帮他们——用什么语言、讨论的话题、掌握一下应该用怎样的方式讨论问题。但你没有办法让他们踊跃发言，哪怕只是一次也很难。

在大庭广众面前说话对某些人来说很自然，但对另一些人来说就是一件很为难的事情。其实大家想的都不一样，有些人就是不愿意主动发表意见或做出反应；有些人是为了不想引起大家的注意；有些人是怕出错；有些人则是一直在等待时机；有些人压根从来就没有养成过这种习惯：他们觉得只是那些有职业头脑或者有野心的人才需要具备很好的表达能力。但无论是对个人还是对实验室来说，这点是很重要的。让每个人把自己的想法都说出来，会议的效果就会远远好过从头到尾只是一两个人在滔滔不绝地讲话。

能否参会主要是积极性的问题。除非是实验室成员们都觉得自己是集体中的一员应该说点什么，否则有些人就从不参与到讨论中去。大家都倾向于在实验室里扮演一个特定的角色，但 PI 可以将口头表达能力作为对这一角色提出的部分要求。

开会的时候，你可以在屋子里踱来踱去，然后诚恳地提出你的意见。这总比你就特定地指着某个人对他发表一翻评论要好得多——除非你们之间的关系好到允许你这样做——询问某个人的时候，你应该站在实验室其他成员的立场上用缓和而幽默的口气提出问题。

逐步建立起一对一的会议方式，也可以在此过程中解决问题。一旦某个人已经可以与 PI 就科学问题进行交流，那么下次如果遇到一个也从事同一项目的人，他会觉得很舒服，因为似乎他是在和其他的科学家交换意见。自由讨论式的会议是一个很好的方法，可以学习怎样发言，而不用担心自己的评论会不会出错或过于琐碎。

教会大家怎样发言。有些人愿意为实验室做贡献，但缺少相互交流的技巧。PI 们发现，要给每个实验室成员很多机会发言，同时还要找到一种比较温和的方式来指出他们语言组织和风格上的不足，这样的方法亟待发掘。

就像实验室的指导方针和要求的很多其他方面一样，实验室成员的工作都必须符合他们的个性。不是所有人都会在系里的实验室会议上既表现得很活跃，又极富感召力。例如，有些人，他们所能带给大家的最好的会议，一般都是深思熟虑，考虑周全，一步一步很保守的风格。试着去适应每一个人特殊的风格，不要把你自己的想法强加给他们。

- **做报告前对内容作一个调整。**如果报告人担心他们讲话的内容，那么对姿势、声音的调整就也不能帮他们找回自信，听众也难以接受。在他们准备讲稿之前，对语言的组织提一些建议，并告诉他们应该将时间限制在多少分钟以内。
- **对幻灯片的准备提一些建议。**对一个比较忙的实验室来说，这步往往会被忽视。但这显然是不可取的，因为幻灯片是把数据及数据分析展示给大家的最好方法。确保大家都知道制作幻灯片在资金和技术上的要求。尽量杜绝在最后一刻凑合出一套幻灯片的做法。
- **让准备报告的人对着你或实验室的人先练习一下。**你和其他人应该把你们的评论和建议写下来，这样你就可以和报告人慢慢就这些评论做一个总结，因为有很多人一下子是接受不了那么多意见的，这只会让他们发展出抵触情绪。

- **帮报告人学会怎样应对大家的提问。**为了防止冷场，教他们一些回答问题的小技巧，如“这是个很好的问题，我需要考虑一下，稍后给你答案”。通常 PI 是不能代替成员们回答问题的，但这也要看报告人会不会巧妙地把问题绕给 PI。
- **记住你在教会他们交流，**而不仅仅是在公众面前发言。

帮助那些非英语母语的报告人

用非母语的语言做一个学术性的报告是一项艰难的工作，需要很大的勇气。不要要求他们说得太快，但是也不要在报告中浪费太多的时间而影响大家讨论。让他做以前项目的介绍，或者在期刊俱乐部发言是最好的尝试。

- 讲话时要保持自信，非英语母语的发言者（或他们的导师）通常都会把所有的发言内容都写出来，在会议上就把它们念出来。在他们讲话之前别忘了帮着检查有没有语言和语法方面的错误。
- 对每个人来说，听别人发言都是一件枯燥而乏味的事情。你应该想尽办法把你的结论和数据以尽量有趣的方式呈现给大家。你可以帮助发言者准备幻灯片或者计算机演示，这些都可以打破拿着讲稿一念到底的单一形式。
- 不要尝试去掉单一的声调或口音（除非是在提到一些关键词的时候），因为这会给发言者带来很大的压力。
- 建议报告人尽量多和观众用眼神交流。
- 帮助报告人让整个讲话尽量简练。
- 不要让语言问题影响大家对报告中科学问题本身的理解。
- 当非英语母语的报告人已经找回自信的时候，该批评的地方就要批评了。

与非科学家交谈

当轮到我的时候，我说“我是一个海洋生物学家，在澳大利亚大堡礁，我花了几年时间获得了我的博士学位，和——”，一位教授打断了我，“你修复它了吗?”

直到后来我才明白了他的小俏皮话。在科学的世界里，你问一个同事最早的一个问题是“您是干什么的”? 或者“你在看什么”? 像“我在寻找分布区重叠群落中独脚蟾蜍的一个物种”。如果你是一名科学家，这仅仅是一个平常的对话。但是对于一名制作电影的教授来说，这听起来像我是一个在大自然中工作的堡礁修理工。

Olson（2009，p. 160）

参加你会议的许多人可能不是科学家，有单位内的或外单位的。你可能已经花了近半天的工作时间与这些不懂你领域内技术术语和文化的人交流，如来自于维护、人力资源、资助项目、停车场、系主任办公室、销售等部门的人。如果你的工作做得很好，你可能要接受地方报纸或电视台记者的采访。你可能与潜在的赞助人吃饭或者与投资人开会。可能你要与市政委员会谈你想建 BL3 实验室或者与你的州议会代表谈研究经费的事情。

底线：你能在 5 分钟内告诉你的祖母你在实验室干什么吗？如果你能做到这样，并引起她的兴趣，表明你有能力与不同领域的人进行有效的交流。一些提示如下所述。

更多数据对于更好地理解不一定必要。对于科学家来说这通常是最难处理的一点，因为这违背了他们所有的训练。简单化不是"沉沦"。

对着你的观众做你的家庭作业。从他人的观点出发理解你的问题。不是所有的非科学家都有相同的背景、观点或能尊重你的观点。

交流不仅仅是演讲，接待也是你的责任。监控你科学术语的使用。对听的人简单化。

框架问题以至于与你开会的那个人或者一群人都觉得有意义。这对你来说似乎是一种操作，但是提醒你自己演示科学没有完全客观的途径。

提出一个观点并使之简单化。对你什么是似乎相关的问题可能混淆和模糊你要提出的观点。在整个谈话或对话中重复你的观点。

讲出一个有开始、过程和结局的故事。一个熟悉的格式能帮助听的人更好地倾听你的观点。前言—方法—数据—结果—总结不是全世界的思维模式。

允许带着一些感情和兴奋表达一个重要观点。兴奋起来！这不需要离开你的专业。这可以帮助相关的人明白你在讲什么。

记住你不是什么都知道的。听着学。

如果你的单位提供媒体培训，即使你还没有计划好对媒体说什么也可以去参加。这样不仅可以帮助你与媒体以及其他非科学家交流，也能帮助你与科学家们进行一定程度的对话。

研究性实验室会议

几乎所有的 PI 都召开研究性的实验室会议。根据不同的形式，这类会议是很重要的，因为它们：

- 让 PI 们把握实验室里在进行什么实验。
- 让系里明白实验室里现在所做的研究（尤其是一些正式的介绍）。
- 能够把实验室的每个人联系在一起，告诉他们各自的工作和其他人都有什么联系。
- 给大家明确实验室运转的核心。
- 对报告人有所帮助，教会他们怎样组织数据，并对数据按优先次序排序，也教会他们一些交流的技巧。

> 我们有定期的实验室会议，每周有三个人发言。一开始的时候我们每个人都发言。但随着实验室越来越大，就轮不过来了。现在更多的时间都花在一些细节的讨论上，但仍有一些时间来进行理论探讨。更为正式一点的有多个实验室间的会议，这样我们就需要花时间润色一下发言内容了。

正式的实验室会议可以帮助大家了解要做好一段精彩的报告有多难。在正式会议中，原始数据通常不展示给大家：而是经过认真的筛选，组织成一个完整的故事，就像写一篇论文一样。正式会议不是教会人们怎样去思考，而是教大家怎样去组织数据，怎样去呈现给大家一个完整的故事。系里也许还召开需要全体学生和博士后都参加的正式的研究性会议。

非正式的实验室会议是很多实验室的选择。实验室成员的原始数据、他们对实验的选择、他们所遵循的研究途径、对实验结果的理解等，都要在这样的会议中呈现给大家，无论从哪个方面看，游戏规则是公平的，成员们应该虚心接受来自大家的批评和建议。

PI 们要控制要求和批评的程度。决定会议的严肃程度是 PI 的职责所在。你应该清楚你想让实验室会议达到什么目的，然后根据你组里人员的不同情况确定达到这个目标的最佳方法。大多数 PI 都想达到一个支持意见和反对意见的平衡，他们尽量把自己和其他人的反对意见用更委婉的方式表达出来。在刚刚起步的实验室里，这是比较适宜的做法，因为年轻的科学工作者面对严厉的批评时，很容易丧失信心。为了达到这种平衡，你应该：

- **诚实一点，**不然会议就没有意义了。批评是科学研究中不可或缺的部分，是有帮助的，也很有必要。
- **警惕潜在的奚落。**把你的精力集中在科学问题上，时刻用一种冷静而客观的科学观点来衡量问题。
- **要求他们做一个清楚明了的介绍。**即使是在一个不太正式的场合，这样做也能让成员们对这个理论有一个清楚的理解，之后的讨论也会比较有针对性。
- **要求会议对每个人都有一定的建设性意义。**要求每个成员都参与到会议中来，这是让每个人都成为集体一员的最好方法。问报告人问题，让听众们积极回答，让每个人都活跃起来。可以这样问那些沉默的人，“如果是你，下一步你要做什么”?

其他的一些 PI 觉得这样做过于迂腐，也没有什么用。相反，他们允许大家随心所欲地说出批评意见。他们觉得如果没有这些批评，会议就会变成对那些甚至是很可笑的问题也人云亦云的地方。许多很大、竞争很强的实验室里，大家可能把“打击会让你越来越坚强”这样的话作为座右铭，他们希望跟不上队的那些人会被自动地清扫出局。

会上发言的形式和发言者的多少往往决定了会议的风格。如果只有一两个发言者，所进行的分析和讨论就有可能深入到很细节的方面，大家的焦点也通常会集中在技术和方法上。而如果每次会议是每个人都发言，那就只能对项目做一个大致的概述，讨论很少几个实验的结果，然后简单地提一下以后的工作计划。如果会议变成了每个人都报告数据的地方，对 PI 和对发言者都会比较轻松。但除非是 PI 平时和成员们对研究都有了足够的交流，不然这样的会议就不能为你提供足够的信息。

许多 PI 和其他实验室一起开实验室会议。当你的实验室里几乎没有什么人的时候，会议（期刊俱乐部）就显得没有什么意义也没有什么力度。和一个研究兴趣与你的实验室相似的实验室一起开会，效果会更好，能为讨论引入更多新鲜观点。有些实验室除了内部会议之外，还专门安排这样的“联合会议”。

即便是实验室的规模变大了，其他组的研究人员所带来的新观点也会让会议更有意思。但随着人越来越多，除非两组人在研究方面的利益是紧紧联系在一起的，否则那些非正式的发言就会有越来越明显的不同。

实验室内部的专题会议也是有好处的。许多 PI 为了讨论某个项目的技术和某些细节，除整个实验室的会议之外，还会在小组内部召开专题会议。这种会议可以召集一个组的人员，或者仅仅对该话题有着共同兴趣的人，大家的讨论通常都会很激烈，会深入细节。但PI们必须对可能产生的棘手的人际关系问题，以及可能会使这类会议偏离正常轨道的可能性，都有一个清楚的认识。与会议无关的问题不要讨论。你应该让会议保持冷静、有效，并一直围绕着科研问题进行。

期刊俱乐部

期刊俱乐部用来讨论最新的相关的文献。在定期举办的期刊俱乐部中，实验室人员可以学到一篇好的论文应该有什么要求和结构。那些没有经验又害怕问别人的人就有了这样一个机会，既不用麻烦别人又可以看到对论文的深刻剖析。

> 我们一周组织三次期刊俱乐部活动。学生必须要学会怎样去交流，学会怎样去思考。期刊俱乐部促使发言者思考下面的问题。为什么要这样做呢？能不能有其他更好的实验方法呢？这鼓励他们在更好的杂志上去寻找更好的文献，了解什么才是一篇好论文。一段时间以后，他们就开始想，咦？我也可以想到这种类型的实验了。然后，我会慢慢地提升跳杆的高度。在一个很小、很孤立的大学里，你不能一走进实验室就要求大家在*Nature*杂志上找文献。你应该从比较低的标准开始，然后再慢慢提高这个标准。

大多数PI是从实验室里的期刊俱乐部中成长起来的，但他们在自己的实验室里却不举办这样的活动。因为有太多的会议要出席，期刊俱乐部总是被放在最不重要的位置。尤其在一开始的时候，也许只有一个技术员，期刊俱乐部好像显得很傻，甚至有点自命不凡的意味。很少有人愿意在图书馆里围成一圈去讨论论文、思想，有点啤酒的话还可以接受，更正式一点的方式就行不通了。

但当实验室里有4或5个人的时候，期刊俱乐部就是可行的了。它确实能够让大家在所研究的领域里紧跟时代。它还可以提高整个实验室的智商（IQ），可以作为共同语言和背景的源头，为实验室的新成员展示一个科学大家庭究竟是什么样子的。

> 做学生和博士后的时候，我特别讨厌期刊俱乐部，发誓在我自己的实验室里绝不举办这样的活动。

期刊俱乐部是教会大家批判性思考问题的最好方式。从发表的论文里学习那种批判性的思维方式相对来说比较容易。当一个新成员向你展示他的数据时，你心里会有很多利己主义的思想作祟，你的保护心理会让你无法发现项目中的缺陷。下面是对介绍和讨论论文的一些建议。

> 期刊俱乐部在星期五下午五点开始，所以如果你不想参加就可以走。我觉得，如果他们自己认识不到文献的重要性，我也没有办法帮他们做到。

- **总结论文的要点。**作者想说什么呢？
- **讨论所提问题的重要性。**把它放在当下的研究领域里去讨论，或更大的范畴，整个科学领域。
- **描述论文的细节。**一般使用论文里的图表。
- **分析数据。**数据都支持结论吗？每个实验都有必要吗？数据有没有重复性？实验所用的方法合适吗？统计方法站得住脚吗？

- **逐条列举论文的优点和缺陷。**怎样才能使论文更精彩一点呢，如果是你，你会怎么做？
- **把这篇论文和其他的论文做个比较。**与其他论文相比，做得好吗？一样有意义吗？一样可信吗？作者身份有没有影响你对论文的评价？就论文的主题和数据来看，这个杂志是不是发表该论文最好的杂志？
- **论文写得好吗？数据表达得清楚吗？**如果没有其他数据，给出的图表是不是足够清晰，容易理解？论文的前言把研究背景都说明白了吗？
- **预计下一步的研究工作，**以及最后的研究可能会走向哪里。

在讨论的时候，也许大家都会有这样的想法，我的工作、我的论文和这篇文章比起来怎样呢？我希望别的作者做到的事情，我自己做到了吗？

期刊俱乐部还能教会学生们和博士后们作学术报告。当讨论自己的实验数据时，不仅有对数据本身正确性的担心，还担心是否能把该数据清楚地表达出来，达到一个好的交流效果。

如果你对期刊俱乐部抱着认真的态度，就要确保大家都明白应该用怎样的方式去陈述自己的数据。积极帮助新来的成员做好他们在期刊俱乐部的首次报告，不要因此浪费了一个让新成员建立自信的绝好的机会。期刊俱乐部一般有两种主要的活动形式。

- **对很多的论文做一个简单的介绍。**可以是该研究领域本周内最好的论文，或者对某个话题的一篇综述，或是从某个杂志里筛选出的论文。这种类型的期刊俱乐部可以让大家对某个话题或一般领域保持了解。
- **对一两篇论文进行深入的讨论。**通过这样的活动，大家可以知道科学研究在其他实验室里是怎么进行的。

期刊俱乐部上有多名报告人的好处是，总是能保证会议能顺利进行下去，不会进行得太单调。大多数实验室会开 1 小时的会，2 个报告人，每个人讲 1 或 2 篇论文。

禁止使用复印件。报告使用价廉物美的演示文稿（ppt）幻灯片是最好的主意。一个胆怯的报告人往往会想到制作复印件，多数是剪切拼凑而成的，这会误导发言者和听众。

板书式讲解能鼓励大家对论文的内容有更深入更直观的了解。在没有道具的情况下，报告人必须给大家解释这篇论文，让大家了解作者的思路。这样的报告对成员们来说是很好的锻炼。

开会的其他原因

忽然有人开始讲他/她自己的，或者最近在一个会议上听到的实验结果。于是，大家就开始七嘴八舌的讨论，不一会儿，最初发话的人就站在了黑板旁边，一边画图，一边解释，与大家争辩，又重新建立论据。每个人都停止了吃饭，问着各种问题，或解释自己的观点。这种即兴而发的会议，是真正动人的时刻，我如沐春风般地享受着科学极富人性化的一面。

Luria（1984，p. 122）

实验室人事和设备问题的会议

有时候，实验室也可能会在解决实验室人事和设备问题的会议中受益。但这很容易转变成那种让人厌烦不已的会议，所以如果对大家都没有什么积极效果的时候就要准备做调整。怎样做调整应该取决于大家的抱怨程度。就像处理一些其他一样复杂而拖沓的问题时那样，可以试着把会议议程改得简单一点。有些实验室不专门开这样的会议，而是利用研究性组会或期刊俱乐部的最后 5 分钟。

头脑风暴会议

把一些对某个特定问题很感兴趣的人召集在一起开会，每个人都带着自己的独特观点而来，而且他们的情绪都很放松。有人负责记录大家提出的观点，但在会上不做任何评价，气氛也不那么正式，很放松；而且每个人的想法都会受到其他观点的影响，讲话的时候不必考虑它的可行性和要求。

实验室休假式开会

走吧！走出实验室去讨论我们的研究，或者根本不讨论研究是一件多么振奋人心的事情啊。也许需要的钱会多一点，于是这就需要你选一个好地方，为你的投资换取尽量大的回报。钱有时是系里给的，有时是无特殊用处的基金，有时是项目基金。

把外出的时间定在旅游淡季，不仅能节省钱，而且这个时候让成员们分心的诱惑也比旺季的时候要少一点。无论去哪里，确保有一个大而舒适的房间，而且你有单独使用它的权利。如果不是自带干粮，就要保证大家买饭既方便，又不是很贵。废弃的军事基地、其他的科学机构、旅游胜地、某位伟人的故居，几乎所有的地方都可以去。

如果外出不行，在你自己的地方也可以。找一个开讨论会的房间，给大家放一到两天的假。给大家提供吃的，还有咖啡。

最重要的一点是，把实验室的每个人都邀请到场。这样可以让实验室里的非科研人员看到、听到大家每天都在实验室忙的是什么，让他们感到自己也是集体的一分子。

一对一的会议

所以，实际上，当 Avery 博士每次度假回来都要花很长的时间跟大家谈话。其实主要是 Avery 博士自己在说。他把每个人都叫到办公室进行温习式的谈话，不是那种系统性的回顾，而是以谈话的形式——包括一年前就想解决的问题，他在鹿岛休假期间想到的问题。

Peil 和 Segerberg Jr.（1990，p. 53）

实验室的很多价值从你与成员进行的一对一的谈话的次数上体现出来。在这样的谈话中，你能够更清楚地把握实验结果，也可以更清楚地理解每个人的想法；同样，成员们也可以在没有任何外界压力的条件下了解你的想法和做法。

预定的会议

选一个你们已经达成共识的时间，把开会的时间固定下来。告诉大家你希望大家对会议都有充分的准备，并提前对必须要准备的内容做个讨论（如果是预期开会，就在前一次会议上）。对研究性的会议来说，其形式可能如下所述。

- 上次会议到现在，大家讨论的或意见一致的问题。
- 上次会议到现在，主要的工作内容。
- 达到既定目标了吗？达到或没有达到的原因是什么呢？
- 宏观的讨论——整个研究的方向正确吗？
- 该领域内正在进行的其他工作，交换一下看法。
- 下一个时期的工作目标。
- 个人讨论——大概有什么高兴的事情，有什么不满意的地方。

无论在预期会议还是不定期会议上都应该认真做好记录。大家就某一话题展开讨论，取得一致意见，但大家倾向于记得自己写下的东西。

不定期会议

实验室开会的开放政策其实意味着每天都可能开会。你也可以随时把成员们召集起来开会，让他们在1小时内回来，或者如果事情不是很紧急就要求他们下午都要到场。给他们一些自由度，因为他们很有可能正在做实验。

形式是由你和其他人一起决定的，即使是自发形成，也一定在控制之内。及时处理发生的问题，并安排好讨论，总结会议。如果时间安排得不好，人们就会想聊天，而这个时候可不适合大家聊天！

在这种不定期的会议中记笔记是尤其重要的，因为没有其他什么辅助方式帮助记忆。如果会议过程中没有机会记录，就在会议结束以后马上把要点记录下来。

如果你没有时间谈话，把实话告诉他。重新找个时间谈，总比让某个人觉得自己不受欢迎要好得多了。要求谈话的人有的时候很难缠，而你又不想听他一个劲地抱怨。可能还有一个星期就要递交项目的基金申请了，你现在不想跟任何人说话。如果他坚持要求，你又确实没有时间，就对他说“我可以给你10分钟”。然后就给他10分钟。在这10分钟里，不要老是抬头看表，无论是口头，还是用肢体语言都不要表现出不耐烦的样子。10分钟以后，站起来，结束谈话。

尽量缩减不必要的会议。毫无疑问，要参加论文委员会的会议、工作人员会议、课程会议、与发言者的谈话，还有为系里的人事申请进行的面试。你在各种不同的会议上花费了太多的时间，以至于你也许都不知道你自己真正的任务是什么了。许多会议你是无法决定是否出席的，会议怎么开也不是你所能决定的事情。但如果你确实想有一些控制权，下面列出的是可以帮你尽量缩减需要出席的会议。

- **用电话和 E-mail 来代替开会。**看看有多少会议是可以用电话和 E-mail 来代替的。开电话会议既省钱又省事。
- **视频电话会议。**许多会议可以通过 Skype 网络电话或其他程序正常地进行。实验室成员可以观看视频报告，并亲自或通过键盘与组员进行交流。
- **合并会议。**如果是同一组人为了不同的事情在不同的地点开会，看看有没有合并成一个会议的可能性。
- **缩小会议的规模。**参加的人越多，发言的人越多，浪费的时间就越多。

实验室时间

在实验台前亲自操作实验的时间少了，许多 PI 都会时不时地在实验室转一转，和每个人谈一谈。这让他们保持着对数据的了解，在问题变大之前就尽量解决它。

> 我经常在实验室里走来走去，询问每个人实验进展得如何。所以我跟每个人每隔两三天就说一次话。他们也会来我办公室给我看他们得到的数据。

你在到处走动的时候，最好跟每个人都说句话。有的时候你会不知不觉地偏向那些项目做得很好的人，因为他们通常都是最愿意跟你讨论问题的人。但没有什么结果能拿给你看的人，听到实验室的其他同事拿好的结果炫耀，是一件很不舒服的事情，很可能他们跟你只有只言片语。所以这就更决定了 PI 总是比较喜欢和实验室的少数几个人说话。

还有几个选择。你可以不动声色地观察每个人，但不一定要说出来。你可以坚持要说话，把话题保持在不同的程度上，如保持到细节（在这些实验里，你觉得剂量多少有关系吗?），也可以只在一般的程度上（哪种方法得到的数据最多），或者介于两者之间(加这种粉末为什么就可以呢?)。但是要确保在你走来走去的时候没说出的话，在定期或者不定期的会议里，总要有机会说完。有些人也许只是需要一点时间、一些心理上的空间，但不要让他感到寂寞。

开门的神圣

偶尔去一趟实验室，里面乱成一团的情景一定会给你留下深刻的印象，纸张堆得到处都是，大家激烈地讨论着与研究没有任何关系的问题，有一次居然看见一个婴儿(Dodson 夫妇的第一个孩子）躺在吊在门口的摇篮里。一天中最重要的时刻就是下午茶的时间，大家都聚在走廊尽头（那时大家都还在化学晶体学部门），如果有人过生日，他或她就会带一个蛋糕来与大家分享。

Ferry（2000，p. 316）

PI 虔诚地坚持着“开门政策”。毕竟，它概括了科研工作具备所有的特点。它强调了所能获取的事实、信息、数据还有彼此之间的交流都是自由流动。对于已经不在实验台前工作的 PI 们来说，这是他们和实验室其他成员联系的方式。你所能做的已经不是在实验台前帮他们做实验，而是用你的兴趣，你所听到、学到的东西，还有你的建议来帮助他们。

但你可以限定自己“开门”的时间。例如，你已经和实验室某个成员约好了谈话的时间，你就应该把这段时间空出来。同样，在接受“开门政策”的同时，你也可以给自己留出来一点私人时间，且不必有什么负罪感。

用计算机组织管理实验室

什么可以被组织？

你的实验室组织了吗？对很多 PI 来说，组织化就是指在组织化的实验室里，大家能够比较容易地得到实验室用品及其库存量、实验数据以及实验方案等方面的信息。组织化还反映在信息在成员们之间的传递能力：每个人是不是都知道最新的技术？7 月研究生放假的时候，谁来负责细胞传代？你所研究的领域里，下一次国际性的学术会议在什么时候召开？计算机可以让实验室里信息的获取和利用变得更容易。而且，每个人对同样信息的获取都有同等的机会，这会慢慢地把平等的思想灌输给大家。

> 组织实验室可以为你节省时间和金钱，但如果超过了一定的限度，你的投入就不一定会得到该有的回报。

大多数 PI 都希望实验室能组织得更好一点，但总是无法把这件事摆在很重要的位置，直到第一个学生离开实验室以后，冷冻盒里找不到他使用过的细胞，大家才意识到了这个问题。后来找到了补救的方法，渡过了危机，一切都恢复正常，直到第二个人离开。尽管实验室里长时间的人员流动是不可避免的，但如果是一个组织良好的实验室，所受到的影响就会小得多。

> 我希望实验室的一切都更有组织性一些，但时间不够了，我确实知道数据都在什么地方，不过也就这些。

只要组织就不晚。如果在实验室建立的后期进行，一些实验室成员们会觉得这样做是对他们权利的侵犯，也是对他们时间的浪费，随之对大家在实验室组织方面所做的努力也非常反感。所以实验室组织的框架工作最好开始得早一点，让井然有序成为实验室的特点之一。当有新成员来实验室时，他们会觉得一切都是组织好了的，而这种组织将来也会变成他们自己的一种职责。这时候，你就没有必要为每一个小角落的有序稳定而伤透脑筋了。

为了实验室组织而组织是不会奏效的。有太多事情、太多仪器设备、太多乱七八糟的东西，急性子的 PI 总想一下子就过渡到一切都很完美的状态。有效使用计算机确实可以帮助实验室的组织化，但如果使用得不得当，同样也会使问题扩大化。例如，你安装了 10 个不同程序，输入了一大堆命令，希望计算机正常运行，但会引起混乱，你应该只制订行之有效的规矩。PI 们发现只有当实验室的组织工作有意义、所花的时间比较少、对做工作的人有所帮助，他们的组织工作才会顺利。

确定你的计算机需要什么软件

科学家们需要想办法获取并组织大量的知识和信息，还要处理实验室经营所涉及的各方面的工作，计算机是最好的帮手。尽管计算机已经成了生物学科中不可或缺的一部分，但很多实验室都还只是用它来做查资料一类的工作，大家往往都忽略了计算机在组织实验室工作方面的作用。

每个人都需要一台计算机吗?

是的，每个人都需要能够接触到一台计算机。而且如果你有一个技术支持的 IT 部门、有基金资助，每个人工作时应该有一台他自己的计算机。

应该是台式计算机还是便携式笔记本计算机？这取决于资金、空间和你的研究需要。许多实验室使用便携式和台式的组合。台式计算机价格便宜，计算机显示屏对于建模特别有用：实验室里 1 台或 2 台台式计算机可以用来编制目录和订购。便携式计算机占据的空间小，旅行过程也可以使用。作为 PI，你毫无疑问地需要一台便携式计算机，便于你旅行时及带回家工作，但很少有新的 PI 们会提供实验室成员便携式计算机在实验室外工作。有可能有一部便携式计算机供实验室人员旅行时使用，用于写基金申请书或者进行实验室外的协作。

用苹果机还是用 PC 机取决于你的喜好、你所需要的特别操作系统的软件、IT 部门专家的意见。从一个系统转换到另一个系统已经没有大的问题，所以不要让你过去的习惯左右你的选择。选择对你工作最好的就行。当然你可以两者都有。你不必成为一个宗教徒。

为实验室选择软件

考虑你需要什么——寻找符合这些需要的软件。让你的需要决定你买什么。说起来比做起来容易，市面上提供的很多带有大量铃声和口哨声的精彩软件可能是你想要的而不是真正需要的。

组织软件

- 组织实验室日用品所需要的数据库软件。
- 订购实验室日用品的单位软件。
- 基金管理软件。
- 项目管理软件。
- 日程安排和计划要做事情的管理软件。

交流软件

- E-mail 给实验室内或实验室外的交流软件。
- 连接网络的网页浏览器软件。

简化科研专用软件

- 数据分析的电子制表软件。
- 书写和编辑论文手稿所用的文字处理软件。
- 演示软件。
- 论文手稿和书籍中寻找、储存、重新获取及参考文献汇编的书目软件。

• 图和照片制作软件。
• 统计分析软件。

实验室需要的典型软件举例

Apple iWork、Microsoft Office 或 OpenOffice.org（文字处理、数据库、电子制表及演示的软件套件）

Internet Explorer、Safari 或 Firefox（网页浏览器）

Apple Mail and Address Book or Microsoft Outlook（约会、待办事情清单、E-mail）

EndNote（书目软件）

FileMaker Pro（试剂和日用品数据库软件）

SigmaPlot（绘图和统计分析软件）

Norton Utilities（杀毒、修理、维护）

获得建议。找到用过这个程序的人，问问他们用得怎么样。问问 IT 部门这个程序怎么样，是否与你工作的地方和家里的计算机系统匹配。看看博客和相关评论。找找可以替代的相关软件并核实一下。

花点时间学会熟练使用程序。花了钱买来的软件因为没有时间学习怎么使用而不用是没有任何意义的事情。花 1 小时阅读手册里的指导，买一本关于软件的通俗易懂的书去度假，或者参加软件公司、你自己单位的有关学术报告会或课程以得益。

组织实验室资源

细胞、菌株及试剂

对实验室库存和试剂的及时把握是大多数 PI 对有组织化的实验室最原始的定义。很少有 PI 会说他们的实验室组织得很好。原打算从一开始就把一切组织得井井有条。但一旦某项研究开始，想要让一切自成系统地运转简直难于登天。如果一开始只是建立了一个框架就会好得多，因为其他具体的东西你随时可以添加进去。而且框架会比较简单，越是简单的规定，遵守起来就会越容易，你对大家的期望也会比较容易实现。

> 计算机里什么都没有——他们在一个本子上列出了一些储备的物品——我不知道东西都放在哪里，好像也没有人想让我知道。

实验室的工作就是做实验和发表论文，实验结果一定要有重复性，因此试剂的配制就很重要。你的原始材料和所配试剂都应该储藏在合适的地方，贴上标签并标识清楚，即使当初配试剂的人已经离开了实验室，如果有人要用，也应该可以很方便地找到。试剂也应该有清楚的记录，以方便每个需要它的人使用。

> 我们的订购已经计算机化了，实验流程也计算机化了，但用同样的办法管理试剂就不奏效。因为试剂不总在同一个地方，这是实验室里的一种风气。正好和我们的希望相抵触，但我原希望这个是可以做到的。

实验室里的试剂和日用品一般储存在数据库里。数据库中的信息可以进行组织，更重要的是还可以在里面搜索某样东西，从而更有效地再次组织、再次评估所存信息。许多PI都尝试过把清单一类的东西保存在文字处理软件里，然后要找某个单词或某样东西的时候就用其中的“搜索”功能。如果是一些简单的列表，这样还是可行的，但想要更新就比较困难。有人使用电子制表软件，如Excel（http：//www.microsoft.com），它处理数据就比那些单纯文字处理软件要方便得多。一个好的数据库不仅可以输入清单，还能记录试剂架上那些药品的使用情况，记录下应该订购的试剂。

> 我曾经想过把实验室的试剂都汇总起来建一个数据库——但我知道要让实验室人员使用这个数据库将是一场艰苦卓绝的战斗。

绝大多数建立了计算机管理系统的实验室都用FileMaker Pro来保存类似于试剂和日用品的清单。也有很多其他的数据库，如Access，但FileMaker Pro使用起来很简便，这点使它成了实验室里记录资源支出最受欢迎的软件。有几家公司想在FileMaker Pro和Access的基础上，开发在指令和形式上都更有科学专业性的软件。

下面是激励实验室成员做好记录可以使用的几种方法。

- **让大家都能接触到计算机里的信息。**如果不是所有人都有一台自己的计算机，至少应该有一台专门用来处理实验室日常事务的计算机或者一台实验室事务优先使用的计算机。最好的解决办法是几台计算机联机后同时可以进入到同一个程序。
- **尽量让使用变得方便。**做出一个框架，这样大家每次使用的时候只要输入本次的数据就可以了。

记录实验室配制试剂的一些必要信息

样品名称
物质性质
物质来源
实验编号、页码编号和其他特征信息
配制人/所有人姓名
日期
存放地点

- **提供个人数据库文件。**可能情况下，所有的实验室成员在数据库里都应该有自己的文件夹。如果每个人都想往同一个文件夹里添加东西就会不可避免地产生麻烦。如果一个人没有及时登记信息，后面的人就觉得自己的东西即使是当天输入进去也没有什么意义了。

从什么时候开始，一个试剂要成为往数据库里永久性保存的试剂了呢？在实验过程中会不时添加一根管子、一个平皿。在没有最后确定以前，可以先不记录这些信息，有些人为了“以防万一”就把它们保存下来，这主要是出于一种惧怕心理。处理这个问题最好的方法就是，在冰箱里、冷藏室里、盛放正在使用物品的架子上留出一个机动的空间（相对于固定的地方而言）。这样，在固定的储备物品的地方，就不会出现一大堆不知从哪里冒出来的瓶瓶罐罐。实验室成员们也就自然会采取更为认真的态度，记录好那些固定放置区的试剂。

赠送试剂

一个发怒的博士后把我们所制备的抗体全都带走了。我给所有曾经我们把试剂送给他们的人打电话或写信，希望能要回足够的试剂以完成剩下的实验。90%的地方还没有开始用我们给他们的试剂，所以我很奇怪，当初他们为什么要向我们索要呢？但最重要的是，我们拿到了足够的试剂完成了实验。

试剂的共享是研究工作中一个重要的方面。如果你的研究拿的是联合基金，并且/或者你也已经发表了论文，有些研究者希望你能赠送你论文里涉及的但在市场上买不到的一些抗体、DNA、细胞、动物、细菌和其他一些产自实验室的试剂。

如果一种试剂会带来很大的麻烦和制备起来很贵，或者你只有少量的库存供你自己实验室人员的研究用。那么PI们会面临一个道德窘境。规则是你必须要送给索取人这个试剂，不同的实验室用不同的方式来处理这个两难的局面。有些忽视或者“错过”这种要求；有些回信说已经不再有这个索求了；其他办法是尽他们可能最多的花费和突破种种不便也要给出试剂。

试剂的赠送应该集中处理。例如，所有的试剂应该通过实验室发送，且经PI同意。如果实验室某个人被指定处理和记录赠送试剂，那么试剂的进出记录就非常简单。未经PI的许可，实验室任何人员，即使是配制试剂的人也不可以向任何人赠送试剂。

所有的赠予都应该有所记录

有三种方法可以帮助你执行和组织试剂请求。

- **制作一个“索取材料”的表格。**与其被淹没在索取试剂的电话、E-mail和信件中，还不如在实验室主页上一直保持一封以“索取材料”为主题的信，或者索性就给所有索取试剂的人寄去一份。这样所有的索取信件都会以固定的形式保存在一个固定的地方，既简化了接下来的统计工作，又节省了保存空间。

索取材料表格

姓名
单位
地址
电话号码
E-mail 地址
索取材料的用途
如果需要的话，附上你的材料转让协定书（MTA）

- **发送一个材料转让协定书（MTA）表格。**根据你所在机构的规定和试剂本身的性质，每个索取实验材料的人都应该签署一份材料转让同意书。尽管对学术部门之间实验材料的转让，NIH专门规定了相关事宜，但其他领域之间的这种转让还是有一定的难度，所以 MTA 表格应该由机构的法律顾问帮助完成。表格可以放在实验室的主页上，或以 E-mail 的形式发出去，不过多数情况下会要求对方打印表格后再签上名后才行。

- **寄一封标准信件，填写你提供的全部索取试剂。**一封简短的信就可以作为你送出试剂的凭证。可能所需要的所有试剂都在一封信上进行说明，留空白填写提供的试剂的名称和数量，也可能每一种试剂需要一封单独的信件。

订购试剂和日用品

网络订购正成为越来越直接的购物方式，网上提供了很多选择方法可供查询产品信息及实际网络订购，但是你可能必须在你们单位设定的系统范围内进行订购。

一些实验室会安排一个核心人员负责订购，并将相关信息存入计算机。一些实验室让一个人负责所有的订购，需要花费他大量的时间。但是让一个人负责常规——通常是日常的——综合、更新和完成订单，能让实验室运转得更顺畅一些。

记录购买的试剂和日用品的信息

产品名称
储存地点
原产公司
目录编号
价格
型号或数量
相关的储藏信息（如光敏感、过期时间）

另一些实验室则允许和鼓励成员们去处理他们自己的订单，不用去问别人。即使实验室资源丰富，这样做会造成一些试剂的过剩和浪费。通常的做法应该是，成员们将自己需要订购的物品和数量汇集到一个人那里，由他来负责查询是否有重复订购的情况。刚刚建立的实验室，通常会由 PI 来负责这件事。稳定一点的实验室，往往由技术员或某个实验室管理员来负责这项工作。

很多计算机程序都有这样的功能，当某件物品超过一定限度时或者有重复性订购信息出现时，就会发出提醒信号。

时刻注意某种日用品的使用情况和订购日用品这两项工作之间的界限往往是不明显的。有时实验室的数据库不能与你所在单位的订购系统完全匹配，大多数都还需要添加一些个人的东西在里面。这个时候，你可以和软件公司协商，找出解决问题的办法，他们可以根据你的特殊需要对程序做些修改。

记录资金的去向

你绝对需要记录你的开支以便在实验室和个人层次保持会计制度。大多数 PI 会从系财务管理人员那里得到一个每个月开支的明细，如果实验室规模小，这样是可以的。但是当实验室的资源和人员增加时，你可能需要灵活性和即时反馈，以调整你的资金和/或人员管理软件管理系统。

"管钱"软件能为你做什么。财务和基金记录数据库软件均属此类，可以从数据库里查询订单编号、卖主、最后一次购买的时间及价钱。更重要的是，由于 PI 们的资金来源不只一处，相应的管理程序可以列出在日用品和人员管理上的花费，或者其他特殊时期开销，而且当某项基金的运转出现问题的时候，你会及时得到通知。

任何软件必须是为你定制的，可以是基于网络的。北极光软件（Northern Lights Software）（http://northernlightssoftware.com/）是一个单机系统软件，可以用来进行实验室的基金问题和人员管理，两种功能可以使你掌握你的基金在购买和薪水方面的情况。

财政信息在提交项目申请书时也必须管理。联邦政府的项目现在是在线上传到基金管理处，这里提供一个免费的应用程序可以使财政信息的操作更容易。通过在线的软件（http：//www.cayuse.com）可以帮助准备基金申请书，并更容易地提供了与其他软件的整合。

实验方案

实验方案是可变的，应该保存在计算机里，因为只有计算机文件才能应对不停变化的东西。实验方案随着时间的推移一直改变，不同的人使用时也会有所变化。数据库程序和文字处理程序都可以用于记录实验方案。但大多数实验室都选择文字处理程序。

实验室公用实验方案和个人实验方案。每个人都会对实验室公用方案做少许的改动，这些改动应该在方案中标记出来。但实验室的新人员应该用谁的呢？最好的解决办法是在实验室保存一个标准的实验方案，然后让实验室成员们把自己的一套方案保存为自己的文件。下面是每个方案都需要记录的信息。

- 实验方案的名称。
- 实验方案的来源和参考文献。
- 需要的实验材料。
- 每个实验步骤的说明。
- 最后一次修改方案的日期/修改实验方案人的姓名。
- 使用者姓名。

对于 PI，要求成员不断更新实验方案比要求他们直接保存实验方案要困难得多，可能是因为要让他们知道更新实验方案的好处不那么容易，其实这样做会更有利于他们的研究工作。有的实验室一年中会抽出几天的时间来做这项工作，成员们利用这个时间对自己的实验方案做一个整理。

促进交流联系

计算机使 PI 与世界各地的同事保持联络成为可能。但即使是在离得很近的人之间，计算机也可以作为联络工具。用你的 E-mail 程序，可以让成员们对你刚刚参加的会议内容有所了解，也可以问问你好几天都没有联系过的学生，他的项目进展如何。可以介绍一篇大家都会很感兴趣的论文，还可以就某个新仪器的使用问题求助于大家。计算机为你提供了一种便捷亲密的交流方式，这是纸上交流无法做到的。

互 联 网

互联网是实验室里不可或缺的工具，这是一个帮助大家搜罗信息和提供交流的地方，我们还可以通过它得到那些用于储存数据和组织人事的工具软件。许多情况下，互联网上的资源可以取代你自己计算机里的某些程序。

使用网络的一个优点是节省开支，这样你就可以不用花那么多钱去买那些储存数据用的软件和硬盘了。如果网络不通，你的交流和分析系统都会瘫痪。这样的事情不太会发生，其对于心理的影响要远大于实际上的功能问题。因为互联网连接在计算机里都有备份。还有其他方法可以备用，如虽然现在大家都用光纤上网，但有些 PI 依然保存着拨号上网的方式以备不时之需。其实，现在大多数研究者最担心的还是网络安全问题，彼此之间交流越方便，网站被非法入侵的可能性就越大。

下面是你可以用网络完成的实验室工作。

- 可以存储实验室书籍和数据，或者与其他研究者共享这些资源。
- 起草、发送或修改演讲稿。
- 数据分析。
- 订购实验室日用品以及协调库存与订购。
- 查找文献。
- 查找、保存、共享实验方案
- 在线访问电子期刊，许多单位已经订购了这些期刊，下属的各个实验室都可以使用。

尽管大多数实验室仍然使用“微软公司的 IE 浏览器”作为网络浏览器，还有多种很好的网络浏览器可以使用。Apple Safari、Google Chrome、Opera 及 Mozilla Firefox 等是常用的浏览器。它们的大多数可以与不同的计算机操作系统及智能手机匹配。

实验室主页是与你实验室以及想了解你实验室的世界上其他的人进行交流的无价途径。你可能会有一个主页，保护你接入互联网的途径，或者有两个完全不同的主页。

面向实验室成员的信息

以下信息的大多数可以放在实验室手册里（在实验室政策中讨论过），也可以贴到实验室的主页上。

- 实验室手册（包括实验方案、实验室成员电话号码和实验室守则）。
- 实验室会议和期刊俱乐部的时间安排。
- 实验室的事务轮换时间表。
- 月度预算报告。
- 投诉和建议页面。

- 实验室登录名列表和订阅网站密码。
- 可以登录的期刊。
- 进入实验室文献管理软件。
- 交互式日历。
- 设备标贴。
- 链接到有用的网址。
- 维基专题讨论。
- 实验室及个人照片。

先与 IT 部门联系，他们不仅可能将你的主页链接到系里或机构的互联网上，还有可能帮你建设你自己的互联网系统。如果你没有 IT 部门，你或者实验室人员可以建立你们自己的互动网站，可能是免费的，或者通过一个商业网站发展服务公司运行。确认弄清楚由谁来负责网站维护和更新。

面向实验室外部人员的信息

如果有人对实验室项目或某位科学家感兴趣，实验室网页可能是他们第一个可以用于访问的地方。轮转博士后候选人和研究人员会到你的网页核实以找到一份合适的工作。学生和媒体在搜寻某种疾病的信息时可能会找到你的实验室。你的网页是你的前门，你希望为科学家们和非科学家们提供有用的信息。

许多实验室仅仅在系网页或机构网页上有一页的介绍。有些实验室使用 Facebook 网站的粉丝页面，之所以这样称呼是因为他们是公众的（可以通过搜索引擎找到），不想让机构看到或者与浏览的人员互动。你可以在 Facebook 上创建一个讨论板或者贴上一些东西。

外网上可以包含以下信息。

- 研究兴趣、使命及概述。花些时间向科学家和非科学家说明你的研究领域，适度地在网上介绍你的工作。
- 研究课题，基金项目。
- 实验室成员及他们的项目。
- 出版物列表。保持这个列表的更新！你也可以贴上论文的 PDF 件，但要核实杂志社的授权许可规定。
- 联系信息以及申请你实验室工作的指导意见和要求。

文字处理软件

这很可能是你办公室或实验室工作的核心，是你的行政助理，起草论文、申请基金、书写信件的地方。

文字处理软件能为你做什么。文字处理软件的使用通常并没有发挥它们的功能。它的排版能力远远超出你的意料，还具有许多图像处理程序的功能。大多数文字处理软件都自带有书写信件的模板，也可以储存你自己设计的模板（如推荐信），还能检查你的拼写和语法错误。这些软件都可以用来记录实验方案。

对PI来说，最重要的是此类软件的编辑功能，即在现有的文档上做一些添加或修改。这些改变是可见的，因为它们最终都会在论文上有所体现，你只要轻轻按一个钮，这些修改就会被接受，并整合到完成的终稿中。

绝大多数实验室使用Word软件，这种软件是供给个人计算机（PC）和苹果计算机（Mac）的。尽管还有其他软件（包括免费软件如OpenOffice），很多PI还是担心较小的公司容易倒闭，或者他们的产品与实验室的其他程序不兼容。

书目管理软件

通过期刊俱乐部、自己阅读或上网查阅到的信息，可以帮助你对你所研究的领域做一个适时的把握。但如果要整理相关参考文献，或者查找一些不太知名却有一定价值的论文，就应该用书目管理软件了。

书目管理软件能为你做什么。书目管理软件可以把许多记录按不同的标准分类。你也可以把从网上搜索的有关文献存到书目管理程序中去，以供日后调用。写论文或申请项目基金时，你就可以把参考文献插入到论文中去，无论你需要哪种风格，计算机都可以自动调整。

书目管理软件必须能和你的文字处理软件兼容，大多数有PC和Mac版本。同样的，公司在销售Reference Manager、ProCite及EndNote等软件。Thomas Reuters、EndNote是目前大多数实验室使用的软件。

文献数据库——个人的与实验室的。实验室创建初始，尤其是只有PI在写论文时只要有一个书目数据库就足够了。但当实验室有了博士后、学生，或者其他可以进行独立研究的人以后，应该在该程序中为每个成员建立子文件夹，这样他们自己便可以操作软件，也会方便得多。

很多PI上网，使用免费的书目管理软件（应用程序和基于万维网的）。Biblioscape和Papers这两种书目软件是常见的两个例子。处理价格标签，科学家们转向web程序是因为他们允许最大的合作优势以及与其他科学家们共享文献，几个现行的对合作有用的万维网合作文献管理软件是CiteULike、Connotea和2collab。

演讲软件

虽然有很多可供选择的应用软件和基于万维网的演讲软件，但演讲软件通常选择PowerPoint presentations，因为Microsoft PowerPoint是最早广泛采用的演讲软件，而且仍然是最普遍使用的演讲软件。总是把你的演讲报告存在与你的计算机可以连接的带有USB接口的储存器或其他便携式驱动器中，以防与你目的地的硬件不兼容，在出发前先将演讲稿件以电子邮件的方式发过去，并确信运行没有问题。

演讲软件能为你做什么。演讲软件最主要的作用是与其他科学家们交流你的数据。还可以用来讲故事，对非科学家们讲你的工作。你可以用软件制作讲义。演讲稿可以上传到YouTube或者SciVee。对大多数的软件，图像可以不使用Adobe Photoshop、

Canvas 或者画图软件进行增强。

PowerPoint 对 PC 机和 Mac 机都可以使用，是一个功能强大的神奇软件。因为它可以方便地使用，意味着报告人可以随意制作和演示太多的幻灯片、附加太多的要点、挤满了太多的数据、执行着太多浮华的转换，而曾经名声很坏。不要因为你自己缺乏透明度而责备软件。

这就是说，很多演讲软件各有不同的优势。苹果的演讲软件 Keynote 是一个有着惊人视觉效果的软件，很容易使用。OpenOffice 提供了一个坚实的带有免费网络程序包的演示程序。不论你选择哪一种，在你的演讲稿使用简图作为亮点。

项目管理软件

PI 需要知道实验室所有项目的进展情况，这是必要的。实验室的规模变大以后，要知道谁是——或应该是谁——做这件事就变得更加困难。对实验室的每次会议和每次谈话都做好记录，并让大家都能够看得到，这样就不会出现一周几次的车轮式重复谈话。如果实验室确实很小，你可以把相关信息记录在笔记本或者文字处理程序中，但如果你想要横向比较某个项目的某个特殊方面，就应该用以数据库为基础的项目管理软件。

项目管理软件能为你做什么。项目管理软件能够记录多个项目及与项目有关的任务和资源方面的信息。例如，每个项目的资金预算应该可以通过该软件找到，目录上则应该把实验室承担的所有项目按时间顺序排列起来。

有很多项目管理软件的功能都远远超过了科研人员们所需要的范围，使用这样复杂的软件会把一些科学家折磨疯掉，懊恼当初为什么不选择其他容易一些的软件。有时候用这种软件来处理问题会让人无法实实在在地感受到自己在做科研工作。但对于那些想要掌握每个项目的信息，又认真地使用该软件的人来说，这项投资无论从资金的方面还是从时间的方面来说，都是值得的。PI 们主要使用的两个项目管理软件是阿尔忒弥斯项目软件（Artemis）和 Microsoft Project。

关心计算机

备份、备份、备份，这是你关心计算机和你的数据所能对计算机做的主要动作。很多 PI 假定计算机的备份系统是天生永久的和万无一失的，因此通常在遭受损失时才提醒某人材料破坏、系统失败、没有人不犯错。即使你工作中的数据已经备份，至少还需要另一个备份系统。

至少保持一个备份站点，以防实验室的灾难来临（是的，火灾和水灾确实时有发生）。这样做并不意味着在彼此相邻的两个抽屉里要储存两份独立的备份系统。每一个备份应该在你的计算机里备份一切事情，试图对不同备份地点进行混合或者匹配不同的文件是太混乱的事情，通常要失败的。以下列出的是储存文件的几种方式。

系里或你所在机构的服务器。为储存大的文件，如图像文件、E-mail 和文档文件提供了空间。有些地方还会定期地对所有的数据进行备份，通常都是储存在光盘里。单位还可能对数据进行加密，以至于不会被黑客窃取。这是最可靠的长期储存形式。

硬盘驱动器、闪存盘和 CD/DVD 可以在你工作的时候用它们来进行备份。大多数计算机有用于备份的软件，如果没有，投资安装一个备份软件以保证能够自动备份。每隔几年更新你的备份系统。硬盘驱动器可能失效，CD/DVD 可能在 2～3 年后不能读盘。

互联网备份或文件托管网站能储存大量的信息。数据可以自动备份或手动备份，在需要数据的时候可以进入数据库获得。确信能够区分出是你计算机现存文件的照片备份还是前备份档案的备份。Moxy 和 IDrive 是两个评价很高的在线备份服务系统。在签署任何服务协议前，在线坚持当前的评论。确认实验室成员已经在他们自己的计算机上备份了他们的数据。给他们一个闪存盘、一盒 DVD 或者在线备份地址，为他们制订一个备份和储存的计划。

计算机的日常维护和修理

对于一个没有坚实 IT 部门的实验室，签约一个计算机顾问的花费太高，因此很多 PI 都会把所有的问题都堆积在那里，直到有一天计算机瘫痪了，需要重新对硬盘进行格式化，甚至重新买一台计算机。即使系里有计算机方面的专家，也很难做到及时解决发生的问题，而毫不影响实验室的正常工作。为了预防问题的发生，应该：

- **严格控制下载。**不仅病毒可以通过下载入侵计算机，而且安装新的软件也会使计算机的运行速度减慢或造成系统瘫痪。
- **不能随意使用计算机，严格控制使用权。**在实验室，大家是能理解这一点的，但是位于比较中心位置的计算机的使用频率自然比你想的要高些。用开机密码保护每一台计算机。
- **仅仅使用卸载功能删除程序。**不要仅仅用“delete”来删除程序。
- **不要随便装载程序。**驱动器里或许有足够的空间，但新的程序装载了以后，引起不能兼容的可能性就增加了。
- **确保实验室成员不要下载程序**或者安装没有预先和你讨论的购买的或是借来的程序。即使是给实验室成员使用的计算机，这样要求也是有道理的，因为发生问题以后，最终要去解决的还是你自己。例外的是，如果你实验室确有那么一个精通计算机的人，可以由他来负责这件事。
- **为每台计算机准备一个启动盘。**PI 们经常要重新启动计算机，有时是按照新安装的程序说明来操作，或者由某个应用程序帮助完成。当计算机无法重启的时候，启动盘便十分有用了。

你可以用下面的一种或多种方法来解决计算机出现的大多数问题。

- **创建诊断工具。**许多计算机管理人员都在计算机上安装了诊断程序。可以诊断并解决所出现的问题，或者通过一个公司技术人员的在线帮助来解决。
- **基于万维网的支持网站。**大的计算机公司都有自己的主页，在那里你可以找到相应的症状和处理办法，也可以通过给技术人员发 E-mail 请他们帮助提供解决问题的指导。也有很多独立的网站和论坛，专门为 PI 们提供相当舒适的计算机修理服务。

- **通过电话的客户服务。**计算机（和软件）公司有自己的服务热线，你可以通过实时电话（或者即时通讯）得到帮助。电话号码有时很难找到，但是要永久保留，因为这通常是你能找到的最有效的帮助。在你购买计算机的时候，考虑包括电话服务的额外支付政策。

用于维护、诊断和修理的使用与恢复程序是对实验室计算机的一项很值得的投资，尤其是当你没有一个很专业的计算机人才的时候。紧急情况出现时，这个软件就是无价之宝，可以让你恢复丢失的数据，解决计算机的程序冲突。软件对维护和监控计算机、驱除病毒都是很有利的。

Symantec 和 Norton 是为 PC 计算机提供著名实用程序的两个公司。对于 Mac 计算机，它没有同样的维护问题。Alsoft's DiskWarrier 可以用来消除目录损坏和恢复数据。

很多计算机操作系统的部分也提供硬盘和系统修复工具，但是他们不提供同样范围的服务或者复杂程序的易用性使用。然而，一个实（公）用程序不能解决所有问题，事实上，这种软件的安装可能自身会带来不兼容问题。如果你有坚实的 IT 部门，在你安装任何实用软件前，与他们沟通一下。他们可能有你要安装软件的拷贝，或者他们可能给你一个其他建议。

参考文献

The American Society for Cell Biology. 1998. Designing productive lab meetings. *Am Soc Cell Biol Newsletter* **21:** 7–8 (http://www.ascb.org).

Angier N. 2007. *The canon: A whirligig tour of the beautiful basics of science*. Houghton Mifflin Company, NY.

Anholt RRH. 1994. *Dazzle 'em with style: The art of oral scientific presentation.* W.H. Freeman, NY.

Austin J. 2002. Management in the lab. *Science Careers*, September 13 (http://sciencecareers.sciencemag.org).

Baker S, Baker K. 1998. *The complete idiot's guide to project management.* Alpha Books, NY.

Barker K. 2003. Taking the slush out of funding. *Science's Next Wave*, January 14 (http://science careers.sciencemag.org).

Belker LB. 2005. *The first-time manager*, 5th ed. AMACOM Books, NY.

Benderly BL. 2007. A "Hippocratic oath" for scientists. *Science Careers*, March 2 (http://sciencecareers.sciencemag.org/career_magazine/previous_issues/articles/2007_03_02/caredit.a0700030).

Booth WC, Colomb GG, Williams JM. 1995. *The craft of research: A researcher's companion*. University of Chicago Press, IL.

Boss JM, Eckert SH. 2003. *Academic scientists at work: Navigating the biomedical research career*. Kluwer Academic/Plenum Publishers, NY.

Briscoe MH. 1995. *Preparing scientific illustrations: A guide to better posters, presentations, and publications.* Springer-Verlag, NY.

Committee on Science, Engineering, and Public Policy. 1995. *On being a scientist: Responsible conduct in research*. National Academy of Sciences, National Academy of Engineering, Institute of Medicine, National Academy Press, Washington, D.C.

Covey SR, Merrill AR, Merrill RR. 1994. *First things first*. Simon & Schuster, NY.

Deal T, Kennedy AA. 1982. *Corporate cultures*. Addison-Wesley, Reading, MA.

Fasse PJ. 2009. *Do's and don't's for keeping lab notebooks*. Fish and Richardson P.C., Boston (http://www.fr.com/practice/pdf/LABBOOK2.pdf).

Fenner M. 2009. *How to close the digital divide among scientists*. June 14 (http://network.nature.com/people/mfenner/blog/2009/06/14/how-to-close-the-digital-divide-among-scientists). (Gobbledygook by Martin Fenner: Martin Fenner's blog on scientific publishing in the Internet age.)

Ferry G. 2000. *Dorothy Hodgkin: A life*. Cold Spring Harbor Laboratory Press, Cold Spring Harbor, NY.

Feynman RP. 1985. *Surely you're joking, Mr. Feynman*, p. 341. Norton, NY.

Goleman D. 1995. Managing with heart. In *Emotional intelligence: Why it can matter more than I.Q.*, pp. 148–163. Bantam Books, NY.

Gopen GD, Swan JA. 1990. The science of scientific writing. *Am Sci* **78:** 550–558.

Green DW. 2000. Managing the modern laboratory. *J Lab Management*, ISC Management Publications, Shelton, CT.

Guide for Keeping Laboratory Records. 2008. National Cancer Institute, Technology Transfer Center (http://ttc.nci.nih.gov/resources/brochures/labrecordguide.php).

Gwynne P. 1999. Corporate collaborations: Scientists can face publishing constraints. *The Scientist* **13:** 1–6 (http://www.the-scientist.com).

Hayes R, Grossman D. 2006. *A scientist's guide to talking with the media*. Rutger's University Press, Piscataway, NJ.

Heiner K, Lahti D. 2000. *Hazard awareness & management manual (HAMM)*. Fred Hutchinson Cancer Research Center, Seattle (www.fhcrc.org).

Hoagland M. 1990. *Toward the habit of truth: A life in science*. W.W. Norton, NY.

Jones NL. 2007. A code of ethics for the life sciences. *Science Engineering Ethics* **13:** 25–43.

Judson HF. 1996. *The eighth day of creation: The makers of the revolution in biology*, Expanded ed. Cold Spring Harbor Laboratory Press, Cold Spring Harbor, NY.

Klein RC. 2000. Protecting frozen samples. *Am Lab* **32:** 42–44.

Kreeger KY. 2000. Scientist as teacher. *The Scientist* **14:** 30–31 (http://www.the-scientist.com).
Levi P. 1984. *The periodic table*. Schocken Books, NY.
Luria SE. 1984. *A slot machine, a broken test tube*. Harper & Row, NY.
Meisenholder G. 1999. The paperless lab: Database systems for the life sciences. *The Scientist* **13:** 19 (http://www.the-scientist.com).
Morgenstern J. 2000. *Time management from the inside out: The foolproof system for taking control of your schedule and your life*. Henry Holt, Philadelphia.
Olson R. 2009. *Don't be such a scientist: Talking substance in an age of style*. Island Press, Washington, D.C.
Pacetta F, Gittines R. 2000. *Don't fire them, fire them up: A maverick's guide to motivating yourself and your team*. Simon & Schuster, NY.
Phillips ML. 2006. Do you need an electronic lab notebook? *The Scientist* **20:** 74 (http://www.the-scientist.com/article/display/23172/).
Piel G, Segerberg Jr O. 1990. *The world of Rene Dubos: A collection from his writings*. Henry Holt, NY.
Portny SE, Austin J. 2002. *Project management for scientists. Science Careers*, July 12 (http://sciencecareers.sciencemag.org/career_development/previous_issues/articles/1750/project_management_for_scientists/).
Purrington C. 2009. *Advice on keeping a laboratory notebook*. Swarthmore College (http://www.swarthmore.edu/NatSci/cpurrin1/notebookadvice.htm).
Sanford S. 1999. The grad school survey. *HMS Beagle* **68:** 1–6 (http://news.bmn.com/hmsbeagle).
Schloff L, Yudkin M. 1992. *Smart speaking*. Plume, NY.
Tufte ER. 1990. *Envisioning information*. Graphics Press, Cheshire, CT.

第 7 章

密切沟通

与你的实验室交流

理解与被理解

科学家都是优秀的交流者；这种交流的过程对于他们来说就像他们生命中的血液一样。他们在圈子内将自己的研究成果写成报告，无论是在发表前还是之后，都在同事之间自由地传阅；他们通过电话讨论工作，使电话费成为天文数字；他们仔细阅读其他人的基金申请；他们不停地参观其他人的实验室、做报告、相互交流、使用其他人的设备做实验；他们参加数不清的学术会议，而且不同程度地担心他们的同事可能窃取他们的想法，或是担心在进行相同研究的其他人会在自己之前完成。总之，科学滋长于坦率的习惯和知识，使交流系统保持开放。

Hoagland（1990，p. 79）

Randy Schenck 是 Burroughs Wellcome 公司的训练与发展部门助理，他说他公司的项目发展组由多达 12 人组成。因为这些团队成员每人要向他们的项目经理汇报，而经理们提出的要求往往带有竞争性，这就会要求每个人付出 150%的时间。项目发展组必须决定执行谁的指示，Schenck 说：做出决定的根据是指示的感染力，而不是做出指示的人的权威性。“学会交流你的想法，有助于确保一个人自己的计划战胜一个已经交付给某个成员的具有竞争力的计划。”

Spector（1989，p. 3）

不会交流就没有成功。把科学家孤身对抗宇宙这个场景都忘掉吧。交流包括将你的结果告诉给大家、说服大家跟你一起工作，以及向基金会或方案的评委解释你工作的重要性。实验室里的交流，是实验室的成员走在一起并得以维系的基础。但是交流的内容不能仅仅是让人知道你想什么，而是也应该知道别人的想法，否则你是在浪费自己的时间，也会失去你的部下。

> 作为一个实验室的领导，你要忘记你的话比别人的话分量更重。你不能像在做博士后时那样直率地说话，因为你已经和他们不是一组了。

这看起来再明显不过了。但是很多新的 PI 们却认为他们的工作是指出什么是正确的该做的事情，而找出某人为什么没有正确做事的原因并不是他们的责任。如果你不知道一个人做某件事情的理由，那么你就不能跟着掺和。你应该努力、努力、再努力地去理解实验室成员要做什么和为什么在做。

- **交流什么。**一切事情——实验结果、论文、基金会的决定、项目状态。你对其他人的实验结果和他们新发表论文的看法是什么。你的道德准则。实验室里什么事让你高兴，什么事让你生气。还有，按照你想要的实验室类型，你对政策、音乐、教学和旅游是怎么想的。

- **怎么交流。**利用所有交流方式！实验室会议、公告栏、电子邮件、便签，以及一对一的谈话。在交流中要注意到文化的差异，记住一些事情在你的思维模式下可能不能被理解。将交流的范围扩大到每一个人！如果 PI 只与实验室中的一部分成员交流，那很容易让实验室产生两极分化。
- **何时交流。**任何时候。利用实验室会议或在电梯中相遇这些机会去建立或加强你们之间的关系。
- **什么不能交流**？对实验室其他成员的感觉和情绪，贬义的和有偏见的评论。

学 会 倾 听

倾听是一名刚刚成为管理者的人所能展示的最有价值的特质。有两个原因：第一，如果你能广泛的倾听，就不会被别人看成是“万事通”，这是大部分人对说话太多的人的理解。第二，借助于多听少言，你可以了解到发生了什么事情，而滔滔不绝则让你什么也了解不到。

Belker（1997，p. 20）

第 4 章学会倾听（p. 20-25）

实现良好交流的一种重要方式就是倾听。通常，在听取的过程中，人们也在组织自己的评论，时刻等待发言的机会，这样就会错过一些发言者真正想要交流的内容，更糟糕的是很多人在想着毫不相干的话题，却时不时地抓住一个关键词让人感觉他们正在听。

听取不同于听见。听见是一种被动的行为，而倾听是主动积极的。你必须避免的是类似于傍晚时分的讨论会上极端被动的听取，那只能让你了解关键的段落和术语，让你有一个肤浅的理解。无论你是设法帮助一名实验室成员解决在实验室的个人问题，还是讨论一组令人兴奋的数据，你都必须集中注意力，去理解正在谈论的内容，使你看起来正在倾听。

- 看着正在对你讲话的人。
- 用点点头以示赞同，皱皱眉以示同情，微笑以示你对正在进行的谈话兴致勃勃。
- 偶尔对谈话人讲述的内容进行评论，而不是实际上的接管谈话。
- 在你讲话时，不可能听进别人在说什么。
- 在交谈中，不要下意识地拨弄铅笔、开抽屉、漫不经心地乱涂乱画。不要在与他人会面的过程中接电话，你可以请他人代接或使用电话应答机/语音邮件，或者干脆就不接。
- 将你的思想集中在交谈上。如果集中注意力有困难，那么你至少要考虑说话人所讲的问题，而不是你自己的那些问题。
- 即使是在通电话的时候，你也不能同时查看电子邮件或拆信。你可能会错过一些东西，而且，除非是对于那些最自我主义的人，否则你注意力的缺乏对于所有人来说都是显而易见的。

倾听的多样性

谈话被别人打断，给人的印象是打断者想控制谈话，这是因为我的朋友们谈话方式的不同引起的。我将这些谈话方式称为“高度体谅型”和“高度参与型”，因为前者将替别人着想，把别人放在优先的位置上，而不是强加；后者将表现出的热情参与放在优先的位置上。发生一些明显的打断是因为“高度体谅型”的人讲话时有意识地在话题转换时留出一个较长的停顿，而“高度参与型”的讲话者却在这个时候感觉对方没有话好讲了，因此就插入了一些话来弥补这个停顿所导致的窘境。

Tannen（1990，p. 196）

倾听的风格会受到地理方面的影响，甚至就是在美国境内也一样。当与不同性别、不同国家和不同年龄的人交往时，倾听所表现出的不同可能会更夸张。下面列举出了一些倾听的类型。

其实我的“听”被曲解了！我要打断某人讲话，目的是想通过插话来帮助她把故事讲完，但一旦插了话，整个房间会停止说话，然后我就变成了谈话的主角。

- **明确同意时有规律的点头或低声地说“嗯”**，正常打断时是这样的。而有些情况下，这样做可能被误解成是赞同。
- **重复你的陈述或所述故事中的词语**，一般用来表示共鸣，但非母语的讲话者可能通过重复熟悉的关键词语来促进他们自己的理解。
- **在故事结束前插话**以继续故事的发展，不过这种方式在东海岸是为了方便听取，而在西海岸则被认为是一种打断。
- **保持身体安静**能表现出专心。而有些人则可能认为身体与说话的人相接近是表示专心的正确方式。

有效率地讲话指南

- **说你想说的。**或者是害怕做出即便是很小的决定，或者是担心冒犯别人，或者仅仅是因为此刻不愿去思考，许多PI习惯于对问题给出模棱两可的回答。而模棱两可的回答又经常会返回来困扰你。人们将按照自己的方式去解释你的话，而这又并不是你的意思。这看起来公平，却让你感到无奈。如果你没有立即提供答案，给定一个时间。到时候你要提供明确的答案。
- **避免讽刺。**讽刺不仅常常不能被很多非英语母语的人所理解。而且还容易冒犯其他所有的人。作为一种形式的反馈，它是尤其被动和无效的。
- **去除所有带有排斥的语言**，包括对这个人的能力、外表或者工作等。例如，“你的问题是你总是……”，“你从不……”，“在你……的时候我真的不喜欢……”。
- **只有在你真的想听答案的时候，你再问问题。**修辞色彩的问题不会真的起作用。当你知道或认为自己知道答案时，这时提问让大多数人感到被侮辱，因为这会是一个明显的信号——你在告诉大家而不是在提问题。提问并认真听取答案共同构成了有效的交流，而只问不听将是无效的。

给出建议性的批评

给出赞美和鼓励，但在必要的时候要严格。在公共场合表扬，在私下里批评。在公共场合被批评是让人感到很丢脸的，并且很少会有效。要掌握批评的时间。实验室成员在刚刚做错了事情时候可能无法听取建设性的意见。

命令和要求

什么时候你的要求会是一个命令呢？你自己必须知道什么时候一个要求是一个命令。只有这样你的交流才能是恰当的。以下几种说法会逐步将一个要求变成了一个命令。每种说法可能是PI所用的经典例子，在特定情况下一种说法会比另一种说法更有效。

- “好。所以，你要做我们说过的那个对照实验？”
- “我会尽快做其他对照实验。”
- “你有了那个对照实验的结果之后，请告诉我。”
- “这周进行另外的那个对照实验……”
- “在你做任何事情之前先进行另外的那个对照实验。”

如果某件事情非常要紧或紧急，要对方向你报告而不要去问。问询会使事情听起来不重要。如果事情是严重的，那么就要让人看出来，不要任其自己去理解。

如何结束谈话

成为一个善于听别人说话的人常会有这样的麻烦——人们可能除了和你交流科学问题，还会想和你聊其他事情。这对于新PI们特别是女性PI来说经常会成为问题。来自实验室内部和外部的人们都会聚集到这个善听者那里。你必须限定谈话结束的时间。

你可以精明一点。“好，我会考虑的，你回去后也再考虑一下”或“让我们把它放在会上讨论吧”，这样可以结束已经进行了很久的工作讨论。精密的（和不那么精密的）非语言交流可以起到同样的作用。例如，变换你的姿势，将一个手放在电话或计算机键盘上，或看一下时钟。

如果讨论的是私事，那么这种精明很难起作用，可能直截了当是最好的。“看，我们可以慢慢继续这个话题。你看我们在吃午饭的时候谈好不好？”这是个方法，但这只有在你真的想在某个时间继续这个谈话的时候才可以用。如果你真的想结束谈话，防止措施是最好的选择。你不能成为与每一个人都需要的万能药。学会结束和制止谈话是你要学会的驾驭时间最重要的技巧（参见第2章的“停止发火”一节）。

非语言交流

是的，甚至那些理性的的人，如科学家也使用非语言交流。非语言交流和语言交流在表达感情和细微差别上是一样的。非语言交流领域的研究人员声称两个人在面对面的交流中，90%的意思是通过非语言渠道进行交流的（Hunsaker and Alessandra 2008，p. 65）。学会解读这些信号不是新时代的谬论——它可以提供数据。当接触实验室成员时，睁大眼睛注意下面这几点。

- 姿势——笔直的、弯腰驼背的、漫不经心的。
- 目光接触——强烈的、不稳定的、漫不经心的。
- 声音——音量和表现力—羞怯的、进攻性的。
- 手的动作——兴高采烈并伸展的，或犹豫地靠近身体的。

不要刻意地要求每一个动作都有含义。要知道不同的人有不同的动作模式，而不是简单的认定“看，没有目光接触，在躲避!”想一想那人平时是不是经常进行目光交流？这个人进行或不进行目光交流有没有什么规律？这个例子是否打破了那个规律？

在多文化背景下对某个特殊姿势的变化的解释，远比单一文化背景下的要难。除少数天生的姿势是全世界通用的以外，后天的姿势含义各不相同。经常被用来表示真诚和尊重的行为是目光接触和在谈话时保持适当的距离，而这些行为的意义也随地方不同而变化。

甚至在同一种文化背景下，同一个非语言交流也可以表示出相反的意义。对笑的不同理解就是一个例子。一个微笑可以让人感到轻松，但同时也可以引起别人对你不严肃的后果。一些 PI，尤其是女性 PI，发现仅仅靠减少每天笑的次数和程度就可以让实验室成员更严肃一点。

PI 还必须考虑到情感的压力，它能影响一个人进行非语言交流的方式。你可能将一个折返走动的动作理解成是对你的拒绝，而那个人也许仅仅是试着去控制情绪。

建立和谐

当别人对你形成第一印象的时候，他们的经验会告诉他们自己是正确的，这就意味着你想要说服他们扭转这种印象是十分麻烦的。即使有人感到误会了你而摆出开放的姿态时，要彻底改变局面也将如上坡一样困难。但是事实上即使证据明摆着是与他们的第一印象相反。他们也会倾向于坚持自己的看法。

Dimitrius 和 Massarella（2000，p. 78）

你可以通过共同点来建立和谐。这并不是每个人天生就会的，而是人人都可以学会的基本要素。你可能是“一丝不苟”类型的科学家，会煞费苦心一次次地重复实验却难以与新的理论相一致。你的第一个博士后的最有效的工作方式可能是，下午 2 点才来实验室然后狂热工作一整夜，这样持续几周。你们看问题的观点从来就没有一致过。你们也不想改变自己做科学的方法。你们都认为对方很固执。博士后很可能不做那些你认为显然应该优先去做的事情。如果不明白你们两个人为什么对同一件事会做出相反的反应，每个人为什么做出反对的反应，那么相互抵触就会持续下去。

> 我不得不开始欣赏实验室成员之间的差异，将它们看成是实力，就像我对待自己孩子那样。

但是你们一定会有共同点。你们可能都不顾一切地热爱科学，你们可能都相信一个特定的理论，或听过同一系列的无聊之极的讲座。找到你们的共同点。你可以问问那个人对某篇论文的看法，或者聊一聊某个实验。如果直接的科学问题会让人感到威胁（对于一些人来说，他们认为你这样的表现是不容易接近的领导者的特点），那么就问他喜好科学的哪个方面。科学以外的其他话题可能会让谈话开始得更轻松一些。你可以和他聊聊与某人职业相关的事情。

闲谈不是小事！向人们展示你对与他们开始交谈非常感兴趣是毫无价值的。在一场可能的对抗之前，闲谈可以让你和他人放松，让人知道随之发生的事情并不像听起来那么严重。这种效果对新人来说就像是破冰船。作为 PI，为谈话定准基调的责任是义不容辞的，而且在谈话开始阶段你表现得越好，接下来的谈话就会越轻松。问题是不要问任何过于私人的事情，如果你感觉到别人正变得不自在，就向另一个方向转换话题。以下是一些例子：电影怎么样？你孩子的学校怎么样？你认为这几天的天气怎么样？你发现公交系统对你有用吗？

要进行闲谈，你必须对这个人感兴趣。将它看成一个实验，并且努力想出有关性格的线索，就会很快打开谈话的大门。

闲谈用在实验室成员的配偶或伴侣上会有特别的成效。很多人在与从事非科学领域工作的实验室成员的家人或非技术行政职员交谈时，感到头痛。一些科学家在与非科技人员进行交谈时会让对方如此的不愉快以至于感到被施舍了什么，这是你应该避免的。总之，只有投入兴趣才会让你克服第一个障碍。下面是营造和谐谈话气氛的三个小技巧(Lieberman 1998，p. 76)。

- **匹配姿势和动作。**作出非语言的反应以建立交谈时的和谐。如果一个人将手插在口袋里，那么你也可以将手放在兜里。如果一个人的手做了一个动作，那么过一会你也可以碰巧做一个相同的动作。如果一个学生吃饭时坐着，那么你也坐下来。
- **匹配说话速度。**努力与对方保持相同的说话速度。如果一个人正在用轻松的语调慢速讲话，那么与他做得一样。如果他说话快，那么你也要快速地说。
- **匹配关键词。**如果这个人倾向于使用某个单词或短语，那么在你的讲话中也借用它们。例如，要是一个人说，“这个提议是为双方共同拥有极好的收获而设计的，”那么在交谈的晚些时候，你可以说，“我赞同那个提议是为双方共同拥有极好的收获而设计的……”但一定不要像喜剧演员一样模仿对方。对别人动作明显的照抄是没有效果的。对一个人行为和语言方面的一个简单的反射足以让这个人感到舒适。

对于不会说话的人

与对你讲话不作出反应的人进行交流是非常困难的。实验室成员对你的话不作回应有这么几种可能性，或对你的问题没有足够专注，或不能给出答案，或无法简短地回答你的问题，也有可能是在老板面前害羞，或不善于进行闲谈，或恐怕说错结果。

> 我无法让他们主动找我谈话——这是交流上的主要问题。我经常想那可能是我的失败。

沉默寡言可能源于对权威者过于崇拜以至于不能像和同等地位的人那样交谈。如果你见到这个人在与同等地位的人交谈时是轻松的，那么就可能是这么回事。应对这种情况将依靠你的做事风格和你觉得怎么做才能奏效。

你可以坚持严格的科学态度，这将把对方的回答狭隘地圈在他们必须做出的反应范围之内。或者你可以通过与这个人进行私下谈话而使他感到更加舒适。

> 最糟糕的事情是某个人对我或实验室其他成员谈他的项目时不感兴趣。学生和博士后做他们的项目并向前推进，但是缺少明确目标方向的进展会在基金和发表文章方面使实验室受损。这些人往往最终在我的实验室不会有太大的成功。

有些人做出了语言反应，但他们并没有真正留意你在说什么。他们点头，他们微笑，他们看起来似乎理解了你为什么要做某个实验，而随后，就会像交谈从来没发生过一样。不说话也不再听你讲话的人将是 PI 的一个特殊的祸根。要保留交谈的笔录。要求这样的人以书面的形式回答你可能会更有效。

带着感情工作

组织的力量来自关系产生的力量。……一个工作场所如何组织它其中的关系，不是它的任务、功能和等级制度，而是关系的格局和力量才是有作用的。

Wheatley（1994，p. 38-39）

科学是非常感情化的职业。使科学家保持工作热情的不是流程和哲学，而是情感。有了发现时的激动，论文被别人抢先发表时的痛苦，做一场优秀讲座的满足，蕴含在博士后工作的成功中的骄傲——这些就是构成一个科学家生命框架的情感，真谛所在。

> 我的实验室损失了 2 年时间，就因为我在公开场合发了脾气。一个外面的学生来我实验室告诉了大家整个事情的经过，结果就再也没有学生继续来做轮流实验了。这样的状况持续了几年。

表达多少情感将取决于你作为 PI 的个人风格，但情感并不是一个与智力反应相分离的东西。情感并不是只有你是一个和蔼可亲的 PI 表达出来，也不是你想和人保持距离就不表达出来的。哪些情绪、以什么方式和在什么时候表达都是实实在在的决定。

情感要以实验室为重。情感是一种资源，而不仅仅是图一时痛快。所以对于作为领导者的你，应该时刻或者绝大多数时候让自己的情感得到控制。一次短暂的负面风暴对于你可能很快就忘得干干净净，但是在实验室其他成员心中可能要持续几个月或更长，引起愤怒、沮丧或焦虑。

认清并明确表达你的情感和本意。使人们感到不自在的就是这些不透彻的了解。一旦你能控制你的感受，你就可以带着创造的情感处理问题了。

处理你的愤怒

挫折受挫于愤怒。但是在实验室感到遭受挫折要比释放脾气好一些。

- **不能将对某人的愤怒**转移到实验室另一个人的身上。你可以将你的愤怒告诉给同事、配偶和邻居，但一定不要把你的愤怒转嫁到你的另一个下属身上。你应该努力表现得客观一点。
- **可以表达对某件事情的气愤**，但是针对实验室中某个成员的气愤应该尽可能地少表达。
- **一定不要进行人身攻击**，即使你和某个实验室成员的关系很密切。在实际交谈中，受到言语攻击的人往往会封闭自己，无论随后你说什么和怎么说，他都不再理睬你了。而且，攻击某人品质和个性的话所引起的愤恨可能郁积数年。当一名实验室工作人员和一位PI坐下来解决紧张关系时，经常发现原来这个工作人员一直被数月甚至数年前的一次批评或争执所困扰。
- **一定不要在愤怒中讲话。**一次感情暴发，你可能要在数年内承受它带来的影响，尤其是如果你的暴发被人偶尔知道了。在一个机构中，当人们有许多实验室可供选择时，这种简单的脾气暴发会将你放在被选名单的最后面。
- **不要消极寻衅的评论。**未表达出的愤怒经常会转变成消极寻衅的行为（报复别人而不告诉他们为什么，这要比面对面的冲突更严重。）经常批评某人，进行冷嘲热讽和顽固地阻挠某个人的某个行为，这些都是未表达出来的愤怒的一些表现。你不能在实验室里暴发感情，同时也不能为避免感情暴发而代之以语言上的攻击。弄清楚困扰你的问题，如果你认定必须讨论这个问题，那么就平静而诚恳地进行。
- **选择你的战斗。**将会使你生气的事情按次序分列出来。什么时候是你对某人狂怒的合适时间，并且马上让他知道，以及什么时候是你应该散散步平静下来考虑一下接下来要怎么做。如果一个新来的研究生已经不止一次用过天平之后不清理，那么在你“要求”他学会清理之前一般要使自己的心情平静下来。你应该让这个人理解为什么大家都将天平清理干净，而不是像中风了一般地去告诉整个部门的所有人。但是如果你发现放射性物质被溅了一屋子以至于人们不能再使用这个房间，那么此时愤怒是最适当的。这是一个安全问题，疏远一些人可能是值得的。

虽然发火可能会在私人方面和实验室内部引发最明显的问题，但是其他的感情也会对每个人造成深深的影响。实验室某人明显的失望会引起他的烦躁和忧郁，感到很难去克服它们。

设法别让你的情绪波动影响实验室

作为管理者，Nüsslein-Volhard给自己以混合级的分类。“我是喜怒无常的人。有时我会沮丧，但随后我又变得非常热情……有时会因为一起工作的人而感到不舒服……我可能会将两个方面都夸大。我会因为某些事情而非常兴奋，也会因为某些事情而非常消极，并且任何一种情绪都不会是完全公正的。”

Christiane Nüsslein-Volhard，
1995年诺贝尔生理学或医学奖获得者
McGrayne（1998，p.401）

你做的任何事情都可能会在实验室成员中被放大，所以你要努力使自己比做学生或博士后的时候更加小心。你在科学上的行为同样具有榜样的作用，所以要在实验室里示范情感的有效使用。

可预见性是建立信任的一部分。虽然实验室成员可能会立即喜欢你，但是对你的诚实性和可信赖性的信赖却是需要时间和精力去完成的。只有当实验室成员根据你的行为能够在你身上总结出可以预见的行为，并对你的品质做出推断之后，你才能获得信任。如果你的行为和情绪是反复无常的，那你就会让实验室成员花更多的时间去产生对你的信心。

多样性的快乐和危险

认识文化差异

职业文化提供了全球性的共同背景，是因为他们的价值观和行为是建立在不同国别和种族共同性上的。职业文化的非凡力量意味着他们对人的意义往往要比对企业文化的更深远。怎么会不是呢？一种职业文化是一个人一生的选择——然而一种企业文化却是人们可以在一天内进入和退出的，更准确地说是将它留在办公室里。

O'Hara-Deveraux 和 Johansen（1994，p. 44）

天体物理学家，耶鲁大学物理学系的第一位女系主任 Meg Urry 说："当你有了同类，弱势群体很难明白他们的决定是遗传了他们的卓越。"大多数科学家认为他们不管肤色和性别的界限，在知识精英中行动，享受优秀的研究。Urry 说，但是数据显示事实根本不是这样的。她还说，很多科学家们是"不了解数据，也不知道他们有内在的偏见"。

Power（2007，p. 243）

……讲话方式的本身并不会自动传达讲话者的心理状态，如威信、安全感或自信心等。但是当我们将某些讲话方式与这些人的感情联系起来的时候，会发现经常会暗示着这些因素。一位日本成年人要学会迂回处事，所以他们将迂回处事与成熟和有权利联系在一起。因为英国和美国的中产阶级女人更喜欢以迂回的方式给出命令和提出要求，所以我们将迂回的方式与无权和缺乏安全感等联系在一起，而这些情绪在我们的社会中被认为是女人才会有的。而且如果没有按照人们希望的方式讲话，那么这种情况会被人们可能获得的负面反应所加强。

Tannen（1994a，p. 99）

不管科学的普遍性文化特征，带有他们的文化和宗教习惯，或者优秀地看事物的方式的所有个人，他们对实验室事件和科学本身的解释不同。这是一个奇妙的混乱。

大多数 PI 一定认识到在实验室成员之间存在文化差异。他们可能受诱去忽视这些差异，而只认同实验室文化。这样做，复杂性被掩盖，以完全一样的方式去对待每个人可以说是一种不错的处理方式，其代价无非就是你不可能真正理解另一种文化。

但是关键的是一定要记住一个人的文化是不会被遮盖和忽视的，没有一些习惯和秘诀会被抛弃。文化提供给每个人一个框架，即如何去感知正确与错误、美好、诚实和各种关系，以及这个人将如何报告数据。甚至当淹没在实验室文化之中时，背景文化也会继续影响一个人的思想和行为。这种文化不一定是来自异国的，它可以是在种族、性别、年龄或经济背景的基础上形成的。

跨越文化和其他界限的交流有时会是危险的，但是一个具有多样性的实验室也有它的好处，能够在加深实验室成员相互关系和科学本身上增添令人愉快的和稀有的深度。许多科学家关于实验室最天真烂漫的记忆就是这些时候——人们跨越国界来到一起，共同分享他们各自的文化。

> 最近，对我来说属于文化差异的暗箱被我导师的一个学生给照亮了，他打算在来美国的时候来拜访我。我告诉他没问题，但是当他再次写信约定时间的时候，我忘记了立刻回信给他。此后他再也没有写回信，而且也就没有来（我想，他去了某个其他地方）。当我最终想起写信并且询问他是什么时间来的时候，他告诉我他已经来过美国了，并且已经回家了；显然重复写信和纠缠是与日本文化相抵触的，他认为如果我没有立刻回信给他，那么就是实际上我不想让他来。我向他解释说一些美国人，包括我在内，希望被纠缠，尤其是因为我们不是经常记得立即答复所有电子邮件。他开玩笑地说这可能就是日本男人处理不好如何约会美国女人的原因吧，当他们被拒绝之后，他们不会试第二次。

对差异的认识不同于排铅板！“排铅板”（一个印刷术语，是指用来制造精确拷贝的金属盘子）是对一类人的生硬描述，但不能对个体性格有所认识。“排铅板”正负两方面的影响都会有。例如，在实验室中经常会有先入为主的印象认为来自某种特定文化背景的人将比其他人工作更努力。如果在实验室里一个人工作的努力程度与美国人差不多，但却没有 PI 设想的他本该达到的努力程度，那么就会有一团乌云笼罩在那个人的头顶。

在你思考其他文化产生的影响之前，先考虑一下你自己的文化背景所产生的影响是有帮助的。大多数人觉得他们没有偏见，却没有认清在他们的心底到底包藏了多少文化。这一点对美国人尤其适用，他们生长在一个崇尚个性的文化中，以至于很多美国人觉得他们根本不属于某一种特定的文化。

假定你的背景文化并不真正存在，其实这对于实验室所有人来说都是有害的。对于那些向你学习如何领航这个微妙系统的学生来说，可能会关乎成败。实验室成员以 PI 和他们与 PI 之间的相互作用为模式来决定处理科学的政策。理解文化背景，同时你必须对你自己和文化是坦诚的——只有那时候对你和你的实验室文化的期望才是清晰的。

理解文化差异对于理解实验室成员来说是必不可少的。没有对文化差异的理解，PI 就可能对一个人的性格产生不公正的偏见。你可能因为没有眼睛的交流而得出某人不能信任的结论，或是在交流中他没有将家庭情况的所有细节都告诉给你，你就认为那个人也是不值得信任的，而就这些人的观点来看，可能当时他们已经表现得对你十分尊重和得体了。你绝对没有必要根据国籍、种族、宗教和性别去预测某个人的行为，但你可以更好的理解这个人的行为和反应，当处理文化差异带来的问题时，以下 5 种变量考虑是有益处的。

- **语言。**结构、词汇、书面或口头交流的含义，这可以是标准语言或特定的行话。人们使用母语才能最好地表达自己，使用其他语言和使用时在表达上的限制会使人感到受束缚或产生误解。
- **语言背景。**交流事件的环境和意义的背景元素。当 PI 经过但没有对新学生的敬意表示回谢时，那么根据特定的学生和特定的 PI，这可以被解释成无礼，也可以被认为喝咖啡前的精神困顿。

- **时间。**将过去、现在和将来联系起来的方式会出现各种各样的情况。对于一些人而言，时间是财富，而对于另外一些人来说，时间是存在的状态和自然规律。一些人将围绕一个既定的会议来安排这一天的事情，而另一些人安排会面完全是随机的。
- **平等/权力。**个人或团队之间的关系如何取决于他们的地位和权力。男性与女性之间的关系是由文化决定的力量关系的例子。
- **信息流。**在实验室里，信息在人们和级别之间流动。例如，有些 PI 可能直接告诉学生他们没有做好，而另一些 PI 可能发现让博士后去说更合适。或者来自某种文化的学生是不会直接质疑 PI 的结论的（O'Hara-Deveraux and Johansen 1994，p. 50）。

良好的意图、使用其他语言中的一些词语或者整个实验室一同去逛一次唐人街，这些都不足以促进不同文化之间的相互理解。这需要你在适当的范围内接受真正的震动才能真的领会文化差异。起初，当与来自其他文化的人相处时，相似性将打动你。随后，差异将被明显而敏锐地观察到，并且仅仅是随后，在对差异知晓和分析之后，这些差异才会被你赏识。

文化多样性测试：你的“文化 IQ”是多少？

以下的测验将使你知道自己对文化多样性真正了解多少，有些情况可能不只有一个正确选项。

1. 美国本土出生的人保持目光接触的平均时间是多少？
   a. 1 秒
   b. 15 秒
   c. 30 秒
2. 对或错：激励工作人员的方法中只有少数几个在任何文化背景下具有普遍性，其中之一就是利用晋升期望。
3. 学会几句移民来的客户、消费者和工作人员的母语，这样做是：
   a. 总的来说是个好主意，是在交流中努力尊重别人的一种表现。
   b. 总的来说不是个好主意，因为他们可能会感觉自己是被施舍的。
   c. 总的来说不是个好主意，因为如果你在使用词语或发音上出现错误，他们可能会感觉自己被冒犯。
4. 对或错：美国文化没有独特性，它是由其他国家来的人各自带来的特点组成的。
5. 在交流过程中如果遇到语言交流上的障碍，用笔谈：
   a. 应该避免，那对于移民者和国际旅行者的智力会是一种侮辱。
   b. 会有帮助，英语经常是读懂比听懂更容易。
   c. 会令人感到混乱，英语经常是听懂比读懂更容易。
6. 对或错：对移民来的同事、客户和工作人员表示出正式的举止——更确切地说，使用姓名，显然是严格的礼节规则——往往不是一个好主意，会给人留下一种冷淡和高傲的印象。
7. 碰到危机时，移民讲英语的能力会：
   a. 由于压力会减弱。
   b. 保持不变。
   c. 由于应对危机的需要会提高。
   d. 完全丧失。

8. 今天的美国有多少种语言在使用：

a. 0～10

b. 10～50

c. 50～100

d. 100以上

9. 对或错：在美国的移民家庭中都是个人做决策，基本上已经放弃了群体决定的模式。

10. 当你由于某人的异国口音而在理解上出现困难时：

a. 那可能意味着他（或她）同样也不能理解你。

b. 那可能意味着他（或她）刚刚来到这个国家。

c. 在你打断他（或她）之前，让他（或她）将要说的话说完，这是有帮助的。在前后对话的帮助下，意思可能会变得清楚。

d. 对你来说这样做可能更好，那就是努力猜测讲话者在说什么并与他（或她）讲话，以减少尴尬的产生。

11. 当亚洲客户在结束一项交易前开始给你含糊的回答，说出类似于“我需要点时间来做决定“或“让我们看一看”时，最合适的做法就是：

a. 让一小步，他（或她）可能是要委婉地拒绝你。

b. 提供更多关于你服务的信息和数据，尤其是书面的。

c. 努力争取成交。他（或她）的含糊可能是一种操作的策略。

d. 明确并强硬的表明你的不满，以避免误会。

12. 移民们明显的粗鲁和莽撞行为经常是因为：

a. 缺乏对英语这种语言的熟练掌握。

b. 文化类型上的不同。

c. 不同的语调。

13. 对或错：许多移民和种族将表达方式（肢体语言和语调）放在更重要的位置上，而不是词语本身。

14. 避免当众的尴尬（丢面子）是以下哪种文化的核心问题：

a. 西班牙

b. 主流美国

c. 亚洲

d. 中东

15. 对或错：每个人都喜欢被当众赞美，这是礼节方面极少的几项一致之一。

16. 一个特殊的顾客——服务中，当你与具有决定权的人交流时，一个孩子给你们当翻译，这时你：

a. 说话时看着那个孩子，这样他（或她）一定能够明确理解你的意思。

b. 看着那个具有决定权的人讲话。

c. 交替看着前后两个人。

17. 以下哪种说法是真的？

a. 大多数亚洲工作人员喜欢老板在职员旁卷起袖子工作。

b. 独立地开创任务在全球大多数地方都是被认可的。

c. 许多移民工作者不愿对老板进行抱怨，因为他们觉得那是不尊敬的表现。

d. 亚洲人急于当面赞扬上司，目的是为了表示尊敬。

18. 对或错：“V”作为胜利（victory）的标志是一个世界通用的表示良好祝愿和凯旋的手势。

19. 以下哪种说法是正确的?

a. 碰亚洲人的手是不合适的。

b. 中东人站得非常近，以便支配交谈。

c. 墨西哥人在交流时抓着别人西服的翻领，以示良好的交流。

20. 和西班牙文化圈人进行商业活动时慢慢建立关系：

a. 是个坏主意；如果你没有让事情继续推进，他们将去其他地方。

b. 是个坏主意；他们期待美国本土出生的专业人员做事情会很快，如果你没有，他们会感到失望。

c. 是个好主意；可能多花点时间，但是对所建立的信任而言，所付出的努力将是值得的。

文化多样性测试（答案）

1. a	2. 错	3. a	4. 错
5. b	6. 错	7. a	8. d
9. 错	10. c	11. a	12. a，b，c
13. 对	14. a，c，d	15. 错	16. b
17. c	18. 错	19. c	20. c

关于你文化 IQ 的结论

正确数目	评价
16～20	恭喜你！你是一个“文化多样性的天才”，并且毫无疑问，你将在具有多样文化的商业世界中做得很好。
11～15	你是具有文化意识的，并且很可能非常乐于了解更多有关文化的区别。
6～10	哎呀！还过得去，但是明显是对这个问题感兴趣，并且看到需要了解更多。这是重要的第一步。
0～5	不要灰心。这些测验所考察的知识对于大多数美国的技术人员来说都是新鲜的。

经允许，转自 Thiederman（1991a，p. xix-xxiii，这本书能为你做什么）

PI 与实验室成员之间

去皇家学院之前，富兰克林在巴黎工作，在那里度过了愉快并有收获的几年。然而，她的新工作与此正相反，对于她是个震惊的冲击。首先，当她要在 DNA 方面独立工作时，威尔金斯认为她应该按照他的指导去工作。其次，他们相互的不理解使得清除他们之间的分歧成为了不可能。在法国的同事中间，富兰克林直率和敢于反驳的为人风格并没有引起异议——慷慨激昂的热烈辩论是科学演说过程中一个普遍的特点，并且没有人会觉得被冒犯。在皇家学院，只有她的助手 Raymond Gosling 很友善，而且他们成为朋友。威尔金斯对反驳的反应是撤回。他们的风格如此的不同以至于她在这里的两年中几乎不和威尔金斯讲话。

Ferry（1998，p.274）记述威尔金斯和富兰克林的关系

PI 与实验室成员交流的风格将为所有其他的相互影响建立平台。但是即使你已经细心地考虑过你要成为哪种类型的 PI，并且已经带有了那种类型 PI 的交流风格，那也

依然会有其他因素影响你与每个人的交流方式，有一些日常发生的情况假设。例如，

- 当你解释你的想法或说明一个项目时，人们会对你的和他们自己的想法进行活跃的讨论。
- 当着实验室成员的面赞美别人是合适的。
- 人们会渴望参与热门和令人兴奋的项目。

实验室成员的文化背景将深刻地影响每个人对待权威的方式。而且你的背景文化也将影响你对别人的感受，以及你如何对待他们。无论你觉得自己表现得多么客观，你的行为都是你的背景文化的产物。以下这些问题在不同文化的 PI 和实验室成员之间是比较普遍的。

有一个关于白人社会的神话。我们这些来自美国以外的人不能理解如此一个多元化的美国，也无法理解一个人看上去像不请自来的客人仍然会被允许在宴席上就座。

文化差异是实验室的一个重要部分。实验室里与此相关的主要问题是一些小交流方面的误解。例如，“是的，它不工作了，”会让某些人感到非常困惑。但是我不期待什么！我设法在这个人所说的前后关系中读取正确信息。你不能希望他们文化上的差异，这给他们的压力太大。

对待权威

中国人认为不能质问权威，是为了不让老板丢面子，不会指出 PI 的问题或提出修正的建议。日本人也倾向于不与领导争辩。对于中国人，成熟是非常重要的，年长的老板总比年轻的老板会获得更多的尊重。一些非美国裔的 PI 曾经报道说，一些实验室成员尤其是非美国裔的人不能接受被认为不是美国“俱乐部”的成员，而这是称得上权威的身份。

其他文化的实验室成员不会在口头上公开地或完全明显地对 PI 提出质疑。一个实验室成员可能非常容易地服从命令，对 PI 作为一名权威表现出认可，但是私下里却依然在贬低 PI 或在不告知你的情况下偷偷地计划着改换实验室。

你不能强迫某人认可你是权威人物。如果人们不想接受你，那么他们为什么会来到这个实验室呢？一个原因就是：他们可能从来没有想到过那些和你天天相处后产生的偏见。一些人知道会出现问题，但考虑后认为利大于弊。例如，一些人不能融入已经选择好的实验室，而转向选择另外一个自己并非真正尊敬的老板的实验室，并不感到绝望。在实验室里有不尊重你的人存在，这是一个重大的问题。如果你们都相信这种情况将是不能改变的，那么最好尽快放这个人离开实验室，无论他多么能干。

直率对委婉

美国人以自己的直率为荣。对于美国人，直率意味着诚实，并且是一个非常让人称道的性格。但不是在所有文化中都是这样，有时对直率程度在认识上的微小差异成为实验室成员之间交流的最大障碍。

例如，中国人相信真实是要相对于具体情况和人们的义务而定的。说别人爱听的话而不是纯粹的事实在中国看起来是好客的表现（Kenna and Lacy 1994，p. 15）。这在实验室将是一个现实的问题，他们可能设法努力得出他们认为 PI 需要的结果，而不是大胆面对事实——实验并没有按照特定的路线进行。

表达情感

每种文化都有一个情感清单，那些是容许表达的，那些是应该压制的。即使是表达出愉快的方式，在美国被认为是美好的，而在其他文化中可能是一种痛苦的感受。

承认错误

很多亚洲文化是不容忍你没能理解 PI 的指示的，因为他们将那看成是对一个人教授能力的侮辱。为了确定一个人已经理解你所说的内容，你必须进行提问。

非语言交流

中国人会点头——不是对某一点表示认同，而是表示他们在听你说话。这是一个交流方面问题的例子，这些可能会发生在多文化的实验室里。不仅是暗示不同，而且有时意图也会不同，而要领会到这种不同并不总是件容易的事情。

在跨越文化的非语言交流中，你不能做出先入为主的理解。有些人在与人联系方面是格外有天赋的，似乎可以超越所有文化问题。但是对另一些人来说，理解非语言交流就根本不可能。但是每个人都会理解特定的模式，用语言交流能帮助跨越可能存在于交流中的鸿沟。

语言差异

以某种语言为母语的人因经常会碰到这样的情况而感到头疼，那就是他们发现在自己的语言中两个含义完全相同的概念，而在其他语言中是存在明显差异的。因此，以英语为母语的人觉得动词“to know”是一个整体的概念，但会惊奇地发现同一个意思在另一种语言中会用不同的动词来表示，一个动词用来描述知道事实（knowing fact），另一个动词用来描述熟悉（了解、知道）人（knowing people），并且可能会有第三个动词用来形容知道如何去做事情（knowing how to do thing）。

Hofstanter（2000，p. 126）

难以想象在没有接受东道国语言熏陶的情况下进入一个新的实验室所产生的那种疏远效应。他们不仅必须在没有共同语言帮助的情况下，去努力解读这种文化的代码，而且他们可能并不能确定自己做出的解释是否正确。如果他们不理解，那么科学指导可能令人感到恐惧。对一种语言的理解往往是在能口头表达之前完成的。以下列出一些方法，能使他人更方便地理解你。

> 不学英语对人是没有帮助的，相反，不学英语的人更像苦役。

- **讲话时慢而清晰。**多数人是通过书本和录用对话学习一种语言的，而且如果你说话时每个词都清晰可辨，那么就会更容易被理解。
- **避免俚语。**这东西要比它表面上听起来难理解得多。
- **避免某些表达方式，**如“Take one to know one”（彼此彼此）或“A rolling stone gathers no moss”（滚石不生苔），对于有相同文化背景的人来说，短语看起来能更好地恰当表达含义，但对于非母语的人来说将产生困惑。
- **用肢体语言配合你所说的话。**使用肢体语言要谨慎有节制。
- **用书面描述配合口头叙述。**指导母语的和非母语的人时都应该这样做，以适应不同的学习类型（见本书第 4 章“实验室人员的培训”一节），但这是跨过语言障碍所至关重要的。
- **要求在实验室只使用英语。**但是如果你听到几个人在一起使用他们的语言，一定不要立即得出关于懒惰和自大的结论：试着想象一下听不到自己语言的孤独，所以要允许这样一种慰藉。有时候这可能是一些人掌握一个要点或技术关键点的唯一方法。

- **帮助非英语母语的演讲人。**或许在刚刚开始的时候，对于表达者（和听众）来说都是一种折磨。但是除了让他们开口说和实际练习英语和表达技能外，你提供不出任何其他的照顾。

环境差异

在处理下面的事情时，由于文化的差异，可能会产生非常特殊的情况。

金钱

有些机构会就你可以支付给实验室人员的薪水数额作出非常细节的规定。有些时候这确实是个障碍，但总体来说，这些规定会在有人提出更多要求的时候保护你。

根据联邦法律，有些国家的人不需要缴税。从这些国家来的人可能会因此获得比实验室其他成员多20%～30%的薪水。你是否应该设法使薪水平等呢？有时你是否应该设法增加提供给住在较大公寓中有孩子的家庭薪水呢？有时候做相同工作的人拿到不同的薪水，就总会有不满的情绪。你需要准确的判断，并决定是否继续让这些消息保密，或者与他们交流存在这种差异的原因。

商讨薪水问题

科学家往往认为进行金钱商讨是让人讨厌的，尤其是博士后这个层次。有些是自负心理造成的问题，他们认为工作在他们的实验室本身就是一种特别的待遇，以至于认为谈论钱都是极为多余的事情。有些则认为，如果你想着钱那么你就不会想着科学了。

在美国的科学家中，公然商讨钱和待遇是让人讨厌的。日本、奥地利和意大利的工人强调自信、竞争能力，得到期望的金钱和物质。在荷兰和瑞典，教育和生活的质量被看得更重要（Umiker 1996，p. 178-179），来自这些国家的科学家或许不太可能为了提高薪水而去进行商讨。

家庭责任

来自其他国家的实验室成员，他们的配偶或许不能工作。这可能会带来经济上的压力，这可能会让他（她）努力工作以便更快地崭露头角。一些实验室成员可能要赡养父母甚至还要抚养兄弟姐妹，以及承担其他更多的家庭责任，这些在你看来是可以选择的，但是对于那个人来说却没有选择空间。

许多PI会遇到的一种情况是，需要做出雇用某位实验室成员家属的决定。在这位成员提出要求的情况下，你是否雇用他（她）的配偶作为技术员呢？你可能会被机构的法律限制，但这件事很可能由你自己决定。对于所有当事人来说，经常会解决得很好。其他实验室成员主要的抱怨是家庭成员的关系有时候会让人感到无礼。你作为一个PI，必须乐于保护实验室所有成员的权力，即使是介入家庭争辩。

实验室成员间的文化差异

当然，实验室内部充满了兄弟会、小派系、地方观念和外部人的狭隘的轻视。在这些松散的圈子内部正式交流和不胫而走的谣言都会进行得很好。但在这些圈子之间，他们可能很难好好工作。我的演讲和紧接着的讨论，是在来自乐队指挥台的专横的藐视气氛下进行的，让我感到好像进入豪华的餐馆没有打领带一样。

Hoagland（1990，p. 81-82）

文化差异能够影响实验室的整个风格。下面列出的是一些影响实验室的文化差异。

> 美国人过分强调通过他们的工作来证明自己。他们过着艰难的生活，没有任何东西，而且如果出了错也没有退路。这让来自其他国家的人感到害怕，感到美国文化并不帮助你。所有来自其他文化的人会抱成一团。

- **对实验室结果的保密。**泄漏实验信息、知识产权。
- **不平等的待遇。**一些人不会将实验室助理人员认同为实验室成员。
- **协作。**
- **社会化。**
- **家庭。**不同的文化对不同家庭成员的地位有着不同的看法。科学家们倾向于希望人人平等，认为对配偶的不平等对待是产生偏见的起因之一。

实验室的偏见和亚文化群。很多困扰 PI 和实验室成员关系的问题也同样出现在实验室成员之间。这些问题不仅可能起因于种族和性别，也可能起因于一些无关的因素，如教育背景。以下是一些可能出现在实验室中的一些亚文化和偏见。

- 年龄。年轻人有激情，年长的人有更多的经验，但可能会愤世嫉俗。
- 科学背景。常春藤联盟对国立学校，医学博士对理学博士，知名实验室对普通实验室。
- 单身的与已婚的。没有成家的会发表这样藐视的评论，“他晚上从来不在这……”
- 性取向和生活方式。
- 男性或女性为多数。
- 宗教和政治的劝说。

事实上，实验室的文化可能就建立在某个亚文化的基础上。对于一个想拥有明确文化的实验室来说，遇到的最大问题就是表现出“我们对他们”的心态，这会使实验室关系变得更坏。提倡文化一视同仁是 PI 的工作，建立一种同一感可以防止实验室变得排外。

和解和公平之间的平衡

不同文化背景的人都赏识对人的尊重、理解和妥协。然而，他们不希望美国人采用他们的文化特征，或者使用 19 世纪的短语“go native”（过土著人的生活）。例如，做把脸转过去这样的事，亚洲人这样做是为了避免目光的直接接触，或者像中东的男人那样站得很靠近，因为做出这个举动会被中东人认为是虚假的，要人领情的。

Thuederman（1991b，p. 31）

在你设法尊重和理解文化差异的同时，你也要设法公平对待每个人，做到“公平”

是意味着每个人要得到相同的对待吗？你是否对某些人做出妥协，而对其他人没有过？你是否有一揽子完整的政策，或是不同人不同对待？PI 能做些什么……

> 你不能期待一个人与自己的文化对着干，这会产生太大的压力。

- **建立一套你如何对待大家**和你希望大家如何相处的标准。一般来说，人们在实验室里总是希望被看成是科学家，绝大多数人都不愿意因为是女性或外国人而被区别对待。
- **警醒你自己的行为**以及实验室人员的行为。你和你的实验室人员通常不希望讨论这些差异，因为担心公开讨论这些问题会使这些差异更加明显和被夸大。你可能要带头处理这些问题。
- **帮助在文化问题上有问题的实验室成员。** 当一个问题持续困扰某个人时，正确的指导会帮助那个人轻松解决个性的、性别的和文化的差异。有时对某个特定的人作指导你可能不是最恰当的人选，如果是这样，你可以让最熟悉他背景和工作方法的人去做这件事。
- **将所有人引领到实验室文化。** 对于文化背景复杂的实验室而言，拥有每一个人共享的文化是至关重要的。但是在一个群体里形成亚文化群也是容易的事，一种价值强大的实验室文化有利于防止某个亚文化群排挤其他人。如果成员之间没有共处一个集体和朝着一个共同目标努力的感受，那么这个人的成功是那个人的失败，相互之间最主要的关系自然就是成为对手。
- **避免偏爱。** 过于专注于某个或某些成员的问题能引起其他人极大的怨恨，会产生与公然偏见一样的结果。在和解与偏爱之间有一条缝隙，而且没法预测怎样做才能好，只能取决于身在其中的人。
- **表现出对其他人背景的兴趣和尊重。** 尊重成员的家庭，向成员的孩子和配偶问候。当去访问其他国家时，学几句来自那个国家的本实验室成员母语的问候语，是你赞誉和尊重他们的文化的一个明显信号。但一定要保证对每个成员都这样做。
- **一定不要边缘化任何人。** 在一个文化上均一的实验室里，出现的问题会很不同。有人会感到孤独，或感到被边缘化。他们有可能真的被忽视。这就要你来防止和解决了。
- **一视同仁地对待每个人和每种情况。** 你不能始终理解和满足每个人。有时你可以制定一个行为标准，希望每个人都遵守；有时候你要允许有不同，在比较宽松的范围内容忍一些行为。例如，一个男性成员在对待女性时总是盛气凌人，那么你必须对他解释实验室的要求。而如果安排一位女性负责这个人，可能会超出他所能承受的限度，因此不如先安排一个女性与他合作工作比较好。每个危机和问题都需要精心的解决方案。

性别仍然是个问题

性别与交流

调查证实了一些工作场所的交流问题：

男人过于独裁。

男人不认真对待女人。

女人过于情绪化。

男人不接受女人作为合作者或老板。

女人说话时经常声音小。

Tingley（1994，p. 12）

在大多数地方，大多数科学家会忽视对待男女方式上的明显差别。但差别确实存在的。依然存在的性别影响的一个例子就是，PI 会在与实验室异性成员接近到什么程度这个问题上感到拘束。在参加会议时，一位男性 PI 可能与一位男博士后共用一个房间，但如果那位博士后是个女的，那么一定会引起注意。性别之间的关于周末的一个善意询问也会让人听起来感到是极为私人的话题。如果他们迷失在性骚扰中，那么性别问题也能使你和你的实验室陷入麻烦之中（见本书第 8 章“实验室恋情”一节）。

因为文化差异，讨论性别差别只会陷于陈词滥调中，一般化的概括只能是一个框架。因为即使是学龄前的男女也已经学会以不同的和可预测的方式与大家相处（Coates 1993），并且这种模式会随着年龄的增加而加强。很多美国人不愿承认他们交流的方式很大程度是由文化而不是由个性决定的。作为一名 PI，要意识到你的话可能会以不同的方式被理解，理解的方式取决于你是男性还是女性，实验室成员的意图、行为和交流都会染上性别的色彩。

将性别之间交流模式的知识扩展到深层次的区别，如动机，是很有诱惑力的。但这有欺骗性和危险性，而且很可能是错的。设法理解差异，而不是横生枝节。

讲话的暗示和理解

每个支持争论双方的一方的人，会设法收集所有他知道的支持这一方的论据，而尽最大努力削弱和攻击另一方的论点，这与他的个人信念无关，与他了解别人观点的能力无关，就像律师一样，要尽其所能地找到有利于其代理人的论据，并且设法削弱对方。通过这样一种仪式性的对抗，用法律的话讲就是实现了公正。

Tannen（1994b，p. 57）

男性的讲话模式被认为是PI与实验室成员讲话的规范。短句不带修饰词，表现率直和坚定，这被看成是自信和权威的表现。与男性相比，女性说话倾向于更委婉一些。她们在句尾使用更多的修饰，经常避免在否定和强硬的叙述中使用刺激性词语（“我认为可能会有更好的方法解决那个问题……”），建立亲善关系（“你知道”），或者自信（“我确信”），让听者觉得说话人是谦虚的。

不像男人，女人倾向于寻找共同点。她们用商量的语气表达缓和的命令。当要求某人做某事时，不使用“要……”，而是可能表示歉意（“很抱歉，在这么忙的时候打扰你，但是你是否可以在明天之前提出这个项目的意见?”）。以下是女性和男性讲话模式的差异。

女性讲话的模式：

- 在用词上犹豫，好像在寻找词语，不知道正确的答案。
- 句尾使用升调，表示她在问自己。
- 用限定词减轻陈述的语气，“这是做这件事的正确方法，我认为”。
- 讲述自己和自己的生活，这些与自己相关的讨论，以建立一种亲善关系。

男性讲话的模式：

- 复杂的句子。
- 讲俚语，暗示对这个题目相关知识的熟悉和出众的了解。
- 反对插话。
- 讲话时，将一个组看成一个整体。

女性被认为过于认真，男性被认为是无礼的。这是实验室一个常见的情景：一个女性抱怨邻座男性无礼，而他说他只是想缓解一下紧张的工作气氛。

男性与女性在幽默感上存在很大的差异。女性倾向于讲故事和趣闻而不是开玩笑，并将幽默建立在自嘲的基础上。男性更喜欢采用笑话、俏皮话和讽刺的形式贬低别人(Tingley 1994，p. 165)。

男性比女性更可能讲关于性的笑话，因此女性更可能被冒犯。尤其是在当前担心性别歧视的思潮中，关于性的笑话加剧了男女的差异。

与性别相关的讲话模式如何影响实验室

管理学著作指出，男性管理者或经理应对对抗时更容易唐突和草率，而更早产生不满。与此相反，女性更有可能将冲突内化，而且不会以评论和建设性批评等形式提前作出适当的反应。由于担心会被工作人员或一线主管误解，女经理更喜欢将警告写下来并以交换备忘录的方式来解决冲突，而不是以直接的面对面的方式进行。这可能被认为是老练的应对，但是那些有才能的人的部分时间和精力却被消耗在了面对面的过程中。

Yentsch和Sinderman (1992，p. 129)

……许多男性认为如果女性做错了事情，她们不会直接说出来，而许多女性认为如果男性做事情顺利时不会很直接地告诉她们。

Tannen (1994a，p. 68)

女性倾向于低调处理她们的权力，并设法让人们觉得舒服。在讲话时，听起来她们可能是试探性的。男性会毫不犹豫地挥舞自己的权力。男性倾向于发号直接的命令，而女性会说“让我们做好这件事”。

女性经常设法保全下属的自尊心，如果实验室工作人员犯错，她们会安慰他们并使他们轻松些。但她们希望每个人都认识到，虽然她们是友好和善的，但是她们依然是老板。然而，只有那些懂得这种交流模式的人会意识到这点。对于那些对 PI 的行为带着其他指望的人来说，女性 PI 的行事风格会减弱他们对老板的敬重。

> 作为一名学生，我更喜欢在男人那里得到实验指导。女士们说起来总是拖拖拉拉，而且她们的建议通常都是告诉你具体的操作步骤。男士则会简洁地告诉你“加盐”。如果建议是错的——其实，即使他们的建议是导致实验出错的原因，我也宁愿要一个明确一点的建议，而不是一头雾水地让人不知道究竟该怎么做。

女性会习惯性地说对不起，表示自责，但最多是暗示同情（“对不起，实验要拖到下午 5 点之后，但是这些时间点的取样真的非常重要”）。

以下是实验室里可能出现的一些典型的男性与女性的交流方式。

- **会议上的行为。**虽然通常认为女性比男性能说会道，但是在会议上男性总是说得更多。在一段讲话之后所发表的评论通常都出自男性。
- **指导。**男性带着权力作出指导，或者像是带着权力提出建议。这就是为什么一些人更容易决定“跟随”男性。另一些人更愿意接受来自那些将自己摆在平等地位的人的建议和指导，或是男性或是女性，他们（她们）的指导让事情看起来更具有可行性。
- **科学讨论。**即使是在讨论一组看起来无关紧要的数据，男性和女性也会喜好完全不同的模式：男性会极富自信地为自己的观点抗争，而女性会同时考虑正反两种观点。
- **因成就而得到名誉：吹牛与谦虚。**来自多种文化类型的男性和一些文化类型的女性可能会认为吹嘘和炫耀成就是必要的。他们可能会将其他人的谦虚和对个人宣传的厌恶看成是虚伪的谦虚和缺乏安全感的证据。女性通常不愿冒犯别人或由于炫耀自己的优点和成绩而招来他人的反感。

似乎一个简单的解决办法就是劝告女性更多地去展示她们的成绩。问题在于女性经常是被女人应该是什么样的这个标准所评判，而且受到欢迎的男性做事方式放到女性身上就不适用。换句话说，虽然女性会因为不像男性而得不到好的评价，但是如果她们真的像男性一样做事时，评价会更糟糕。这对于性格接近女性的男性也一样。不过，你所担心的也只有这些了。

实验室成员的性格种类如此多样，以至于男女的差异几乎被忽视。然而，男性或女性哪一方的数量占优势都会改变实验室的格调。有些 PI 主要吸引男性或女性，或者他们主要雇用男性或女性：非常明显的是，女 PI 的实验室通常会是女性成员占优势。与相同性别的 PI 在一起，交流模式的相似性能让人更舒服些。

即使你认真并成功地在人和人的交往中去除了一些过度明显的男性或女性特征，别人仍然有他们的顾虑，并会按照他们对你的认识做出回应，通常和你的自我认识不一样。因此，考虑性别对你做老板的影响是很有帮助的，但是绝对迎合他人的想法并没有用。

在冲突中学习

谈　判

当 A 和 B 两个人进行讨论时，会有 6 种不同的性格角色卷入其中。A 会表现出 3 种不同的性格：A1，实际上的 A；A2，A 所相信的自我形象；最后一种 A3，A 所表现出的那个人。相同的三重性格也表现 B 上，使得 6 种性格合在一起。

Nierenberg（1986，p. 51）

一次成功的谈判一定能找到共同的利益，让每个人都有所赢。总是应该注意将有分歧的注意力转化成共同关注。

Nierenberg（1986，p. 35）

谈判是完全凭借交流达成共识的艺术。它是你每天必不可少的组成部分。无论你是安排会议日程、购买显微镜、聘用技术员，或是确定一篇论文的作者排序，你必须流畅地进行协商。能与所有有关人建立支援支撑关系的 PI 都拥有重要的谈判天赋。作为实验室的领导，你必须记住：协商不仅是让某人信服你的观点，也包括你倾听别人的观点。

每天我都同大家讲话。一个人从这感到了很大的压力，并且打算离开。我说没问题，让我们调整一下……，当你有事情要说时打电话给我，我也不问，还挺管用。

但是作为实验室的领导，你不仅要为你自己谈判，还要为实验室成员谈判。在谈判中你处于一个非比寻常的地位，你是谈判的一方，还是谈判的协调者和假定的目标。如果你想要求一个不情愿的学生做完一系列实验，你必须将你的情况——这些实验对这个学生和实验室可能都是富有成效的——倾听学生的情况——这些实验需要花费时间而他现在没有——最终达成一个对你们双方都满意的解决办法。

但是有些时候出于对实验室的未来或对其他成员的考虑，你的做法可能会背离某人的需要，甚至会是逆着你自己和实验室成员的显而易见的需要。决定论文的作者次序或成员间课题发生重叠时，你就需要通过谈判来处理这类棘手问题。每天都有谈判发生，你需要将实验室的整体利益和每个个体的个人利益一直放在心上。这可能是最棘手的谈判，因为你必须相信并展示每个人都将会在这项决定或一系列决定后的某个时候以某种方式获益。以下列出了一些对所有谈判都有帮助的提示。

- **谈判前尽可能多地收集手边的信息。**
- **清楚你想要什么。**
- **清楚为了得到它你准备放弃什么。**在一项谈判中，你必须放弃一些东西。
- **设法弄清楚对方的意图和需要。**仔细记住别人的看法。你或许可以记着这个人一周内天天迟到，以及这个人经常将周末的时间花在实验室。

- **倾听和神会。**
- **协商问题，不是提要求。**如果某个人提出要求，这是一个不好的警报信号，预示以这个要求为基础进行深入的谈判只能得到糟糕的结局。许多 PI 要依靠实验室的某些人，因此也就留下一些把柄在他们手中，而且大多数 PI 发现在第一个要求的后面会跟着更多的要求。一定不要被勒索。
- **在谈判中避免不相干的人参加。**一定不要让你不可能考虑他观点的人参加谈判。每个人都有一个议程或原因，因此设法让每次谈判越简单越好。

构成反应的情绪基础

情绪可能会是左右谈判的最重要的因素，即使当讨论使用的是冷静的理性语言。只考虑你谈判对象的智商可能会劳而无功，因为每个人的反应都很复杂，很多时候是由潜意识的本能起作用的。你必须设法看到行为后面的情绪，并且重新解释这些行为——设法理解同一时刻你自己的情绪反应。

人们总是很难真正重新检查一个问题。以下是一些我们为了不让自己听到不想听的东西所应该注意的问题（Nierenberg 1986，p. 49）。

- **推测。**将自己的动机归因于其他人，且通常是是无意识的。
- **置换。**找替罪羊，对不是问题来源的人进行攻击。
- **压抑。**被排除在本来有的感受和意愿之外，对于一个人来说充满矛盾和痛苦。
- **反应的形成。**在行为、感觉或想法被压抑后形成的完全相反的反应。

为了更好地处理冲突，控制好你自己的情绪是第一步。不要对实验室成员的愤怒产生反应、做出被动攻击，远离你自己间接的情绪反应，努力冷静下来。

对抗与冲突

当人们认清自己的恐惧时，他们变得焦虑、理性或非理性。我观察到的一些人变得如此的热切，仅仅是为了通过牺牲自己的利益来做出让步以解决冲突。

Meyerson（2001，p. 91）

无论你的态度多么温和，你多么想避免对抗，总有你必须面对面去处理问题的时候。大多数人惧怕冲突，尤其不喜欢夹在其他人的冲突中。然而，在实验室里没有机会让你了解更多，所以需要利用每个冲突作为捷径来更好地了解卷入其中的人。以下是一些处理分歧的技巧（Hamlin 1989，p. 239）。

- **尊重彼此的想法。**分歧只针对思想而不是人。对人有看法会激起怨恨。

> 在科学中，几乎所有给出的建议都是带有对抗性的。你告诉人们，是的，你的结论很让人感兴趣，但是它们或许与我的结论不同；或者是，是的，你们付出了很多努力，但是你们没有设置一个正确的对照。这种情况下，有些人会忽视一些事情，因为他们不想给出那样的建议或说任何不愉快的事。但是如果你没有，你就不是在训练他们。

- **首先倾听和支持。**听出整体的看法，而后积极地肯定冲突的某些方面。
- **提问题。**在你提出反对意见之前收集更多的事实。答案可能进一步支持你的想法——也有可能证明你是错的。
- **具体的和有建设性的。**有时候你和其他人对不同话题存在分歧。在你对分歧形成完全否定思想的架构之前，核实具体的问题。
- **非批评性的不同意。**一定不要自大。做出批评时，要对事不对人。最轻松的做法是不同意某种想法或实验，而不是那个人。
- **提供其他的解决方法。**说出你为什么不同意，以及你认为问题怎样可以得到解决。或者让这个人提出另一种解决问题的方法。

一定不要把攻击错当成为对抗。通过对抗，你了解了对方的行为并接近了这个人，或者对方接近了你。而这个过程中大家是抱着解决问题的愿望的。

对于攻击，斗争不是针对事，而且是针对人，以及被那个人煽动起来的情绪。不要让自己或其他人卷入攻击。你应该让当事双方只谈问题的具体事实，而不要妄加推测，直到弄清所有事实。

当心伪装和阴险的攻击。你要应对的可能是会耍手段的人，这些人不说“他窃取了我的想法”！但是在通过以合理的方式提交数据的伪装下，导致你接受某个结论。

尝试基于利益的谈判

Gemmil 和 Wilemon（1997）列出了科学和技术团队的领导在项目团队内误读事件的前几项：

- 不知道团队成员个人间的冲突；
- 不知道团队部分成员隐藏的议程；
- 不明白团队成员的动机和需要；
- 不知道团队成员的理想；
- 没有认真听取团队的讨论；
- 把缺乏论据的误读作为协议；
- 当实际上是建设性的时候将冲突解释为了不健康；
- 误读了作为团队工作的团队成员的能力。

Cohen 和 Cohen（2005，p. 5）

你有可以处理冲突的方法：你可以避免任何冲突，你可能迁就于任何冲突以建立和平，在感到被挑战时你可能会变得愤怒和带有侵略性。对于特定的人或境遇，你可能采取不同的策略。你可能像其他有坚强意志和追求数据的科学家们一样，在早期冲突中采取自以为是的态度，相信事实是明显的，你在这里揭示了显而易见的事实。

但是每个人都是正确的，没有人愿意放弃他是正确的这种想法，所以有这么一个过程在实验室建立处理冲突的环境可以帮助减轻对存在问题的情绪反应。

一种方法是不靠**职位**解决问题（“你说我应该是第一作者”或者“你总是迟到”），而是靠**利益**（“如果没有这篇第一作者的论文，我担心我找不到工作”或者“当你迟到的时候，我觉得你一点都不尊重我，也不明白我是多么努力地工作”），每个人的需要必须得到满足。

作为PI和协调者，你可以在冲突中定义问题，在问题中建立每一个人的根本利益，帮助找到解决问题的关键方法。

密歇根州立大学的研究生院出版了一本小册子，一步一步地描述了基于利益的冲突调解（Klomparens et al.，2008），制作和提供了研究生及导师间一些常见冲突的视频简介（http://grad. msu. edu/conflictresolution/vignette. aspx）。

退 步

解决冲突一个重要的方面是知道什么时候终止交往。有时你会意识到你没有掌握所有的事实，在往前走之前要获得更多的信息。有时有些人已经变得非常激动，是需要平静一下了。而一段时间的酝酿，即使每件事情都很好地进行着，可能正好帮助每个人澄清情况。你要知道在交流发生停滞或者对抗转化成攻击时，是需要一段时间来冷却的。你可以在一周之内安排一次会议，总结到目前为止在讨论中已经取得的成果，提出接下来还必须解决的问题。以此重复。

寻求帮助。无论是在私人问题上还是在公务上，经常会由于你过分接近冲突而无法头脑清楚地处理问题，出现所谓当局者迷的时候，去求助实验室行政管理系统，PI和工作人员应该利用行政管理系统来解决严重的冲突。

实验室人员的压力和抑郁

对压力的反应

许多科学家每周有6～7天，每天有10～12小时，待在实验室中，紧张地处理各种事情。单调乏味的任务要求完全的专注，因为一个简单的错误能葬送几个月的工作。在我们实验室的每周例会中，实验的每个细节都被认真地仔细检查。我们在其中寻找那些隐藏的具有威胁的过失。这是强迫症的天然居所吗？

Groopman（2000，p. 53）

压力是实验室工作的主要部分：论文必须准时上交，项目被拒绝，工作被别人抢先发表，以及实验停滞不前。有些人，即所谓的A类型性格的人，似乎在压力下会变得精力旺盛，让危机感保持自己机敏和忙碌。其他人对它的反应糟糕，变得急躁和战战兢兢。部分人会更努力地工作，部分人则会垂头丧气。还有另一些人会关闭自己的感受，并且表现出沮丧。

人们对于持续的严重压力的反应是因人而异的。除非他们向实验室的其他人发泄出这些压力，否则你无法告诉他们应该何时感受到压力，或者在紧张的时候应该怎么做。你必须要能够判断某人的行为已经不是对实验室压力的反应，而是其生活本身的问题，并且已经无法自己控制。

应 对 压 力

成为一名应对压力的榜样。在充满压力的环境中，你的表现会影响实验室其他成员的反应。论文被退回时，只有当你不表现得像世界末日到来一样，实验室的其他人才更可能平静下来。如果在项目汇报前的一周内你的脾气不是很坏，那么你的手下也不可能紧张，包括他们现在和今后的人生。明确这样一点：不是所有的压力都要藏在心里，但是要在它成为问题之前处理好。

未雨绸缪地去教会实验室成员如何成功处理面临的压力。例如，当一篇论文被拒绝的时候，千万不要只是让学生陷在消极的反思中。坐下来，引导学生克服消极的反思，帮助学生制订一个具有鼓励性的计划。那些批评是有根据的吗？你愿意换个杂志再投这篇文章吗？你抵制这种反思了吗？帮助学生从失望中走出来，重新振作起来。帮助你的实验室成员保持控制力。

控制是个问题。压力会使人们感到生活不在自己的掌握之中。一位从事一项热门话题研究的实验室成员，当得知其他实验室已经十分接近相同的结果时，会因此感受到压力，但是在筋疲力尽的时候，这种压力反而会令人感到振奋。被抢先发表论文会给项目带来不言而喻的严重后果，这是极大压力的根源，但是可以像上面提到的那样，转化成积极的因素。

但是，如果一个成员的工作被别人抢先发表是因为有人从你实验室资金申请的机密文件中得到了信息。那么这时候压力会转变成愤怒和挫折感。无法控制这种感觉是很多人离开科学领域的一个主要原因。

作为 PI，让实验室成员学会控制自己的情绪是非常重要的。传授他们如何应对各种情况，并且尽你所能地去调整让某位成员感到窘困的境遇。什么也不做，只会给这个人增添无助和掉入陷阱的感觉。

实验室（和人生）中发生的某些事情是不能得到解决的，有时候一个人还得硬着头皮继续前进。你应该竭尽所能地做你能做到的，演示应对各种情况的方法，这最终将决定实验室成员是否有能力克服压力。

实验室成员的工作方式会在实验室成员和 PI 之间引发很大的反应。有些实验室成员可能会因为他们设置实验、思考问题和得出结论的方式而让 PI 感到不安。如果你发现你自己长期因实验室成员之间的事感到紧张和生气，思考一下这种情况是不是他们的个性或行为导致的。

压力会因实验室的气氛而被减弱或增强。在一种充满相互支持的气氛中，遇到困难时可以从实验室其他成员那里得到鼓励。一个快乐的实验室是一个缓冲器、一个巨大的减压器。实际上，压力也能将大家有益地组织在一起，在一个“团结对外”的实验室的交往中压力得到了消除，给人解决问题的希望和感受幽默的气氛。

带有压力的人可能给实验室其他成员带来很大压力，他们通常会表现出易怒，缠着人讲述事情，或以反常的方式对待大家。大多数时候实验室成员能够自己解决这些。但是你要有准备，当有人表现糟糕并明显给其他人带来压力时，你要去和他们交谈。无论发生了什么，你都不能拒绝与人合作，或者粗暴地对待他们，这是不能被容忍的。

抑郁和其他疾病

严重的抑郁会让生活变得消极，轻微的消沉可能会让这些人成为我们中间最精确的观察员。他们极富透彻的观察力，知道当杯子是半满的时候它也是半空的（满瓶不动半瓶摇）。

Ratey 和 Johnson（1997，p. 68）

可能是因为实验室对人的行为规范是如此宽容，对研究的起落即使是悲观的反应也可以看成是有趣的。由于每个人的个性不同，轻微的抑郁甚至可能是有益的。当人们带有轻微的忧郁时一般是不会有焦虑的心情，但是当抑郁程度严重时，一定会有焦虑情绪(Ratey and Johnson 1997)。带有轻微抑郁的人加上敏锐的洞察力和幽默能给实验室增添巨大的动力。无论如何，至少不是总能很清晰地说这是由于一个人本身的性格还是由于病态所致。

有些人在经历一次较大失望之后会暂时泄气和似乎消沉下去。在应对问题时他们表现单调。这是对压力的正常反应，但是如果持续时间太长，或毫无理由地转变成这种状态，你可以怀疑这是临床上的忧郁症。这是一种破坏性的疾病，它经常致使一个人不能交流、工作和履行职责。下面是忧郁症的一些表现［许可转载自美国心理健康（*Mental Health America*）2009 © Mental Health of America］。

- 持久的悲伤、焦虑或“空”的心情。
- 睡得太少、太早醒或睡得太长。
- 食欲减小和/体重减轻，或者食欲增加和体重增加。
- 丧失一度拥有的对活动的兴趣。
- 坐立不安，烦躁。
- 持续的身体症状（如头痛、慢性疼痛、消化功能紊乱），对治疗没有反应。
- 注意力不集中，记忆减退，做不出决定。
- 疲劳，缺乏能量。
- 感觉内疚、绝望和无价值。
- 有自杀和死亡的想法。

其他的精神紊乱可能会影响实验室成员。压力会对所有人产生强烈的影响，但是对于那些患过精神分裂症、双相障碍（抑郁狂躁型抑郁症）、强迫症及焦虑失调症的人而言，压力会起到触发剂的作用。这不是说带有这些失调症的人在处理压力问题上一定不如别人做得好，或实验室工作就一定比其他工作压力大。每件事都取决于具体的人、环境和时间。

保护和与精神紊乱的实验室人员一起工作

美国残疾人法案（ADA）保护那些带有实质性的限制主要在生活活动的身体上或精神上有损伤的人。但是只有在当事人拥有残疾记录或公开其残疾后，他们才能得到这项法律的保护。

依据美国残疾人法案的要求，雇主要制订合理的方便措施，为有残疾雇员提供平等的录用机会。为精神上存在残疾的人提供的方便可以包括，提供时间定期去看医生和参加康复团体活动、提供额外的假期、允许实验室成员在住院治疗后仍然保留工作，以及一个弹性工作制。每个残疾人可以得到不同的帮助。

精神紊乱受到的重视不如明显的身体疾病或问题。对精神紊乱仍然存在不少谴责性的看法，而且在一些文化中这种谴责性的理解被更严重夸大。对于某些人来说，承认有精神紊乱就是向人示弱的一个标志。

精神紊乱不如身体上的问题那么明显地折磨他本人和他人。人们极可能因为精神健康问题不及时去看医生，这就意味着问题在更长时间内得不到解决，并且很可能在工作中被推向一个危险关头。即使一个人已经寻求了医疗帮助，精神紊乱也往往不容易被诊断出来。许多人在被确诊和治疗之前已经在数年内看过众多医生，而且就治疗本身来讲也需要时间来进行调整。

向某人问及精神问题看起来似乎是在侵犯个人隐私。和你一起工作的人可能比较容易说“你的脸色有些苍白”，但很难开口说“你最近非常急躁”，或者是“有什么事情不对吗？你似乎很忧伤”。

PI及实验成员的态度对营造好的气氛至关重要。在这种气氛中，缺陷会被接受，任何问题都会被解决。明确这样一点，那就是存在于某人身上的问题不是产生偏见和怀疑的理由。伴随着心理和/或药物治疗，精神疾病可以被控制，而且这些疾病应该得到和其他疾病一样的重视。实验室所有的人随时都有可能因为疾病、外伤或家庭危机而不能工作，PI应该尽可能地提供支持。

精神疾病给实验室带来的后果无疑要比一个人明显的身体疾病大得多。一个人的个性变化可以完全改变实验室成员间的交流。实验室中有些人可能厌恶精神疾病。忍耐和接受是对精神疾病患者的最好支持，而你不应该忍受任何对患者的歧视和困扰。

隐私对于许多人来说非常重要。PI可能会特许获得实验室成员的一些信息，应该尊重这种特权。不过要披露某人有精神缺陷确实是个难题。透露这方面的信息可能带来帮助和便利，但是可能也会带来偏见和缺少个人隐私。这可能带来意料之中的麻烦，使实验室成员处于因经常被检查而导致崩溃的境遇。

你不必去警惕一些反常行为。你不必总是紧张，猜测实验室里什么人身上会发生精神危机。实验室内部展示的是实验室成员的强项和实力，当有人表现出异常行为时，PI应该有所留意。

如果你确信某人可能遇到了什么问题，那么要观察并与这个人交流。应对这个问题而不是挖苦或胆怯的时候。如果你怀疑某人可能处于抑郁状态，或是有人告诉你他对某人的怀疑，那么立即去与那个人谈话。

问问出了什么问题，有没有什么事情你可以帮忙做的，或者是否这个人已经有过自杀的念头。向他说明你已经注意到了他行为上的变化，并且对此感到担忧。一定不要简单地相信一个否定的答案，这当然是你最容易听到的答案。如果一个人确实出了问题，那么往往会担心自己可能丢掉这份工作或某些东西会被写进他的记录，几乎所有的人都不会情愿向老板承认出了问题。

如果你确信有了问题，让这个人与受过训练的专业人员谈谈。但是你不可以强迫一个人去看顾问或医生，更不应该当他们不愿意时以丢掉工作相威胁。

如果某人患有急性的或严重的精神健康问题，你是否应该对他进行帮助呢？经过数天、数周或数小时，一个实验室成员可能经历一个危机点。有时候随着时间的推移，当事人可能表现出有强迫性的观念、错觉、反复无常等失控迹象。你可能此前并不确定是不是有问题，但是现在的情况则明显显示出是一个严重的健康问题。

- **一定不要让这个人独处。**当你考虑你的选择时，让一些人陪着他。
- **保持平静。**一定不要说教。让他尽可能多说话。
- **告诉人力资源部门核查程序**，但是你自己做好处理这种情况的准备。看看在部门或机构里是否有医学博士能够与这个人交谈并能帮助让看病过程进展得顺利。你要尽可能避免让一个人在候诊室坐4小时后才有折磨人的陌生人或医生来处理。
- **找到这个实验室成员的重要家人或朋友**，让他们与患者和医护人员保持联系，许多人在接受治疗时不愿意让老板在医院里出现，但你要准备好随时进入医院。
- **准备好进行干预**，以确保这个人所在的研究机构从保险公司得到全额的补偿。在危机时刻这个人可能没有能力去关心经济上的事了。

自　　杀

实验室人员自杀是罕见却很真实的意外事件。当 PI 们在从事足够长时间的科研工作后可以开始运作自己的实验室时，大多数人都经历过他们实验室或机构曾经发生的自杀事件。

尤其是如果你与实验室的成员没有密切的私人关系，迹象可能不容易被察觉。如果一个人是自杀的，除非是在回忆录中，否则你不会经常讲述。一位研究员回想起一位博士后，这个人在实验室待到深夜，与一位合作者一起安排第二天的实验，却在回家之前服用了过量的药物。他经常与实验室其他人开玩笑，以至于没有人发现他心烦或抑郁的任何迹象。另一位研究员知道有这么一个学生，周末给系里的兔子喂食，随后开车离开，留下了一张条子，那天晚上他就自杀了。

如果实验室的某人告诉你他对其他人的担心，那么要非常非常仔细地听。大多数人会假定他们对某人自杀的猜测是错误的。你可能被那个人拒之门外，但是如果你觉得确实有问题，务必坚持问下去。下面是一些自杀念头的预兆信号［经许可摘自美国心理卫生协会（Mental Health America）2009 © Mental Health of America］。

- **语言威胁**，如“你最好让我一个人待着”或者“也许我不会在这里了。”
- **表达绝望和/或无助。**
- **曾尝试自杀。**
- **大胆的冒险行为。**
- **性格的改变**（如停药反应、敌对、喜怒无常）。
- **抑郁。**
- **赠送奖品。**
- **对未来缺乏兴趣。**

自杀的后果对于实验室其他有关人员的影响是巨大的。很可能，其他实验室成员曾经与那个死去的人关系密切，会使他们受到惊吓和感到惋惜。自杀是一个暴力行为，对朋友和家庭具有破坏性作用。实验室成员可能会对实验室尚存的关系感的悲哀、内疚、失落和无安全感。有些人可能会增加消沉并失去动力，而有些人会让自己昼夜不停地工作。每个人会以非常个人的标准和非常个人化的时间表来处理失败和打击。以此判断一个人的应对方式会经常犯错。

这时候你应该敞开心扉。按照你的方式应对，你有自己的悲痛，但是如果你可以，继续保持对话，鼓励讨论，鼓励实验室成员在他们感到需要的时候去看顾问。

那不是你的错。可能你没能成功阻止有自杀征兆的人脱离困境。或者可能你甚至不知道存在的问题。大多数存在精神或情绪紊乱的自杀者会被认为自杀的可能性不大，而且这很可能是不能事先预料的。任何情况下，不要被自己本可以事先阻止自杀的想法所深深折磨。

你不该成为一个注意到问题而不管的 PI，这样的 PI 认为这不是他分内的事，也不想多管闲事。即使是你故意忽视了明显的迹象，其他人的自杀也依然不会是你的过错，但是几乎没有人会想碰到这种境遇。有个 PI 在讲述实验室成员自杀的可能性时说，“不是我的责任……”。

参考文献

Barker K. 1995. *At the bench:. A laboratory navigator*, Updated ed. Cold Spring Harbor Laboratory Press, Cold Spring Harbor, NY.

Belker LB. 1997. *The first-time manager*, 4th ed. AMACOM Books, NY.

Bennis W, Goleman D, O'Toole J. 2008. *Transparency: How leaders create a culture of candor*. Jossey-Bass, San Francisco.

Blanchard F. 1991. Reducing the expression of racial prejudice. *Psychological Sci* **2**: 158.

Boschelli F. 1999. Making the transition from academia to industry. *Am Soc Cell Biol Newsletter* **22**: 12–13 (http://www.ascb.org).

Christensen J. 2000. On the Web, as elsewhere, scientists prove a demanding lot. *The New York Times*, June 7, p. 20.

Coates J. 1993. *Women, men and language*, 2nd ed. Longman Publishing, NY.

Cohen CM, Cohen SL. 2005. *Lab dynamics: Lab management skills for scientists*. Cold Spring Harbor Laboratory Press, Cold Spring Harbor, NY

Committee on Gender Differences in the Careers of Science, Engineering, and Mathematics Faculty; Committee on Women in Science, Engineering, and Medicine; National Research Council. 2009. *Gender differences at critical transitions in the careers of science, engineering, and mathematics faculty*. The National Academies Press, Washington, D.C.

Cooper RK, Sawaf A. 1997. *Executive E.Q.: Emotional intelligence in leadership and organizations*. Grosset/Putnam, NY.

Dimitrius JE, Mazzarella M. 2000. *Put your best foot forward*. Scribner, NY.

Dube J. 2001. Office wars. *ABC News*, July 29 (http://www.abcNEWS.com).

Ferry G. 1998. *Dorothy Hodgkins: A life*. Granta Books, United Kingdom.

Gemmill G, Wilemon D. 1997. The hidden side of leadership in technical team management. In *The human side of managing technical innovation: A collection of readings*, 1st ed. (ed. R Katz). Oxford University Press, NY.

The Graduate School, Michigan State University. 2009. Conflict resolution video vignettes (http://grad.msu.edu/conflictresolution/vignette.aspx).

Grens K. 2007. Dealing with conflict. *The Scientist*, February. **21**: 26.

Groopman J. 2000. The doubting disease. When is obsession a sickness? *The New Yorker*, April 4, pp. 52–57.

Hamlin S. 1989. *How to talk so people listen: The real key to job success*. Harper & Row, NY.

Hamlin S. 2006. *How to talk so people listen: Connecting in today's workplace*. HarperCollins, NY.

Hoagland M. 1990. *Toward the habit of truth: A life in science*. W.W. Norton, NY.

Hofstadter DR. 2000. Analogy as the core of cognition. In *The best American science writing 2000* (ed. J Gleick), pp. 116–144. HarperCollins, NY.

Hunsaker P, Alessandra T. 2008. *The new art of managing people*. Free Press, NY.

Jensen D. 1998. Forecasting compatibility: How to select your new boss. *Science's Next Wave*, June 12, pp. 1–4 (http://sciencecareers.sciencemag.org).

Kanare HM. 1985. *Writing the laboratory notebook*. American Chemical Society, Salem, MA.

Kenna P, Lacy S. 1994. *Business China. A practical guide to understanding Chinese business culture*. Passport Books, Chicago.

Kevles DJ. 1998. *The Baltimore case: A trial of politics, science, and character*. W.W. Norton, NY.

Klomparens K, Beck JP, Brockman J, Nunez AA. 2008. *Setting expectations and resolving conflicts in graduate education*. Council of Graduate Schools, Washington, D.C.

Latour B, Woolgar S. 1986. *Laboratory life*. Princeton University Press, Princeton, NJ.

Lieberman DJ. 1998. *Never be lied to again*. St. Martin's Press, NY.

Lipman-Blumen J. 2005. *The allure of toxic leaders: Why we follow destructive bosses and corrupt politicians—And how we can survive them*. Oxford University Press, NY.

Marincola E. 1999. Women in cell biology: A crash course in management. *Am Soc Cell Biol Newsletter* **22**: 36–37 (http://www.ascb.org).

Marsh SR. 2000. *Negotiation styles in mediation* (http://adrr.com/adr1/essayb.htm).

McGrayne SH. 1998. Christiane Nüsslein-Volhard. In *Nobel prize women in science: Their lives, struggles and momentous discoveries*, pp. 380–408. Carol Publishing Group, Secaucus, NJ.

Mental Health America. 2009. *Factsheet: Depression in the workplace* (http://www.mentalhealthamerica.net/index.cfm?objectid=C7DF951E-1372-4D20-C88B7DC5A2AE586D).

Mental Health America. 2009. *Factsheet: Stress: Coping with everyday problems* (http://www.mentalhealthamerica.net/go/information/get-info/stress/stress-coping-with-everyday-problems/stress-coping-with-everyday-problems).

Mental Health America. 2009. *Factsheet: Suicide* (http://www.mentalhealthamerica.net/go/suicide).

Meyerson DE. 2001. *Tempered radicals: How people use difference to inspire change at work*. Harvard Business School Press, Boston.

Nierenberg G.I. 1986. *The complete negotiator*. Nierenberg & Zeif, NY.

O'Hara-Deveraux M, Johansen R. 1994. A multicultural perspective: Transcending the barriers of behavior and language. In *Globalwork: Bridging distance, culture, and time*, pp. 35–73. Jossey-Bass, San Francisco.

Power K. 2007. Beyond the glass ceiling. *Nature* **448:** 98–100.

Prichard PA, ed. 2006. *Success strategies for women in science: A portable mentor*. Elsevier Academic Press, NY.

Ratey JJ, Johnson C. 1997. *Shadow syndromes*. Bantam Books, NY.

Reid TR. 1999. *Confucius lives next door. What living in the East teaches us about living in the West*. Random House, NY.

Reis RM. 1999. How graduate students and faculty miscommunicate. *Tomorrow's professor listserve*, No. 69. Stanford University Learning Library (http://cis.stanford.edu/structure/tomprof/listserver.html).

Sanders E, Kelleher S. 2000. E-mail told of troubled UW doctor. *The Seattle Times*, October 18, pp. B1–B5.

Science Careers Booklet. 2008. *Career basics: Advice and resources for scientists* (http://sciencecareers.sciencemag.org/pdf/career_basics_2008/careers_basics_book.pdf).

Spector B. 1989. Courses teach scientists to sell their ideas, manage others. *The Scientist* **3:** 1–3 (http://www.the-scientist.com).

Stone FM. 1999. *How to resolve conflicts at work: A take-charge assistant book*. AMACOM Books, NY.

Stone D, Patton B, Heen S. 1999. *Difficult conversations: How to discuss what matters most*. Penguin Books, NY.

Tannen D. 1990. *You just don't understand. Women and men in conversation*. Ballantine Books, NY.

Tannen D. 1994a. *Talking from 9 to 5. Men and women in the workplace: Language, sex and power*. Avon Books, NY.

Tannen D. 1994b. *Talking from 9 to 5: How women's and men's conversational styles affect who gets heard, who gets credit, and what gets done at work*. William Morrow, NY.

Thiederman S. 1991a. *Profiting in America's multicultural marketplace*. Macmillan, NY.

Thiederman S. 1991b. *Bridging cultural barriers for corporate success: How to manage the multicultural work force*. Lexington Books, NY.

Thomas Jr, RR, Woodruff WMI. 1999. *Building a house for diversity*. AMACOM Books, NY.

Tingley JC. 1994. *Genderflex. Men and women speaking each other's language at work*. AMACON Books, NY.

Toropov B. 1997. *The complete idiot's guide to getting along with difficult people*. Alpha Books, NY.

Umiker WO. 1996. *The empowered laboratory team. A survival kit for supervisors, team leaders, and team professionals*. American Society of Clinical Pathologists Press, Chicago.

Walton SJ. 1994. *Cultural diversity in the workplace*. Mirror Press and Irwin Professional Publishing, NY.

Wheatley MJ. 1994. *Leadership and the new science. Learning about organization from an orderly universe*. Berrett-Koehler Publishers, San Francisco.

Williams L. 2000. *It's the little things: The everyday interactions that get under the skin of blacks and whites*. Harcourt, San Francisco.

Yentsch C, Sinderman CJ. 1992. *The woman scientist: Meeting the challenges for a successful career*. Plenum Press, NY.

Zuckerman H, Cole JR, Bruer JT, eds. 1991. *The outer circle: Women in the scientific community*. W.W. Norton, NY.

第 8 章

和团队相处

实验室士气

对实验室士气的影响

所有的实验室——即使是最大的和最成功的——都有士气低落的时候，人们不做事而总是找借口，没有哪个实验有好结果。这些阴郁的时刻在实验室记事中往往只占据狭隘之地，人们总是更喜欢记住那些士气高涨的日子。论文的发表、日常交谈，以及个人的成功让实验室中的每一个人都有如沐春风之快。然而不管是士气低落还是高涨，在实验室的成熟过程中起到的作用是相同的。

必须要保持实验室的文化。如果实验室的文化强有力，它就会对那些经历过个人低谷或迟迟没有实验结果的人给予支持，甚至会帮助整个实验室免除迟迟不出成果的影响或者改变研究焦点。只要这个实验室足够大，实验室文化通常能有效缓冲影响士气的事件。而PI就是把整个实验室黏合在一起的胶水，你需要提醒大家士气的高低起伏是正常的，应该继续工作，做实验、交流，然后才会有产出。

实验室士气高涨的时候，你应该提醒每个人，荣耀只是暂时的，必须坚持刻苦工作，做更出色的研究。在欢庆成功的同时保持良好势头。

实验室士气的影响来自于外部和内部。部门或机构的总体状况对实验室的士气也有影响。一个到处都是快退休的老年职员的单位，会让人觉得什么都是没有意义的，会使积极向上的实验室感到即使他们成功了也没有什么意义。与之相反，一个充满竞争的实验室，会让人觉得实验室里出再多的论文和项目都是不够的。

在企业，一个实验室的状态会被整个公司的财务状况所影响，当股价上涨、生意兴隆的时候，每个人都是欢欣鼓舞；反之，则会闷闷不乐。在实验室内部，个人和工作情况都会影响实验室气氛。

辨明和处理来自于实验室内部的影响更困难。当一个实验室成果显著，论文不断产生的时候，每个人都很高兴，成功肯定了每个人的选择。当一个有前景的项目失败的时候，除了那些嫉妒者外每个人都会感觉糟糕。

动机和士气明显有紧密的联系，当士气低落的时候，动机也会下调。动机是人们做事情的原因，不仅影响人与人之间的关系，也影响工作。同辈的竞争压力是一个巨大的推动力。当被积极利用而不是负面时，会对实验室文化起到很好的促进作用。某个实验室成员在《自然》杂志上发表了一篇论文，会使实验室其他的人感到这样的成功并非没有可能。然而，当这种竞争意识被扭曲成一种含蓄的威胁时，例如，如果你没有在《自然》杂志上发表论文，那么你在实验室里什么也不是，也不会取得任何成就——这样的压力就起到了消极的作用。实验室成员就开始不健康的竞争，也没有了团队精神。

鼓励社会交往以改善实验室情绪

一天一天的社会工作

一些社会交往能帮助实验室良好运转和建立一个友好支持下的环境。

- **与人打招呼**，在大厅、实验室、电梯里与人打招呼。如果有时间，请教一个实验或与之相关的事情；如果没有时间，一个目光交流和微笑就可以了。
- **停下来倾听**，如果有人跟你讲话。
- **尝试一些小的谈话**，这样做可以表示你除了工作以外，你在乎他。
- **轮流关注实验室每个人的实验**，在一天的特定时间到实验室转转，在每一个试验台前停下来，询问一下当天的实验情况。
- **与实验室人员共进午餐。**

实验室聚会

实验室成员在轻松的氛围下聚会是很重要的。在一些实验室，这通常是由实验室成员自己来安排的，你所需要做的就是参加。但是，特别是在一些小的实验室，通常没有人来做组织者，PI 就应该把大家聚集在一起，并让大家知道这种交流对于你来说是很重要的。通过这些聚会，大家会对你有兴趣，会把你当成自己人，并不必走得过分近。在某些情况下你有可能没有被邀请参加工作后的聚餐，不要感到不舒服——只要实验室运转良好应该高兴和欣慰。

> 我积极尝试去营造一个良好的实验室气氛。这主要看大家的态度和要求。具体一点说，就是对好的实验结果给予积极的增援，而对出了问题的实验给予善意的同情和支持。偶尔带实验室成员一起去吃饭，准备生日蛋糕，实验室会议上提供点食物。当他们遇到个人危机时，如家里有人去世，给他们以支持。

创立惯例

庆祝研究过程中的一些进展和成功，会强化实验室存在的内在纽带。把庆祝活动搞得有规律并可预测，会有利于强化实验室的精神。PI 应该定期组织这样的活动。例如，每次有人取得了好的科学成就就进行庆祝，这样会使大家清楚什么是重要的。

你让技术员为你订一个蛋糕对实验室成员来说有着比蛋糕本身更重要的含义。你也可以做个家里常吃的菜带到实验室让大家分享，或答应大家带一些寿司来。下面是一些庆祝的理由。

- **科学上的成就**

  论文发表

  口试通过

  通过论文开题

升职
新工作
获得项目资助

- **节日和其他庆祝**

生日
圣诞/节日晚会
中国春节

- **一年中的任何时候**

晚餐
宴会
实验室里的外卖快餐
欢乐时光
体育，如实验室垒球队
读书俱乐部
健身室、有氧操

喝不喝酒?

在实验室里搞活动之前，先查看一下单位里关于酒的规定，许多地方禁止在实验室饮酒，甚至香槟也不可以。

许多实验室认为喝酒可以助兴，过量饮酒的那天晚上发生的事可能会被流传很多年。作为 PI，你必须控制并且清楚饮酒带来的问题，如果所有的活动都要喝酒，那么不喝酒的实验室成员会感到被排除在外。还有，禁止任何人酒后驾车是你的责任。

当实验室状态不好时

在“创新驱动”的文化环境中，大家都努力形成一种“我们对阵他们”的心态，来支持激烈竞争的狂妄心态，同时让雇员们接受不切实际的产品最后期限的要求。感知甚至捏造来自竞争对手的威胁，让这些“创新驱动”的公司在狂妄症的边缘徘徊。

Harris 和 Brannick（1999，p. 45）

引起惧怕情绪的东西往往会扼杀想法——这要引起注意。对批评、对失败的嘲笑、对咆哮老板及对被解雇的惧怕都会扼杀想法。时间久了，这种惧怕就会减弱大家的信心，破坏大家对实验室的忠实，形成一种不确定、怀疑的气氛，甚至消极怠工的心态。

Cooper 和 Sawaf（1997，p. 35）

当实验室文化变得消极时，实验室的功能会出现紊乱，只有新的文化才可以使之改变。PI 们怎么才会知道实验室出问题了呢？正在崩溃的实验室有很多问题，其中之一就是 PI 看到的症状和实验室其他成员看到的症状不一样，但是没有人能全面认识问题。

一些表现如下：

- 人员持续或突然流失。
- 一些规则，如安全规则或实验室公共工作被忽视。
- 实验室成员之间的友谊在褪色。
- 对某个人或某些人产生歧视的一些信号：排外、硬要人家领情的态度、性暗示、敌意、象征主义、反撞、寻找替罪羊。
- 没有遵守工作完成时间。
- 会议出勤率下降。

实验室成员对一个运转不良的实验室也有他们自己的看法

- PI 从不来实验室，从不说话，从不倾听。
- 人们的工作不会有汇报。
- 没有人获得科学上的成功。
- 没有人能帮上忙。
- 研究课题没有意义。
- 老板偏爱某些人。
- 人们对自己的结果保密。

成员或许会说

- 我和其他的人没有共同之处。
- 没有人对我的项目感兴趣。
- 我没有时间照顾家庭。
- 我感觉不到自己是这里的一份子。
- 没人尊重我。
- 我的项目太困难了。

一个运转不良的实验室可以被修复吗？这个活可不容易，但是还是可以完成的。通常运转不良起因于你，而你可能不是很容易自己发现问题的所在。

首先检查你自己

- 你是不是不可预知地经常发脾气？
- 你和实验室成员关系融洽吗？
- 你该给的分数给了吗？
- 你有偏爱吗？
- 你是不是要求太严格了，还是对研究不感兴趣？

检查实验室活力

- 是不是每个人都在做有意思的实验？
- 实验有结果吗？
- 实验室里人们相处得好吗？
- 有权利纠纷吗？
- 项目间有竞争吗？

检查性格

- 实验室里有一直闷闷不乐的人吗？

• 你在实验室里有没有和人发生不愉快？他可能会散布谣言吗？

寻求建议

• 与同事交流。如果不是导师，你可以慎重地倾吐。
• 和实验室中所有的人谈话，注意在对混乱的争议有准确的认识之前，不要轻易偏袒一方。

花时间思考实验室状况。迅速改变自己的行为，处理那些有问题的人。你可能不会马上看到效果，因为大多数实验室危机会酝酿很长一段时间，修复也同样需要一段时间。士气低落的人们也同样需要激励，所以要告诉他们什么地方出了错，而你又想让实验室走向哪里。

一个心情不好的人或许会使实验室运转不良，但这只能在你的默许下才会发生。这通常发生在 PI 和实验室成员联系过于稀少，或 PI 因为有既得利益而不想管的情况下。例如，PI 没有注意到那个一年出几篇优秀论文的博士后是如此独断专行，对其他实验室成员是如此的小气量，以至于很多人不想来工作并准备改换实验室。通过和这个博士后谈话来迅速解决问题，如果谈话没有效果，就让这名博士后离开实验室。将一个制造麻烦的人请出后，你会惊奇地发现实验室的士气和气氛会变得如此之快。

一个有问题的实验室不见得就是一点也不成功的。有一点可以肯定的是，PI 往往不愿意去改变一个有问题但是在科学上比较成功的实验室，因为害怕这样会阻碍科学成果的产生。一个规模很大的实验室可能会自行消除这些问题，但是如果实验室建立没几年就堆积了很多的不愉快，这可能就意味着你的职业生涯的终结。

实验室恋情

实验室成员间的恋情

实验室成员之间的关系是普遍的、幸运的、不可避免的。实验室的气氛是亲密的和激情的，实验室是最有可能碰到具有共同思想和共同兴趣背景的人的地方。爱情可能在实验室里神奇地萌发！它点燃气氛，让整个实验室的人看到希望——好的实验室是和好朋友相聚的好地方，对新近发生的爱情的兴奋和性幻想，会让实验室充满力量。

> 他们分手了以后，她的嫉妒心理开始滋长。甚至在他教别人怎样使用分光光度计时，她会突然沉默不语。

你对自己实验室里的人谈恋爱是无法控制的，有时当事人是不想让老板知道太多的，害怕这样会使他们显得不够职业化。出于隐私的考虑，他们也可能不会让大家知道。在消息公布前，你应该避免对当事人或整个实验室做出你对此事的评论。

也要看到有可能出现糟糕的后果，特别是不友好的分手，要找到相应的解决方法，要不然实验室就永远不会平静了。要是这件事影响实验室的协同工作，你就需要及时介入进行妥善处理。分手的任何一方都应该职业性地对待其他实验室成员，而让他们做到一切照旧是你的职责。如果PI偏袒分手情侣的一方会引起糟糕的感受，应该避免。如果有人去你的办公室哭诉，那就进行安慰并给一些你认为合适的建议，但是要记住你还要和这两人在一起工作。

一个有问题的实验室的爱情是令人不愉快的。如果实验室里已经有嫉妒、竞争或挫败，爱情就可能使这些问题更加糟糕。积极看待这个问题的方式是，爱情可能会使这些问题糟糕到极点，解决起来反倒简单了。

PI与实验室成员间的恋情

因此，从教师和学生的学术努力的角度来警告教职员们，即便是一个看起来是自愿的关系也要付出昂贵的代价。当一个教官与一个学生发生性关系（或一个PI与一个雇员间）时，他们之间存在职业能力的差异，应该意识到性骚扰使指责可能马上发生，而你要证明事出自愿会是极其困难的。

摘自“性骚扰的校长声明和政策，明尼苏达大学，1989年1月20日”

Hasselmo（1990）

每个人都知道，PI和某个实验室成员之间发生恋情是很不合适的。权力的平衡会太多地受到你的偏爱的影响，最终导致对实验室其他成员的不公平对待。这对实验室的平等关系是不利的。PI应该最明白实验室就像是一群势均力敌的人在聚会，也相信在这些同辈间的恋情不会给实验室带来危害。

如果你工作很努力，那么最有可能发现和找到爱情的地方就是实验室，大家一整天大部分时间都待在一起，而且可能会几周见不到实验室以外的朋友，实验室其他成员会很容易明白你的烦恼和问题。

如果真的发生了，如果可能就尽快改变这种状况。把她调出你的小组，或者推荐去其他实验室，或者建议她跟随其他的导师。无论你和谁相爱，如果你想保持这段关系，她就必须离开，否则公平和平等就无法保持。这并不是说你会不公平。但是这会使你看起来不公平、有偏向，无论你多么开明，实验室的其他成员都会对你那位的问题缄口不言。迟早这会困扰他们，而你可能要结束这段感情。

如果你或者那个实验室成员都已经结婚了，你就会使实验室的其他成员和她处在极端尴尬和危险的境遇，对于那个人来说可能还会有更糟糕的社会影响。实验室的其他成员也会有忠诚或诚实的困扰。这对他们是不公平的。无论他们对你的个人遭遇多么同情，你的管理或道德可能会遭到质疑。这可能不是一个简单的你可以做的个人决定，因为维持这段恋情可能会给这个实验室带来巨大混乱。

你不应该根据别人的说法来决定自己的生活，但是对那些相信你一直把他们的利益放在心上的实验室成员来说，你和某个人的恋情对他们是不公平的。当事情真的发生时，要将损害控制到最低限度。

- 不要谈论其他实验室成员。
- 不要和其他成员谈论这个关系，通常来说不值得去隐瞒，也不大可能隐瞒得了，但是和一个成员谈论另外一个成员可能会伤及他人。
- 如果非要对那个人做一些决定，试着让部门里其他的人和你一起来做，以避免偏向。如果这段关系糟糕地结束了，或者实验室某人抱怨受到不公正待遇，你需要能够证明你处理问题是足够客观的。

如果这段关系处得很好，感情进展飞快，实验室其他人也很支持，而且你还像以前一样花那么多时间和大家在一起，而且他（她）也是实验室业务水平最好的。这可能是你生命中最开心的日子。但是如果有一个人对你或对项目感到不开心，就会谣言四起。

如果关系恶化，你们双方都非常克制，还像朋友一样相处，还会有必要向别人倾诉并希望得到同情吗？时间会过去，你和你的实验室会变好，但是如果你们中的一个的心里即便是轻微的有仇恨、冷漠或报复的想法，就意味着系主任会收到一封特殊信件，麻烦可能就不是一点点了。

性　骚　扰

性骚扰可以定义为非主动提供的或非互慰的，其接受对象是反对的，或者不能合理地解释为同意的有关性的行为，它包括：

- 非经允许的肢体接触。
- 淫秽或暗示的行为，无论是肢体上的还是语言上的。
- 性别贬损或歧视的言论。
- 在工作场所展示色情的或是与性有关的物件。

性骚扰是一种性歧视的表现形式，它违反了美国 1964 年《公民权利法案》的第七条和 1972 年对《公民权利法案》的教育修正案的第九条。它是不受欢迎的性相关行为，会发生在同事之间、老板与学生之间、雇员与客户之间或者患者之间（如在医院），可以发生在异性之间，也可以发生在同性之间。受害者不一定就是被侵犯的人，也包括那些被无礼行为所影响的人。

性别歧视的法律基础

1964 年《公民权利法案》包括第七条和导致平等就业机会委员会（EEOC）成立的预备案。EEOC 要求雇员在受到不公平对待的 180 天内提出书面控诉。EEOC 然后将在 180 天内对该事件进行调查，努力通过一定的解决办法或不太常见的司法诉讼来处理这件事情。如果 EEOC 倾向于诉讼，它会给这个雇员一封“有诉讼权”的信，收到信后，雇员可以在 90 天内根据第七条的规定提出联邦法律诉讼。

第七条适用于雇员在 15 人以上的每年至少工作 20 周的有商业行为的公司（这一般很容易证明）。雇员如果赢得了诉讼，将得到欠薪、复职和律师事务费（Lynch 1995）。

法律一直在变。如果你卷入了性别歧视的案子，你应该向你单位的律师咨询。

大部分实验室都有容忍度和友好的情谊，以至于认为讨论性骚扰是多么的不合时宜。然而，性骚扰破坏性很强，所有实验室都不能幸免于它的影响。实际上，在实验室里，随意和亲昵行为挑起浪漫，但也掩饰着性骚扰。人们痛恨这样一个事实，无心的调情就会被看成性骚扰。但其实这不太现实，不然现实中的性骚扰就会显得太频繁了。目前对待性骚扰的氛围可能会让部分人心情紧张，但实验室成员和睦相处还是很有可能的。

PI 的责任：通过你的行为和对政策的执行，使性骚扰在你的实验室无处藏身。你不仅仅要对自己的行为负责，也需要对你实验室成员的行为负责，因此不要放任不管。

公布实验室和所在单位对性别歧视的政策：遵守单位关于性别歧视的规定，并在实验室的伦理谈话中给予强调。将相关规定贴在大厅里，或者在实验室手册上写清楚。如果你的单位没有关于性骚扰方面的相关规定，请在实验室内做一个书面规定。这样做的原因之一是为了在发生诉讼的时候可以保护自己。另外一个原因是很多场所都能通过事先的规定而得到好处。

机构所定的关于性骚扰的规定将深深地影响着实验室。机构越大，人力资源部门就越有可能介入看起来不是很合适的事件，如发生了老板性骚扰实验室成员的情况（Weiss 1998）。

书面规定中必须有发生性骚扰事件后可以联系的人名和电话号码。应该要有多个联系人，多数属于执行办公室或人力资源部门的人员。投诉程序随机构不同而有所不同，但都有公正调查员对投诉的调查。如果有实验室成员向你投诉来自实验室或机构的其他成员的性骚扰：

- 问此人是否需要采取行动或只需要提供建议。这会让你们双方都清楚你需要做什么。
- 倾听，严肃对待投诉。
- 如果有人向你要建议，你必须竭尽所能地给出一个不带偏见的答案。如果指控的是同事，也许你不大可能做到。因此如果你无法给出一个满意的答案而且此人希望在行动前得到建议的话，那你就建议他与人事部门指定的人选谈话。

- 不要做任何针对当事人的评论，如这样的评论：“这好像他是在开玩笑，”或者“他向来如此。”
- 承认当事人的情感和感受而不进行定性或定论。说“我也会很愤慨的”会意味着被谴责的人有罪；“这对你来说很难”则表明你理解当事人承受压力的感受。
- 向当事人解释机构关于处理性骚扰的规定。说明你下一步将如何行动及你的时间安排。如果涉及安全问题，请立即向有关部门报告。
    - 如果来自机构的行动过于缓慢，做好干预的准备。

如果有成员要求你阻止某人的性骚扰行为，那你不得不多打几个征求意见的电话。这将取决于当事人是否需要你私下与对方谈话或者需要你参与讨论或对质。

你首先需要的是另一个当事人的解释。这不是法庭案件，所以你不用做出裁决。然而，你确实需要弄清楚某种行为的是与非。例如，“斯坦，你在实验室会议上对她裙子的评论冒犯了她。你知道吗，这样的评论是性骚扰。下不为例”。

精心设计的当面对质很有成效，但是必须保证他们不受到羞辱。如果谈话让你知道了他们的私人细节问题，不可以在任何场合提起这些细节。记住你们的谈话不是不受到法律保护的私下交谈，而是可能引起法律或行政行动的行为。部分机构对性骚扰有自己的非正式解决方法，这对于不想提起法律诉讼的人来说是很理想的。

你的实验室是你的责任范围，放弃任何自己的管理责任，都很可能被视为你对你的成员不诚恳，也意味着这个实验室失控了。而利用你力所能及的资源，是保护当事人唯一的方法。

如果你被性骚扰了

如果性骚扰发生了，你可以采取如下步骤。

- **直面骚扰你的人。**清楚表明这不是你想要的，希望下不为例。如果你不能直面此人，找机构中指定的处理性骚扰的人谈话。
- **详细记录事情经过。**记录日期、时间、地点、谈话或行为及你的反应。
- **如此行为没有停止，请找合适的人谈话**（在机构中的政策中列出）。
- **如你生理上受到伤害，打电话寻求警察的帮助。**

任何避免性骚扰的指控

大部分人很早知道何时、何地及如何触摸实验室的异性将带来的严重后果。获得博士学位的人肯定清楚地知道当他触摸学生时，动机是清楚的、场合是合适的、动作是恰当的。

Dziech 和 Weiner（1900，p. 180）

作为实验室的领导，PI 处于一个非常脆弱的位置，必须小心避免被人为视为是性骚扰的言行。这也包括实验室以外的场所。即使在一个周五午后的快乐时光，你也不能纵容自己沉迷美色，对实验室成员进行性相关的评论或者当实验室成员在你面前这样做时你没有阻止他们。

很多实验室成员（大部分是男性），都有性骚扰他们自己或实验室成员而面临指控的一些经历。很少部分的投诉会以正式指控解决，但不能低估对PI和实验室的调查的影响。不管你有多无辜（当然每个人都觉得自己很无辜），如果程序启动，大量时间就会被耗费。性骚扰的投诉可能是目击者做出的，所以你不但应该注意自己的行为，还要提醒实验室的其他成员注意他们的行为无可指责。

> 实验室里的一位女性成员指控一位男性博士后对她性骚扰，惹出一大堆让人头痛的问题……这其实源自开玩笑和有些调情的语言，这些话说得不是很得体（不是当着这个学生的面说，而是被她听到了），日积月累地，直到她忍受不了，终于暴发，写了一份正式的投诉信。

很多过密或性相关的行为，是在事后才被视为性骚扰的。因为有时候成员们深信他们必须屈服于作恶的性骚扰才可以保住工作或获得推荐，是一种报偿骚扰。当与性相关的行为严重且经常发生，并对成员的生理或心理均造成威胁的时候，恶劣的环境性骚扰就会出现。即使有暗示是自愿发生性关系，也会造成PI很难证明自己没有对成员施加压力，迫使他们遵从的局面。拒绝与实验室成员发生亲密的性关系，你可以避免性骚扰指控的大部分风险。

如果你受到性骚扰指控，找一位律师。不管你觉得自己有多无辜，性骚扰将是很严重的事情，你会失去工作。不管有罪或无罪，你都需要律师的建议。仅有机构律师的建议是不够的，因为机构的出发点往往是保护自己而不是你。

对PI或实验室成员提起正式指控，将会花费大量时间并带来巨大损害。PI们会因为以前他们认为属于可容忍范围的行为，或10年或15年前是允许的行为而失去工作。

保持人员平衡

在实验室文化下工作

为了避免人事问题而始终保持警觉是必要的。特别对一个刚开始从事实验室管理工作的 PI 来说，可靠的雇人和与人打交道的体系还没有建立起来。你不能把大家丢在实验室，自己却躲在办公室，还以为一切都在正常运转。开始可能会是这样，但是随着实验室逐渐变大，就越来越不可能是真的了。

> 开始的时候我什么事都做错了！我说话太直接、太公开，还总在一个人面前谈论另一个人。

搞清楚哪些因素是你认为重要的。如果你认为实验室里的交流是重要的，就去交流。如果你认为重要的是人的诚实、善良或热情，那你就去展现它。如果你致力于营造一个高效产出的实验室文化气氛，也要让大家清楚。

PI 对于自己所卷入的纠纷也有他们自己的看法。他们都认为自己应该参与到科学性的争论中去，如有关著作权或项目优先性的争论。大多数人认为在领域和实验仪器管理上也应该有他们的发言权。一些人认为他们愿意参与个人纷争的解决，而另一些人则认为这与他们无关并且要求实验室成员自己处理。

在一个实验室的初级阶段，不参与实验室成员的生活对 PI 来说是很奢侈的。你们一起工作，或多或少会目睹到人与人之间的争端。如果你不能平息这些纠纷，你所有的工作可能会被这些事情打乱。因此在实验室文化中，你必须明确所有干扰实验室文化的争端将由你来处理。

你什么时候干预或介入?

“我必须花费 60%的时间去设法维持实验室的和谐性，”他说，“我想要人们和睦相处，相互合作。你知道，做到这一点很难。对于你自己的家庭来说做到这一点已经足够难了，而应对 20 个人几乎是不可能的。但事实上那正是我全部工作之所在”。

Bob Weinberg 致 Angier（Angier 1988，p. 46）

什么时候才是 PI 应该把实验室人员召集在一起并和他们谈论他们的心态和态度？如果别人不愿意和你谈论这些事情，你应该坚持吗？如果你认为情况很严重你必须要继续，你该怎么处理？如果你知情一些个人情况正在压垮某个实验室成员，你应该帮助解决问题吗？你应该进行干涉的情况有：

> 我喜欢与大家讨论科研方面的问题，而对其他事情都没有耐心。

- 如果你认为实验室某个成员的心理或生理情况正处在危险中。

- 如果争端已经影响到实验室成员做实验的能力。
- 当一个权力纷争使你的领导权被质疑或被架空的危险时。
- 如果合作或团队精神受到损害。
- 当人际交往气氛变得紧张，实验室变成一个令人讨厌的地方时。

如果事情变得紧张，我会尝试着对发生的人事冲突做出公断，但也只在有人来我这儿抱怨的时候。平时我是不会到各处仔细检查，提前准备好去排除问题的。

当实验室成员带着问题来找你，你处理问题的方式会由你在实验室扮演的角色所决定。如果你是个富有同情心的人，你会听到所有问题，因而需要决定哪一个是重要的值得花时间去认真处理的。如果你平时很冷漠，大多数人可能不大会为一些小问题来找你。

我当然学会了如何不让事情恶化。

迅速行动，不要搁置问题。希望问题会自己消失是新 PI 们常犯的错误。你认为某个问题如果你不采取行动是话会继续下去，就该是行动的时候了。如果你一旦养成对任何争议不闻不问的习惯，要想再介入就会很难。因此，你一开始就应该为怎么做你的事情做好心理准备，而不要等到控制损害成为你唯一的选择。

常见的实验室争端

仪器及其维护问题

本应该负责配制缓冲液的人没有这么做；没有人负责定期维护超离心机；有人私自藏起了冰盒。这些看起来是小问题，但是却表明实验室缺乏合作，这可能使实验室工作人员麻烦不断。

个性矛盾还没有真正出现。实验室里也没有什么多余的工作——每一个人，包括技术员在内，都有自己的项目。不过实验室里倒是还有一些剩余的空间。

如果你喜欢微细管理，那就马上行动起来。也可能你不愿意让这些小事情打扰，但是它们一旦成为大问题，你必须马上行动。多数情况下，这些问题可以在所有成员出席的实验室会议上解决，甚至可以不提人名。这样可以解决实验室仪器及其维护问题，当然，别忘了要跟踪一下问题的进展。

领地问题

领地问题其实是仪器及其维护问题所包含的一个方面，但还涉及一个人的个人空间和隐私。例如，未经他人同意就使用他人的计算机和试剂。事先有个规定是有帮助的，因为大家有不同的思想，而大家对怎么做事可能并不清楚。在一些实验室里，试剂大部分是公用的，另一些实验室则不是这样。

我可能过度地去为个人冲突问题做公断。我们确实有争夺署名权的问题…… 我通过将某人换个实验桌来解决大的危机。

这样的问题最好留给个人解决，你不成熟的介入就像是在照顾小孩。在会议上重复规定。例如，你可以不指名地说，“架子上所有的试剂都是个人所有，没有得到他人同意，任何时候都不能擅自使用”。如果这样说了还没有效果，你就该介入了。

项目问题

一个人侵犯他人的项目，或者抄袭创意。某个人从一篇论文的作者名单上被删除，某人不能分享成果。自然而然这是将两个项目合并了。

马上召集所有涉及的人开会。你要倾听，但是你必须要做决定。没有你的信任和支持，你的实验室还会有同样的问题出现，而且项目和合作情况不允许出什么问题（见第5章“确定方向”一节）。

个人问题

处理个人问题恐怕是因人而异。例如，两个有过恋情的实验室成员分手了，讨厌的闲话到处都是。许多PI故意不理会这些问题，认为这不归他们管。有些是真的没有注意到这些个人交往。尽可能地让实验室成员自己理清他们的问题。你是老板，在某种意义上，让你介入其中是不公平的，这是一个令PI感到很难做出的决定。很多人经历了艰难的过程——在实验室初期高度介入，等实验室变大后才不予理睬。

但是如果事情发展到影响实验室运转的时候，你应该尽快介入，越快越好。与涉及的人谈话，单独谈或一起谈。你或许会对你实验室的人感兴趣，他们也会对你抱有强烈的期待。但是，无论你多么年长多么有经验，你不能解决所有人的问题。你不能解决感情、酒精或毒品引起的问题。你可以给出建议，帮助介绍咨询师，并且给出可能需要的紧急援助，但是你不可能像他们的父母或是伙伴一样。

偏　爱

一些PI说他们喜欢每一个人，但是大多数人承认自己有偏好，和某些人谈专业可能会更顺畅些。偏爱某一个人对于他来说并没有帮助，你必须要确保的是所给予的学术上的帮助和指导是建立在科学基础上的。PI可能会被某个自己偏爱的人极度利用。对于实验室成员来说，所需要的是一个可以在一起谈话的、平等的同事，而不是一个盛气凌人的人。

> 我最喜欢其中的一个学生，喜欢和这个学生说话，询问他的想法。我希望自己没有表现出来。

如果和一个被偏爱的人最终发展有了性关系，毫无疑问这是个问题。如果受宠者因为业务出色而受宠，实验室成员或许会接受，但若没有任何原因而受宠，就会引起憎恨。

> 我确实从心底里偏爱那个学生，但互相之间经常大声咆哮。如果我用对他的那种腔调教训其他人，他们一定会崩溃的。

当你不喜欢一个实验室成员时

对于一个新PI来说，一个很大的困惑就是不得不和他们不喜欢的人在一起工作，而这些人有可能就在自己的实验室里。大多数PI认为雇用自己喜欢的人进入实验室是很重要的，但这并不总是管用，因为随着时间的推移喜欢可能会变成不喜欢。

如果你发现自己坐在车里，讨厌去工作；如果你坐在办公室里，不想去实验室见到那个人；如果那个人不在实验室时你的工作效率非常高，那么，你的这种不喜欢就必须要得到解决了。

要搞清楚你的这种不喜欢是不是个人性质的，是长期的还是偶尔的。在讨论问题或争论时会发生？即将开实验室会议时会发生吗？你是憎恨这个人的政治观点，还是对他处理个人私生活的方式不满？

这不是实验室讨论的话题，不要让实验室成员知道你的感觉，并且不要告诉那个人，如果你真的不能克服，只能等到合适的机会让他离开。不过这样的问题通常非常棘手，如果他不想走，你可能也不能强求。

当一个实验室成员被大家都讨厌时

争取去聘用到那些能和别人友好相处的人。有些人的性格注定是会惹麻烦的。喜好争论、喜欢说脏话、爱轻视别人、爱指使别人——大多数PI在面试的时候都会注意观察他们是否有这样的倾向，以便拒绝这样的人进实验室。但是，特别是在实验室刚刚开始运行的时候，如果一个人在科研上有特别的能力，PI往往会忽略其性格上的问题。

实验室的集体并不总是对的。在实验室里有个别人一直被排斥：新加入实验室的人总是游离于团队之外，自己还不知道为什么不能融入其中。这个问题可能是一种嫉妒，一些实验室成员感到没有受到PI的重视，或者憎恨有科研成果的人。如果这些人在实验室里有太大的势力，他们就可能散布对某个人不好的言论。有时候伦理、性别、性取向或文化差异问题会被这个集体作为一种正义的事业而重新定义。

观察和倾听——如果在实验室里你是一个活跃的人，观察和倾听对你的帮助极大。你可能注意到某个实验室成员从来不与实验室的其他人一起午餐，这个人在做研究报告时实验室的其他人员往往在东张西望，带着各自嘲笑的迹象，在直接针对这个人的批评会议上会有最多的抱怨。设法看看实验室集体的行为是否是基于有效投诉但表现的是被动挑衅，或者是不公平的或无端的。

如果你认为某人的行为违反了实验室政策和道德，你必须对他说清楚。如果不是，你将必须处理你的实验室集体。

“我本该早点这么做”

悄悄地打发走人

劝告某人离开不是件容易的事。研究不是每一个人都适合的，但是大多数人进入实验室时头脑中都没有做其他工作的念头。事实上，直到最近，考虑研究以外任何工作的人都会被认为不是一个认真的科学工作者，因此不值得在他身上花费大量时间和精力。在一些地方，这种哲学依然在持续（而且你可能也赞同它）。这样，要建议某人离开会非常困难，这意味着那个人没有地方可以去。

另一些 PI 则报告说，现在的新生几乎没有打算从事基础研究的。现在有许多选择，而且看法也非常灵活，因此现在的学生被告知其他职业可能比独立研究更合适他时，并不会感觉受到了侮辱。

大多数 PI 赞同告诉那些正在苦苦挣扎的学生或博士后，他们可能不适合做研究，可能会走进死胡同。但在什么时候如何去提出另做选择的建议却是件难事。亲密的私人关系会在很大程度上帮助你知道做什么、什么时候做。通过交谈，你可能了解一个人的不安全感和优势，能更好地提出关于别的选择的想法。不管怎么说，这很少会是件轻松的事。在实验室已经投入了数年努力的人，在他们的能力问题上可能带有非常脆弱的自负。如何做好这点并与实验室的哲学保持一致，完全取决于局势。

> 我已经温和地建议了几个人离开……每次我都会问“你真的确信……”

- 首先你必须确定你或实验室对改变这种情况已经无能为力。是否存在需要解决的人员间的矛盾？延长时间是否能够帮助那个人完成他的实验？额外的训练能否补偿在实验上的不足？
- 是不是你的哲学和风格与那个人的不同，影响了你做适当的判断？因为与实验室不相容而建议某人离开与那个人应该考虑其他工作是不同的问题。

几乎所有 PI 都对实验室成员暗示他们不停地为做此类事情而烦恼，但是一旦说出口却会感到轻松和满足。大多数时候，PI 们只是说出了大家都很清楚却不愿面对的事实而已。

解　　雇

许多 PI 后悔没有在不和谐刚开始时（甚至在他们刚任职时）就让那些麻烦制造者离开，以至于认为这是他们最严重的管理错误之一。他们往往选择等待，希望环境能改变状况；或者来一个新的实验室成员、有一个新的

> 一做完那件事，我立刻就觉得浑身轻松。很明显，从一开始事情就没有转机。

项目，总之有点什么机遇能将问题带走。但是这样做能起到的作用很小。当你客观评价了一个职员的问题，得出最好的解决办法就是解雇这个人的时候，很少会是你的错。

什么时候你不得不解雇某人

公开地在实验室解雇人是非常少见的，因为有很多方法可以体面地将不合要求的人打发走。例如，对来实验室做轮流实验的学生，你可以告诉他们不用再回来了。但在特殊情况下有的人的的确确不适合那个位置，以至于除了解聘没有其他选择。以下是打发一些人离开实验室的一些理由。

- **不胜任。**没有能力做好这项工作。
- **不顺从。**不愿意做这项工作。
- **会制造麻烦。**你已经设法应对那个人，也让其他人找他谈过话了，都无济于事。
- **欺骗。**伪造数据，没有事先讨论就将 PI 的名字签在时间表或订购单上。
- **安全。**危及自己和实验室其他人的安全。

> 如果某个人让你伤脑筋，而你又没有办法解决，那么就“炒”了他！留着他只会让事情变得更糟糕，浪费更多的时间和金钱。这种决定不能拖来拖去，即使这个人是你唯一的一个手下，也不能手软。

记　录

当你怀疑自己遇到一个持久的问题时，开始记录这些问题。不仅你所在机构的官方事务上需要文档记录，而且对于让自己确信需要做这个解雇决定也起到作用。但在这期间要避免冲突，除了焦虑你什么也得不到。你大概已经警告过或者设法帮助过这个人改变某些行为。在没有效果的情况下，你必须确信额外的训练也没有起到作用。

与机构的律师谈，以及与人力资源部门谈，以确定你会受到保护，并且是在你所在机构的指导方针内进行的工作。一定不要让人力资源部门解雇那个人，即使他们提出要做这件事——这应该是你的工作。然而，尤其是在你怀疑解雇会带来暴力或敌对的反应时，需要有一位人力资源部门的代表在场。解雇这件事要对实验室其他人保密，这样可以避免有人告诉当事人即将到来的解雇。你有义务尊重那人的隐私。

你怀疑有人消极怠工，甚至即使你知道，你必须注意搜集有效的证据。法律上，雇员的隐私应该得到很好的保护。你没有权利翻实验室成员随身携带的钱包、背包、电脑箱或其他行李。除非他们已经被告知他们的书桌抽屉和文件夹将接受监视（而这种通知会是非常侵犯人的），你不能去碰它们（一般来说，工作台的抽屉是公共财产）。大部分情况下，如果雇员已经被告知解雇，那么电子邮件记录能被合法搜查，浏览过的网站能被记录，也包括语音信件等（Guernsey 1999）。

警　告

几乎没有完全出乎意料的解雇。除了公然的欺骗和暴力，令人不满意的雇员至少会收到一次有关他们工作业绩的警告。科学能力上的不胜任往往与人格问题不同，在给出警告之前，会有大量帮助提供给那个能力差的人。当存在解雇可能性的时候，可以设定工作指标，如果没有达到目标就给出警告（“托尼，你是被雇来完成一系列特殊实验的。虽然我们已经延长了时间期限，并且为你提供了助手，但是实验依然还是没有进行。我愿意再给你一个机会，看你是否能在下月初把这些实验做完。”）。

性格问题更难处理，因为没有明确的指标。关于行为的警告倾向于模糊化，或者听起来像是威胁，因此完全没有结果。这样做可能对你来说感觉很不舒服，但是处在由于社交行为而要失去工作的危险中的某些人而言确实应有一个机会去改变那些行为。你要提及问题，并给那个人一次申辩问题的机会，但是要明确这个行为你是不能接受的（“安，如果你不能控制自己的脾气，再次在实验进展不顺的时候责骂技术员，我将不得不让你走。”）。

如何解雇一个人

解雇你实验室的某个人是一件非常不愉快的事情，而且在夜里你可能会因担心和计划这件事睡不着觉。虽然一些 PI 不介意对质，但多数 PI 会对毁掉某人的生活或陷入与别人的争辩中感到非常不安。一定不要将你的不安表现出来，那好像在对别人说你不想做这件事情。这种事是正常的而且最好忽略它。

没有一个轻松的方法去解雇某个人。但是你的计划准备得越充分，解雇过程就会进行得越平静。这时你最好与你所钦佩的、有人格魅力和与人相处有天赋的顾问聊一聊，甚至于与朋友、同事或人力资源部门的人一起预演一次，这都会有帮助。

> 我设法让一个本科生离开了实验室，那是一场灾难！到夏天结束的时候，我们还没能成功教会他进行限制性内切核酸酶酶切 DNA 的原理，甚至是把 10× 溶液稀释成 1× 溶液也没教会！我设法让他走。我与他坐下来，对他说“你这样过不了关，过几年你也许可以……”他听不懂这句话的意思，而我没有向他表明内心的想法，只是说他被解雇了。我有充分的理由解雇他……夏天的其余时间我让他做抽提质粒的工作。

一定不要在气头上解雇任何人。只有在深思熟虑之后才能解雇某人。所以你要考虑你说话中的细节，当你说的时候要做到滴水不漏，无懈可击。

- **什么时间？**在实验室里没有别人的时候。在公司里，星期五是传统的解雇人的日子，因为这可以给当事人一个周末去恢复。然而另一些人则认为这会给当事人一个受煎熬的时间，会让他们感到更加怨恨。周末很多实验室是不放假的，所以只要找个人少的时间就行。
- **什么地方？**在你的办公室。这是公务行为，所以你一定不要设法让它成为偶然的和非正式的。
- **什么方式？**给你自己打个底稿。

“汤姆，我已经跟你讲过这类研究的要求了。过去的几周里，我们确定了一些目标，没有一个实现。我想这个工作不适合你，现在我想让你走。

我真的对此表示遗憾，但是我相信你会找到一个让你更开心的地方。我已经与人事部门说过，我将这周的薪水支票带来了，这是最后一张。按规定，你可以在这多待两

周，但我们可以讨论提前，如果你愿意……"

一定不要给当事人留下空间，以为还有再来一次的机会（除非还有）。和蔼但要坚定。这不是责备人的时候了，要以通用的正确方法去明确表达是雇员不适合这个实验室。

宣布之后可能遇到眼泪、冷淡、挖苦或者极大的敌意。保持平静，不要引起任何挑战。如果当事人异常气愤，或者曾有过破坏性行为，须立即要回钥匙。如果你要这样做，你最好让保卫部门的人员在场。

考虑一下，当事人接下来会做什么，如收拾工作台或书桌里的个人物品，但是千万别期望那人会为要来这里的下一个人做打扫和准备。以下物品要留下：

- 实验笔记本。
- 操作流程的书籍（除非是他自己拷贝的）。
- 克隆、细胞和进展中实验的清单。
- 钥匙和钥匙卡。
- 身份证件。
- 设备和实验室日用品。

当你不能解雇某人的时候做什么

解雇实验室人员是极度困难的事情，你还必须与管理部门或人力资源部门打交道，否则就无法解雇一个人。而且可能没有任何其他的方式。机构的规则可能就是要禁止解雇人，而政治上的正确性可能会让你永远掉入官样文件的陷阱中。有一位在一个州立大学的PI曾被告知，说他不能解雇一个承认欺骗行为的雇员，尽管这已经是这个雇员被第二次发现篡改实验记录。事实上，那是因为他是第二次被抓住，所以不能被解雇。第一次发生时，这个实验室成员被暂时怀疑。当他被第二次抓住时，学校却认为这样解雇他是出于对过去怀疑事件的偏见。下面列出一些PI使用过的摆脱不想要的实验室雇员的方法。

> *我想要解雇我的第一个博士后，但是我被告知不可以，博士后是不可以解雇的。我只能等着他博士后期限的结束。*

- 只是咬紧牙关，等到时间结束。只有当雇员自己有钱的时候，这才能持久。
- 让那个人的生活困难——不是别的，只是通过冷淡的礼貌，从而有效地避开他们。
- 如果这个人想离开，提供（经常是一种默契）一封好的推荐信。在一个大的机构里往往是直到这个人找到另一份工作，你才能摆脱这个人，因此这是一种选择。

PI们如果写不诚实的推荐信会被厌恶，但是PI们可能会无可奈何地写一封更加生动的推荐信以让这个人离开。通常只有刚刚加冕的PI不会去探究推荐信，老练的PI差不多都相信单凭一封好的推荐信来雇人，将是雇用一个糟糕的实验室工作人员的开始仪式。这样，许多人在传播这种不道德的习惯并且觉得他们没有其他选择。

写负面影响的推荐信

大多数 PI 不会写过分负面的推荐信，这是出于对可能会伤害某人的感情、发生官司，或对自己的观点有错的担心，也为了确保这个人能去其他的地方而离开这个实验室。

> 我知道有些人会对行政助理说："给我写一封 A 等的推荐信，或是 B^+ 的推荐信。"我不这样做，我只写诚实的推荐信，我会对他说："可能我没法给你写一封很有力的推荐信。"

最常见的推荐信是不愠不火地描述当事人的一些好的特质。大多数 PI 承认在面对面或通过电话推荐意见时，他们会更加坦率和诚恳，即使这意味着会有负面影响。

在写推荐信之前，**所有实验室成员都应该清楚你如何评价他们的工作能力。**有时研究生或博士后可能依然会向你要求写推荐信，即使他们怀疑这封信会是不温不火的，甚至是负面的。因为缺乏导师写的推荐信是极为让人怀疑的一件事。如果你感觉自己不能写一封当事人所希望的推荐信，那么就让这个人知道，或许这个人就不想要你的推荐信了。

也可以客气地拒绝一个听过你课的学生或别的实验室的一个博士后提出的写推荐信的要求（"事实上，我认为对你的了解并不充分，以至无法写一封推荐信……"）。如果你觉得告诉真实情况对于这个人是忠实和有帮助的，你可能会做一件不讨好但却有益的事（"我认为你不能胜任那个位置"）。

推荐信是保密还是公开？推荐人有时可以选择是否让被推荐人看到推荐信。大多数 PI 更喜欢写保密的推荐信，尤其是在管理实验室的开始阶段，因为这看起来非常安全。但是不要认为你写下的任何东西会永远得到保密。过些年后，许多 PI 愿意表现得更直接，忽视人为制造的秘密，让自己直接对所说的话负责，不管是正面的内容还是负面的内容。

实验室暴力

暴力能预见吗？

科学家不是暴力群体。在大多数人看来，科学家是比较温和的。科学家自己也认为同事们处事镇定，为人稳重。然而在学习和工作期间很少有科学家从没遇到过暴力或敌对行为。

由于夹带着情感，因自负遭受折磨，竞争激烈，成绩有时是短暂的，如果在这种情形下暴力行为不太普遍反倒令人奇怪。人们在憧憬着可能永远不被理解或实现的种种梦想时，文化冲突伴随其中。另外，人们在事业上更趋于理性思维，有时看不起情感流露。长此以往郁积的感情总会释放出来，造成暴力。

追溯实验室的大多数暴力事件，事先并不是想不到。回顾事件的过程，人们承认当时感觉有点异常，或害怕，或认为他们应该后退。通过进一步分析，人们发现暴力发生之前都有非常明显的迹象。

但即使最明显的警告也经常没有引起重视。这通常是因为人们害怕干涉会使暴力表面化，或者行政人员担心可能会侵害合法公民的自由权力。

在雇用职员过程中甄别暴力

工作场所暴力问题顾问 Larry Chavez（Dube 2001）认为，"一些人是否会成为施暴者的最好预判之一就是他（她）是否有过暴力行为"。大多数人力资源部门会进行犯罪记录调查，但是科学家之间的暴力并不总是明显。只有通过询问过去的雇主和同事，才能发现诸如恐吓和围捕之类的暴力行为。

美国管理协会民意测验显示，1085 名雇主中接近一半的人要求申请者接受一个或更多个心理测试（Onion 2001）。一些雇主声称获得了极大成功，认为通过一些测试可以发现那些富有进攻性的员工。然而，其他人主张，对于所有的测试，一些人能够领会问题的意图，能够给予确切的回答而逃过测试。

到人力资源部门去确认是否潜在暴力的甄别是筛选过程的一部分。如果不是，那么请他们帮忙提供一些你可以提问的问题。可能人力资源部门会担心侵害雇员的权利而不提供会被认为是侵害性的问题的信息，因为那些在实验室采取暴力的人经常有心理上的疾病，而根据美国残疾人法案（ADA），心理问题被视为残疾。测试当然无法细微到可以甄别是失控的暴力还是精神性疾病。

PI 可以不露声色地或礼貌性地询问一些案例问题。例如，你可以询问，当另一个实验室的领导从本实验室的一个学生处打听到实验结果后提前将它发表了，你觉得本实验室的领导应该做什么。建议可以给编辑写封信可能是一个合适的回答，但是建议身体对抗是不合适的。但大部分人所具备的智慧和判断力不会表示出暴力倾向而能顺利通过面试。

无论是否经过甄别，PI 仍需要能够识别潜在问题的信号。

潜在暴力的辨别

……人不会突然变化的。就像水的沸腾过程一样，有一个可见的过程，而且是可以预见的。

De Becker（1997，p. 143）

当然在实际工作中对施暴者没有十分精确的预测。但是如果一个人有下列特点中的几个，那么 PI 就需要特别注意了（De Becher 1997，p. 151-152）。

- **顽固。**抵制改变，不愿意讨论与自己相反的观点。
- **武器。**最近得到了一件武器。也许收集了不少武器、喜欢讨论武器或有武器嗜好。
- **经常生气。**闷闷不乐，情绪低落。
- **感到绝望。**
- **与实验室的其他施暴力者一样。**
- **合作者害怕或担忧他。**
- **恐吓、试图胁迫或操纵合作者或老板。**
- **狂想症。**
- **对批评有逆反心理。**
- **责备他人。**对自己的行为不承担责任。
- **因某种原因讨伐，或自己跟自己斗。**
- **有不切实际的期望。**
- **有过很多不合理苦衷的档案记录。**
- **有喜好攻击的历史，或最近在警察局有记录。**
- **监视其他雇员的行为、活动、表现或来往。**
- **解雇后和现职员工保持联系，并煽动他们。**对失去的工作比寻找新工作更加注意。

缓解暴力风险的局势

尽管有一些广为人知的关于实验室袭击与谋杀的报道，科学家们还是相信他们的同事们不能够发生暴力事件。最近发生在华盛顿医学中心的一个案例说明了不相信潜在暴力的后果（Kelleher and Sanders 2000；Sanders 2000）。一位研究病理学的科学家将要终止所在部门的住院医生的实习工作，解聘后他没有能够找到另一份工作。几个星期以来他一直处于狂想、抱怨和极度气愤之中，有人看到他在互联网上寻找枪支。部门的其他成员感觉到将要发生暴力事件，于是去报告行政部门，联系了警察。但是这个住院医生总是拒绝劝告，声称拥有枪支是他的权力，并坚称自己很好。警察和行政部门也说不会有其他事情可能发生。不久以后，他射杀了他的导师，然后自杀。他的导师是这个部门的病理学家，两个人都死了。

很难责备任何的某个人认为这是不可避免的事件。大学行政官努力在争取时间，希望能将他悄悄打发走，在他的怒气释放之前去新的岗位。

但是正如实验室暴力方面专家所说的，“处理一个与人相处困难并有暴力倾向的雇员时，行动要快，否则时间掌握在他手上，明白这一点很重要。管理人员如果正确感觉到了他不会静静地离开，那么越早解雇他事情就越好办。如果你认为现在解雇他比较困难，你一定会发现事情越拖更难解决。”（Becker 1997，p. 150-151）。

作为PI不必明白，你不能放弃你的责任，不能完全依靠人力资源部门、行政部门甚至警察，不能依靠他们帮助你处理潜在的暴力隐患。如果你感觉暴力很可能将要发生，但还没到发生的时候，就不要让他发生，不同意，什么也别干。不要忽视你的直觉或推测，不要忽视你实验室其他成员的判断。不要让你的实验室成员处于危险之中，他们有些人会害怕官司。把你的人送回家，换锁具。在医院里或通过警察能够找到那些真正知道如何帮助你的人。

潜在暴力的怀疑。如果你怀疑一个潜在的暴力者，但他还没有做什么明显的事，那么：

- 轻声地说，确认是否存在问题。这些人可能遭受压力或抑郁，有潜在暴力的标志，如绝望和孤独。如果按照准则看起来没有潜在暴力，用适当的方法进行帮助和提出忠告。
- 尽量用直截了当的方式解决这个人的问题。当他们无法控制自己或者没有人听他们诉说时，他们会感到绝望，而抑制暴力是能够处理极端挫折的方式之一。
- 记录你们的谈话内容。

潜在暴力的可能性。

- 如果你已经尽力弥补这个人与你的过节，但情况没有得到改变，那么立即争取人力资源部门的帮助。
- 如果人力资源部门看起来没有设身处地地快速行动起来或快速决策，告诉安全部门。
- 和人力资源部门或安全部门交涉，要考虑实验室其他成员的安全。
- 不要试图与此人争论。
- 即使遭受威胁，始终不要表现出恐惧。

暴力即将来临时。如果此人看上去失去控制，处于敌对，正持有武器在制造威胁时：

- 让所有人离开实验室。根据威胁的实际情况让人去通知人力资源部门或安全部门，如果此人持有武器，立即通知安全部门。
- 如果你能离开事发现场而使实验室成员免受危险，那就离开。
- 如果你和此人在一起，尽量用对话的方式缓和事态。
- 保持镇定，不要表现出恐惧和焦虑。
- 仔细和礼貌地倾听他的委屈，任由他说下去。
- 将全部注意力集中在那人身上，找个不受打扰的地方坐下，用眼睛注视此人，如同礼貌地看着一个宾客。
- 不要干扰，不要争论，不要减少对他的关心，不要试图将任何人的行为合理化。

暴力能够预防吗?

可以，也不可以。有些情况不是你能够控制的，如一个家庭成员或伴侣来实验室为实验室的某个人挣面子。有些条件确实会使暴力更可能发生，但你在这里能够控制局面。

- **了解你的实验室。**实验室文化和你与实验室人员的关系，是在暴力发生前能够识别和缓解暴力的最好依靠。营造好的氛围，杜绝歧视和性骚扰，PI 与实验室成员之间以及成员与成员之间保持交流畅通，潜在的暴力将容易被大家识别。
- **认识实验室成员的个性变化。**如果你知道实验室成员的个性，你就能更好地认识他的行为变化，发现是否有潜在的问题。也要知道实验室的动态变化，尤其是当某个人被其他成员孤立时要引起你的重视。
- **确保实验室所有成员有能够求助的人。**这依赖于你如何管理你的实验室，让你实验室的所有成员都能找到人倾诉，你或者某位导师，或者是人力资源部门的某个人，总之要有人可以听他们倾诉。重要的是让所有实验室所成员都感觉他们有选择权，不会被限制，找不到释放口。

参考文献

Angier N. 1988. *Natural obsessions. The search for the oncogene*. Houghton Mifflin, Boston.

Baldrige L. 1993. *Letitia Baldrige's new complete guide to executive manners*. Rawson Associates/ Macmillan, NY.

Beatty RH. 1994. *High performance models. Interviewing and selecting high performers*, pp. 51–86. John Wiley & Sons, NY.

Belker LB. 1997. *The first-time manager*, 4th ed. AMACOM Books, NY.

Brown WS. 1985. *13 Fatal errors managers make and how you can avoid them*. Berkley Books, NY.

Cohen CM, Cohen SL. 2005. *Lab dynamics: Lab management skills for scientists*. Cold Spring Harbor Laboratory Press, Cold Spring Harbor, NY.

Cooper RK, Sawaf A. 1997. *Executive E.Q. Emotional intelligence in leadership and organizations*. Grosset/ Putnam, NY.

De Becker G. 1997. *The gift of fear*. Little, Brown and Company, NY.

Dube J. 2001. Office wars. *ABC News*, July 29 (http://www.abcNEWS.com).

Dziech BW, Weiner L. 1990. *The lecherous professor: Sexual harassment on campus*, 2nd ed. University of Illinois Press, Urbana, Illinois.

Goleman D. 1995. *Emotional intelligence: Why it can matter more than I.Q.* Bantam Books, NY.

Guernsey L. 1999. What employers can view at work. *The New York Times*, December 16, p. D9.

Hamlin S. 1988. *How to talk so people listen. The real key to job success*, pp. 1–20. Harper and Row, NY.

Harmening DM. 2002. *Laboratory management: Principles and processes*. Prentice Hall, Upper Saddle River, NJ.

Harris J, Brannick J. 1999. *Finding and keeping great employees*. AMACOM Books, NY.

Hasselmo N. 1990. Presidential statement and policy on sexual harassment. In *The lecherous professor: Sexual harassment on campus*, 2nd ed. (ed. BW Dziech, L Weiner), pp. 203–212. University of Illinois Press, Urbana, Illinois.

Kelleher S, Sanders E. 2000. Troubled resident's case left UW with quandary. *The Seattle Times*, July 5, pp. 1 and 10.

Kevles DJ. 1998. *The Baltimore case: A trial of politics, science, and character*. W.W. Norton, NY.

Klomparens K, Beck JP, Brockman J, Nunez AA. 2008. *Setting expectations and resolving conflicts in graduate education*. Council of Graduate Schools, Washington, D.C.

Lanthes A. 1998. Management and motivation issues for scientists in industry. *Science's Next Wave*, January 28, pp. 1–4 (http://sciencecareers.sciencemag.org).

Levine IS. 2005. *Mind matters: Managing conflict in the lab*. *Science Careers*, September 23 (http:// sciencecareers.sciencemag.org).

Lynch F. 1995. *Draw the line: A sexual harassment-free workplace*. The Oasis Press, Grants Pass, Oregon.

Marsh SR. 2000. *Negotiation styles in mediation* (http://adrr.com/adr1/essayb/htm).

Marshall H. 2000. *Lab rage: Dealing with personality conflicts*. *Science Careers*, June 30 (http:// sciencecareers.sciencemag.org).

Onion A. 2001. Pinpointing violence: Researchers looking for ways to weed out violent workers. *ABC News*, January 3, pp. 1–3 (http://abcNEWS.com).

Pacetta F, Gittines R. 2000. *Don't fire them, fire them up: A maverick's guide to motivating yourself and your team*. Simon & Schuster, NY.

Ratey JJ, Johnson C. 1997. *Shadow syndromes*. Bantam Books, NY.

Russo E. 2000. Harmony in the lab. *The Scientist* **14:** 18–19 (http://www.the-scientist.com).

Sanders E, Kelleher S. 2000. E-mail told of troubled UW doctor. *The Seattle Times*, October 18, pp. B1–B5.

Schloff L, Yudkin M. 1992. *Smart speaking*. Plume, NY.

Stone FM. 1999. *How to resolve conflicts at work: A take-charge assistant book*. AMACOM Books, NY.

The University of North Carolina Greensboro. 2009. *Sexual harassment resources* (http://library.uncg.edu/depts/docs/us/harassment.asp).

Toropov B. 1997. *The complete idiot's guide to getting along with difficult people*. Alpha Books, NY.

Umiker WO. 1996. *The empowered laboratory team. A survival kit for supervisors, team leaders, and team professionals*. American Society of Clinical Pathologists Press, Chicago.

Wacker W, Taylor J, Means HW. 2000. *The visionary's handbook: Nine paradoxes that will shape the future of your business*. HarperBusiness, NY.
Weiss P. 1998. Don't even think about it (the cupid cops are watching). *The New York Times Magazine*, May 3, pp. 43–47.
Wheatley MJ. 1994. *Leadership and the new science. Learning about organization from an orderly universe*. Berrett-Koehler, San Francisco.

第 9 章

路漫漫，其修远兮

当你的工作发生改变时

实验室的演变

实验室是年轻人的地方，回到那里你会感觉又年轻了：同样渴望冒险，渴望发现。渴望在你 17 岁时没有预想到的东西。

元素周期表中的 Primo Levi
Levi（1984，p. 198）

退到公园里的一张桌子边，Kosterlitz 坐在一个带点绿色的泉水旁，要了茶点和十字形面包。“当你 40 岁时”，他说，“你得做出决定。人的热情可以维持到那个时候，特别是当你的导师很热心的话。但你得考虑未来，自己是否能像科学界所要求的那么成功，然后才被接受？如果不能，又能做什么？你可以教书或在企业工作。只有像我这样有点疯狂的科学家才能继续做研究工作。我停不下来，因为这样我才会成功”。

Goldberg（1988，p. 211）

实验室创建几年后，你的工作将开始变化。你的实验室可能变大，你花在实验台上的时间越来越少，花在路上的时间或越来越多，在其他单位做报告，或参加集会以提升你的实验室影响。或者，你也许会花越来越多的时间在本单位内提升你实验室的工作。你做的报告不再特别关注数据，而是更多的关注概念。但你仍然需要为获得更多的资金而写项目申请书。

当你有了各种经历，自我反省和自知之明看起来越来越容易。你解决问题的能力可能越来越强，但是当年轻的科学家在你周围崛起时你会感到被遗忘和力不从心。你可能会平静面对，也会感到灰心。环境还是刚创建时的那样，但情形完全不一样了。这也许正是该重新调整的时候了。当实验室发生变化的时候，你不得不改变，而你的改变又带来实验室更多的变化，经营 5 年以后的实验室很可能变得完全不能辨认。

大实验室，小实验室

实验室的大小应与你当时所从事的科学研究的内容相适应。大部分 PI 认为能够容纳 8～12 人的中型实验室是最为理想的，容纳 5 人的实验室是小实验室，15～20 人的实验室是一个大实验室，超过 20 人的为巨型实验室。对于中型实验室，实验项目能够竞争，而科学氛围仍然足够亲密，PI 可以与每一个成员紧密接触。

> 当我有好的想法和大量工作的时候，我会觉得实验室太小，我想雇用更多的人工作。

1或2人的实验室太小了，不利于创新。多数PI在早期为了脱离这个阶段而非常辛苦地工作。当然，这对于实验室成员来说是很有帮助的，他们可以和PI一起并肩工作，学会实验室的每件事请。这样的规模对于初建实验室也是有好处的。你可以充满生机，脚踏实地。然而，大多数人认为这样小的实验室难于长期生存下去。

我认为小实验室很难维持。我倒愿意在特定专业和项目上合作培训更多的中等水平的研究者，以此扩大实验室规模。大一点的实验室在行政上运行要困难些（还有潜在的人事和人格方面的问题）。但长期运行收获可能更大。

5或6人的小实验室是很容易控制的，你清楚地知道每个项目的进展情况，能够控制每一个实验，如果你更喜欢了解每个人，和他们一起紧密工作，这样的规模好极了。

10～12人，最多12人，不要太多也不要太少。太小的实验室过多地依赖于实验室成员个人能力和科研项目本身的运气，而如果实验室再大点，即使一些人是在努力工作，总会有人怠工。

中等规模的实验室有很多优点，大部分PI认为临界规模是特别重要的。这种情况下，能够产生很多理念，进行很多项目，实验室看起来自动运行。有十多个人，好几个项目，个别实验室成员还可以开发新项目，不用太担心小的失败。

10人或稍多几个人的实验室也有缺点。在这种情况下，你难以与每个人每个项目保持密切接触。如果你没有学会授权负责部分实验室工作的分派，并相信和依靠他们，那么你会一直过载、身心疲劳，而实验室还总是乱糟糟的。如果资金短缺，你更要为实验室成员的未来担忧。

8人左右是个理想的规模，个别成员离开时你需要有人继续执行项目，你要能开好的会议，进行好的讨论。

很少有PI当初计划有一个超过15人的大型实验室。起初3人的实验室就花费了如此多的时间，很难想象运行15人的大型实验室是多么的困难。也许这是缺乏自信。但是大多数PI经过多年的努力，想法越来越多，需要的人员也就越来越多，于是逐步开始运行大型实验室。人多了，就有可能做更大的科学。成功和回报是实验室变大的保证。但这也不是十全十美的。在小地方，大型实验室可能会缺乏资源，也可能导致其他实验室的过多怨恨。

对于较小的实验室，你能够多花点时间在实验室里，你能够多观察，能够确保没有什么事请出错。

当你的实验室和我的实验室一样小的时候，你必须保持活动，不断发现新的理念，寻找新的研究方向，不要顺其自然。

当你参照你周围的实验室来计划自己实验室的规模时，记住小型实验室做不了已经确立地位的大型实验室所能做的事情。你可以以大型实验室为榜样，努力在5～10年赶上他们，但你不能期望光凭你和技术员的工作去完成10人实验室的工作。

我现在的确喜欢实验室里的每一个人，他们是好样的，但我希望他们的人数能够多点。如果能达到10人或更多，我想我会感觉像个皇帝。或者，坦白地说，我宁愿在5或6人的实验室，这也不丢脸。

更多有经验的PI警示自己，不要让自己

的实验室成长过快。只有在回过头来看时才会意识到实验室成员的成长速度是不是过快。早期阶段，PI 比实验室成员的想法多，不顾一切地开始实施。但人员需求快速增加，增加了大量工作，使用经费令人担心，严重破坏了 5 年计划，极大地干扰了正在实施的研究的完美。人多不一定使研究变得更加容易。

实验室变得太大，发展太快。以牺牲质量为代价的扩大规模是愚蠢的。

实验台上的时间

当我停止亲自动手做实验，部分原因是由于有其他更吸引人的事不允许我在实验台集中精力，部分原因是由于新技术使我有限的技能变得陈旧，从那时起教学对我来说就变得更加重要。特别是微生物实验，需要持续数小时，甚至一整天才能完成。实验室每天的工作就是计划、准备、操作实验，经常每天都是这样。没有实验室的这些日常工作我可能会魂不守舍，好在有其他的日常工作要做，如备课、讲课、考试和评分。

Luria（1984，p. 130）

过早离开实验台是新的 PI 们可能犯的一个最大错误。在实验室创建初期，PI 很难顶得住文字工作的压力。但是你是实验室最好的投资，作为实验室最强的力量离开实验台是没有任何意义的。

几年以后，当你拥有足够多的合格人员，你不再有压力必须自己动手做实验。再后来，你擅长的技术被更新了，或者不再使用了。而实验室的其他人员可能比你对实验技术的细枝末节知道得更清楚。换句话说，你不再是一个专家，但你雇用了一批专家。

应该承认，随着实验室的成长，你将花更多的时间在实验台之外。你会悲痛地哀叹花在实验台上的时间太少了，发誓说你真正想要的是动手做实验。除非你有意无意地维持了一个非常小的实验室，否则你不太可能经常回到实验台上工作。

然而，很多 PI 继续在实验台前承担一些辅助性的角色。有些人喜欢启动一些危险项目，在将项目移交给他人前也能确认项目是否切实可行。有些人准备其他实验室成员索要的试剂。如果你能真正地在实验台前工作，这对实验室的每一个人来说都是强大的精神支持。但如果你的实验台仅仅成为提醒要做实验的象征，不久将会成为实验室的笑话。更糟的是不使用实验台的内疚感很可能长期影响你。如果你不经常做实验，将实验台移交给能更好利用它的人。

刚刚建立实验室时，我更倾向于和实验室成员打成一片。那时候实验室很小，通常只有 2 个很年轻的技术员，一两个学生，一两个博士后，我自己也做实验。我是他们中的一员，用同样的方法做实验，身体力行。我更清楚实验进展，清楚人们在长时间工作后实验仍然没有进展的感受。但现在我却淡忘了。

我有时仍然做个别项目的实验工作，或帮助访问学者工作。我为大家做个榜样，让人们知道应该努力工作。

不断发展的管理风格

步入管理，你结识了一些新的同事，他们没有与你类似的探险经验，讲话的方式也与你迥然不同。更重要的是，作为老板的你与周围人的关系发生了微妙的变化。通常对权威的对抗被大部分隐藏起来了。你的同事看起来越来越会服从，大部分时候他们都是说"是"。学院有怀疑或辩论时，你很乐于在这个时候来显示出你的一贯正确。这些权力腐败的早期信号将科学家变成了行政官员，比较公正地说，他有点不清白。

Hoagland（1990，p. 175）

仅仅实验室大小的改变将导致你与你的实验室人员相处方式发生改变。但你积累的经验更会改变你的处事方式。几年后，你知道什么有效，什么项目可能获得资助，哪些学生可能是最优秀的。尤其如果实验室比较大，许多PI发现增加一个管理人员是最有效的经营实验室的方法。你很少有时间在实验室，你的薪水比较高。那就聘请秘书做行政助理，承担你比较多的行政工作。你也许有了一个实验室管理员来承担实验室的日常技术和/或人事管理。一些PI会设置一个独立的职位，提拔博士后做研究员或助理教授。

如果你对自己的管理风格不满意，可以考虑聘请私人教练。一个私人教练能够建议你如何组织实验室，如何应对实验室难以相处的人，如何找到合适的软件，如何让自己集中精力并富有激情。教练能够当面训练你，也可以通过电话训练，你也可以通过某些人的帮助来克服短期危机，如不得不解雇某个人，或彻底重组实验室。在电话黄页或因特网上可以找到"私人教练"，每周30～45分钟的会议，一个月的费用为数百美元。

人员素质

20世纪60年代末70年代初，（西摩）班泽（Benzer）周围聚集了一批优秀的研究生和博士后，这是班泽的舰队。他的朋友克里克（Fransis Crick）告诉我，如果不是与班泽在分子生物学上的巨大成就，他就不可能将学生们带入如此难以接近目标的研究计划了。

Weiner（2000，p. 37）

越是成功，你越能雇用到素质较好的人。事实上，人家来找你，你可能有机会选到最好的人。由于你在选择能干的人和培养实验室成员方面比较有经验，你的实验室成员也更能干些。

放宽控制

许多新PI希望自己能更随和些，但在事业的早期总忍不住要事事干涉。保住位置和得到提升的最终期限就要到了，需要尽可能快地多写论文。经费是有限的，PI不可能让手下人乱想乱做，或凭一时冲动购买时髦设备。成功和经验是好老师，最终PI会意识到优秀的人才是靠自己成长的。

事实上，随着实验室变大后，PI 花在每个人身上的时间就会不一样。另外，PI 将日常的一切控制权交给实验室人员，因为他们发现实验室成员能够承担起相应的责任。有时候，是实验室管理员在帮你处理日常问题和烦恼。有时候，是多年的经验积累使研究生、博士后和技术员能够想清楚实验设计，撰写论文，并帮助你分担项目资助和对前途的担忧。

不是所有的 PI 都能够放松时间。对于一些 PI，由于路途时间的增加以及离开实验室的时间越来越多，从而感到焦虑，因此，只能通过制定更多的规章制度和规范才放心。但这样长期下去却将实验室搞得一团糟。人们渴望能独立一点，并终止由此造成的不愉快。

我对事情不像我刚开始时那样事必躬亲了。随着文章一篇篇发表，我感觉肩上的担子一份份减轻。当然，前提是我在这个领域更符合潮流，同时更具有竞争力，竞争力替代了生存压力。不过总体来说，我感觉好多了，可以放松点了。

现在我处理人的问题一点不复杂。我根本不愿处理私人问题。如果有人确实有私人问题，我叫他们找咨询代理帮助他们。心理问题有心理咨询服务，财政问题有相应的服务部门。我个人不再谈论私人问题。我只解决急性问题，不解决慢性问题。

与实验室管理员一起工作

令人鼓舞的是一个出色的实验室管理员，极可能是行政人员，也可能是科学家，或两者兼之。很少有 PI 在创建之初就聘请管理员帮忙，大部分管理员是在实验室运行了一段时间之后才来的，但他们不是专门来做管理工作。例如，有的博士后发现管理实验室是件令人愉快的事情，没有不断地写项目申请的压力，愿意留在你身边做管理员。有时 PI 会非常幸运，有研究助理教授或训练有素的科学家愿意留下来分担管理责任。比较普遍的是技术员长期承担更多的管理责任，他们的人事管理经验最丰富，是事实上的日常生活管理员。

我实验室的人现在更加理智了。客观地说管理员们比较年长，在不同的地方生活过，工作比较认真，这些特点使他们的工作得心应手。他们自己有一些管理人的经验，了解部分难题，更愿意帮助我解决困难。

不要过分依赖于管理员而不清楚实验室的运行情况，至少你要知道最近发生的事。除非你已经有了充分的安排，你不想参与到实验室人事纷争中，不要自动地让管理员处理实验室人的问题。制订你自己的管理范围，这可能是一项长期的计划，期间需要不断地调整。你还得注意你的人及他们工作作风的差异，你的管理也可能要随之调整。

现在我的手下都不错，但在他们刚来时的两年里很糟。

不是每个人都愿意接受管理员的想法。一些 PI 喜欢放弃控制，有些 PI 不愿意感觉自己不再是实验室的核心。事实上实验室管理员变坏比其他任何人对实验室造成的损害要更大。但是，这个人也会给实验室带来快乐，而这些快乐你原以为再也不会有了。

培养独立性

Hughes 在 Kosterlitz 的监督下，拼命工作了 4 年以检测自己的独立性，他至少是感激的，Kosterlitz 不碰他的设备，不在他身边像对待部门的其他人员那样地转悠和唠叨。

Goldberg（1988，p. 20）

尽管大多数 PI 的目标之一是培养能独立工作的科学家，但对独立的解释却可能各种各样。例如，对一些 PI 来说，独立意味着构思一个想法、做实验、写论文。对另一些 PI 来说，独立意味着提出计划并达到研究目标。

提　升

注意不要将提升仅仅当成是一种奖励，提升要建立在竞争新的责任的基础上。PI 渴望有一个同僚，却制造了许多怪物，他们不能胜任工作，额外的津贴却一点都不能少，而且还要不断加码。没有什么比不合格的提升更能产生抱怨了。不仅仅是实验室其他成员间的抱怨，而且被提升者也会逐渐责备 PI 在工作中的所有问题。

允许其他人代替你做报告

在他们的训练期间，在本单位、地方聚会、在国家级会议上（运气好的话），博士后和学生们能够作报告。他们的报告往往局限于他们的研究内容，非常详细和专业，而你会在更广泛的范围内做报告，覆盖实验室的部分和全部工作。会有一些资深的博士后在和其他人合作，或者替你管理低层次的实验室人员，他们的报告有能力将实验室的工作全部贯穿起来，根据相互结果提出这个领域的观点和思想。如果是这样，就让这个博士后代替你在会议上作报告。

> 我给过他机会写一篇 RO_1，我想是他该有自己实验室的时候了。我一直在送实验室成员代替我去参加国际会议，以便他们能够抛头露面。我早就试着做了，这也是为我自己好。如果是邀请我去，而我让人代替我，人家会很生气，因为较有名气的科学家是吸引人的名片。不过如果你告诉他们你不去，他们则会请你派其他人替你去。最近我做的就是让他们将我的人安排在会议的计划中。我说我有其他事情与会议冲突，不管怎么说，这个人比我去更合适。

这种走过场的事情没有什么规则，PI 必须小心避免侮辱任何人。有些会议的组织者可能会认为你对他们没有足够重视，你必须确信替你去的人的演讲质量，你必须使人相信你没有不派最好的人替你去。同时，你必须不断宣传你的事业，让大家知道你的工作兴趣不减，投入不断。

从实验室发出去的手稿没有你的署名

Nusslein-Volhard 独立发表了她的巴塞尔（Basel）研究结果，没有署 Gehring 的名字。在 Gehring 的学生里，她是唯一一个这样做的博士后。她写信给 Holden，说她投递了一篇有关果蝇实验技术的小文章，但没有告诉 Gehring。作为实验室的老板，所有他的博士后发表的论文里都出现他的名字。她说 Gehring 不明白她的有关每个末端携带一个尾巴的果蝇变种的主要论文。不过她说他很高兴，让她自己独立发表文章。Gehring 说她的工作是她个人独立完成的，不需要署他的名字。

Christiane Nusslein-Volhard

（McGrayne 1998，p. 395）

随着时间的推移，特别是你有了一个大的实验室以后，你可能不再构想你的每个项目，不再与你的每个项目保持接触。可能有些年长的实验室成员有自己的项目，可能有些独立的成员有自己的经费。会有你了解得非常少的项目，有一天一个资深的实验室成员写了有关这个项目的论文，要求你不作为署名作者。

于是你进退两难，在你的实验室里，你提供了场地和灵感。也许你没有做任何实验，或没有编辑论文，但你在许多午餐时间讨论项目实施的结果。即使他们有自己的经费，但你的开支仍然提供了强有力的支持，你为研究打下了基础。你仍然需要经费，需要认同，需要持续的结果来保持和提升你的地位，尽管你许诺要培养独立性。

当然，在等级森严的协会里，你可能不允许你实验室的人不署你的名字为作者就发表文章。但是直到你作为成功的大型实验室的 PI 长达十几年以后，这种情况是不会发生的。之前你应该建立行之有效的游戏规则，自己不过多地脱离实验室研究，不让你毫不知情的事情发生。

让项目离开实验室

当我离开实验室的时候，我的导师对我将要研究的课题显示了极大的兴趣，我以为这是指导（啊，多么天真!），但后来我知道对“我”的项目感兴趣是我的导师为了将来的博士后和研究生在他的实验室保留这个项目打基础!

Caveman（2000，p. 26，自《科学政治学》p. 26-27）

博士后如果要带走什么项目，须在离开实验室前很长一段时间将这个问题解决好。这类决定通常说起来是开明的，而做起来需要具体问题具体解决。有些 PI 一贯很明确不允许带走任何东西，而有些 PI 让人带走任何东西。但大多数 PI 认为，在某些情况下应该带走项目。下面是关于带走项目和关键试剂要注意的事项。

- **正在从事相同或相关项目研究的其他实验室成员。**这是最重要的考虑，你主要对仍然留在实验室里的人负责。如果目前留在实验室的成员在这个项目上失去优势，甚至出局，那么必须与所有参与者商谈工作关系，保护留在实验室的人，当然这是件很困难的事。
- **离开实验室成员的未来。**如果他带走项目，你们可以一致同意保持合作。但是这对于离开的人比你更难，因为他们要建立独立的研究项目。
- **竞争。**与离开的博士后竞争不必要将其看成对手，仅仅看成是你与他将在同一领域工作。很少有博士后希望敌对，因为他们成功的可能性最小。同时，敌对白热化意味着很可能不再有推荐信，很难得到该领域其他人的认同。

尽管如此，一些博士后强烈认为他们开发了项目，有权力带走项目。作为PI你有权力做决定，但你得在事情发生前处理好。

是否让离开实验室的博士后带走试剂取决于你们事先制定的合作或竞争协议。一些实验室成员强烈认为他们有权带走他们研制的试剂。在做这样的决定以前，你的态度要众所周知。这和项目决议基本上是一样的，因为它对你和实验室其他人的影响是一样的。

让实验室成员离开

在实验室工作的第一个人决定离开实验室时，PI们会比他们想象的更难割舍。有一天，你最得意的学生，你的第一个学生来找你并向你提出他们完成了学业该离开实验室了。如果你感到了背叛，而不是感到高兴，你应该知道你并不孤独。你可能感到恐慌，实验室不可以没有这个人。你可能感到气愤，在这里你给他投入了你的全部训练和时间，而现在他要全部带走了。

除非离开的人是个麻烦制造者，一名优秀成员离开实验室将会改变实验室，生活中可能会有些消沉。这是庆祝会的原因，却是一种甜苦参半的庆祝。然而，在出奇短的时间内，你和实验室的其他人会重新调整过来。

与离开实验室的人员保持联系

与离开实验室的人员保持联系，无论是短期的还是长期的。这对实验室有好处，因为既可以通过他们的研究成果让实验室的其他人员得到启发，还可以通过保持联系建立僚属观念。这对于刚刚离开实验室的人也有好处，在他们冒险进入一个新环境的时候能有一个根据地。你能分享他们的成功，欣赏实验室的成员成长为同事，这好极了。

建立离开实验室的科学家的网络是运行实验室最开心的事，它是个人的满足。许多PI发现，只有当亲信离开实验室时，真正的友谊才会开花结果。作为平等的合作关系，你能找到科学上相互依赖的方法，这可能是在你自己的博士后时代错过的东西。保持联系也是提升实验室实力的一种途径。实验室成员有一个努力的榜样，联系不仅仅是对实验室的，更重要的是对科学网络。

保持激情

仅有成功还不够

迅速的成功使我很高兴，但我并不安心，我不知道如何心安理得地成为一个“专家”。事实上，这种没有付出多少努力就表面上很成功迫使我更加努力深入到一些扎实的生物化学研究中。

Hoagland（1990，p. 48）

很多职工一心追求终身职位和晋升副教授，然后晋升（正）教授，却认识不到虽然开心，获得了安慰，感觉到了成功，但是有很多困难。职工们通常感到最初没有动力，达到了他们孜孜以求的目标后，又不知道下一步应该追求什么。

Malone（1999）

许多PI发现他们对成功的感觉变化很快。第一个五年左右，成功意味着发表论文、得到资助、被提升。后来的成功渐渐意味着自己实验室的现行人员和毕业生是否成功。PI乐于这种广义的“家庭”成就，乐于他的“家庭”成员在科学界的整体成就。

> 我认为大多数科学家客观上看起来还是成功的，但主观上他们对自己失望，这样才驱使他们不断进步。在资金、提升和成果等方面只是一般的成功，与那些拥有更大的实验室、更大的威望、国家级协会会员等高高在上的成就相比，则经常的感觉是不成功的。

再后来，许多PI同时将个人的快乐具体表现在成功的定义中。对于有些人要做到这一点非常非常困难，改变他们最初的有时甚至是天真的梦想，如同对获得第二最佳一样感到怀疑。尽管如此，多少人能够而且也确实融合了新旧梦想。对PI来说最令人讨厌的是对成功感到空虚，特别是当成功被定义为外部成就奖的时候。

幸存的任期和提升过程

通常，PI获得提升和任期是没有意外的。在官方宣布前很久，你就已经做出了可供审查的业绩。而且这些是你最喜欢做的事。准备好以下事项：

- 当你当到达新工作岗位时，马上找到单位有关提升和任期所需要的条件。有些PI不这么做，相信努力工作和科学成就足以确保晋升。事实不是这样的，每个系和每个研究所都有他们自己认为什么是重要的一套细则。因此不要假定。
- 找经过这类事情的过来人请教，征求他们的观点，聆听他们的经验。可能有个委员会可以帮助需要的人告知他们整个过程，但是仅仅依赖他们的意见还是不够的。

- 行政管理人员流动较大，所以不要把你的晋升寄希望于某个人的保证上。
- 脑子中永远都有选择，哪怕是模糊的选择。无论晋升成功与否，清楚你做你该做的研究工作，过你该过的生活。向着目标积极思考是关键的，但应清楚对你来说某项成功只是在一定范围内的可能性。

以下是处理负面结果的一些建议。

- 不是所有晋升的失败都是一个不信任的投票。某人晋升申请的否决可能存在很多的政治原因。最常见的原因是“太早了”，这个通常与单位的文化和决策者的自私有关，而与你做或未做什么没有关系。
- 不要因生气而草率做决定。如果你没有得到你申请的提升，无论如何不要马上决定离开。在你决定离开前，接受别人提供的帮助和忠告，寻求进一步的意见。
- 不要让没有得到晋升影响你的价值观。你可能会不得不一如既往地努力工作以保持你自己的完整信念，你必须这样。你必须认真看待自己，但不要太苛刻。
- 把这当成给自己找一份理想工作的机会。

> 不上课时，我感到自己的工作仅仅是写论文和项目申请。长期下去，我自己也不堪设想。但在做教学时，我感到我像个科学家，而且教学工作有助于提高一些我一直在追求的技能：长期思考，这对非专业人员来说是真正重要的东西，而且在阅读时我们都会犯的低级错误，这些将对撰写基金申请文件有极大地帮助。

即使你发现你不能保住自己的任期或者得到提升，也要保持实验室的正常运转。为了你的下一步计划你仍然需要好好准备实验室。只要你现实些，你的实验室成员对于这件事情的看法将决定于你。如果你的行为让人觉得没有得到提升也无所谓，你将失去信任。另外，实验室里的每个人需要知道对他们来说这将意味着什么。

在你告诉实验室人员你的决定之前，你要有自己的计划，你能为每个实验室成员做点什么。每个人都可以有两个不同的计划，跟你走或离开你。不要去审判一个不跟你走的成员。

激　　励

人们经常问我为什么更改领域，从一个不引人注意的金属硫蛋白研究转移到一个有争议的同性恋研究。答案与大多数科学家的研究动因一样，好奇、无私和野心的综合(特别是好奇，包括个人的和科学上的)，再加上另一个因素——厌倦。经过 20 年的科学研究之后，我已经知道了基因在单个细胞中是如何起作用的，但是我几乎不知道是什么让人运转的。

Mamer 和 Copeland (1994，p. 25)

因为科学是驱动大多数 PI 进入实验室工作的动力，坚持研究是你能为你自己和你的实验室所做的最好的事情。大多数 PI 发现投机进入另一领域是令人兴奋的，比进一步深入钻研实验室已集中进行了多年的项目更有意思。

> 因为他们不了解科学的新进展，一些更成名的教师会感到被孤立。他们得不到资助。但他们不愿意对任何人承认这一点，于是他们悄悄退出。他们感到失去了价值。

你会参加对你来说可能生疏的另一个领域的会议。阅读可以让你远离平庸。通过与人交流、亲自动手做实验，才能重新找回回到实验室工作的感觉。

学术休假

学术部门和一些企业研究岗位提供带薪的离开单位一段时间的学术休假。你可以以多种方式充分利用这段时间。

- **把这段时间用在实验室**，不用参与行政管理和教学，一心做实验。开始的时候感觉像博士后营地，但常常以"平常"工作时一样的失意而告终。
- **去另一个实验室学习一项新技术**，或者探索一个新的领域，通常以合作者的身份进行。这种选择会带来极大的满足。
- **私人活动**，如旅游、自愿者工作、在房子里建一个附加设施、能让你充电的任何事。这一选择更加少见，因为对大多数科学家来说完全离开实验室是件困难的事。

在学术休假期间制订有限的目标。计划一系列实验，但不要野心到想覆盖整个领域。很难在学术休假期间做出平时梦寐以求的出色成就。如果没能完成你计划中的 10 篇论文，没有改编好文件，或者没有学会和掌握一项新的技术，对自己文雅点。如果你休息了，能够精力充沛带着新鲜的激情重新回到实验室，那你的学术休假就是成功的。

专业发展资源：保持联系和聚焦

- Howard Hughes 医学研究所和 Burroughs Wellcome 基金. 2006。《培训科学家做出正确的行动：一个在科学管理发展方案的实用指南》(http://www.hhmi.org/resources/labmanagement/downloads/guide.pdf)。

  如果你的工作单位没有专业发展课程，自己开始自学。
- 明天的教授的邮件列表在线。(http://cgi.stanford.edu/~dept-ctl/cgi-bin/tomprof/postings.php)。由斯坦福大学的教学和学习中心资助，由 Rick Teis 维护，他是《明天的教授：科学和工程中的学术生涯的准备》的作者。订阅每周两次的电子邮件信息/教师职业发展的文章。
- 《科学家》(*The Scientist*) 的"生命科学杂志"(http://www.the-scientist.com/)。订阅《科学家》杂志是紧跟最新科学发现和科学政策的一种好方法，订阅按每年收取费用的印刷版和网络版。网上阅读内容有访问其他科学家评论的奖励，这些往往是作为对照的文章。订阅免费的电子邮件和推特 (Twitter) 更新。
- 美国科学发展协会 (AAAS) (http://www.aaas.org/)。加入 AAAS (AAAS 成员提供科学杂志)，识别是不是一个科学家要看是否是这个国际性协会（成立于 1848 年）的会员。提供科学、职业（见下面的科学事业）、科学和社会问题、K-12 教育及科学政策等信息。

- 《科学》杂志的副刊《科学事业》(http://sciencecareers.sciencemag.org/)。一种职业类杂志，介绍工作职位、资助和资金信息、博客、网络研讨会、关于研究和科学家生涯中个人问题的书籍、书市等信息。
- Covey SR. 2004. 高效率人士的七个习惯. 第15版. 纽约：自由出版社. 一本经典的时间管理书，1989年初版，短小精悍。
- Day RA，Gastel B. 2006. 如何撰写和发表科学论文. 第6版. 西港，康涅狄格：绿森林出版社.

你不在实验室的好的和坏的影响。你离开实验室对实验室的影响取决于你离开实验室的真正原因，以及实验室是如何定位的。不管你的实验室是多么平等，你离开实验室，总会有人开心，有人失落。你要让那些开心的人继续自发地工作，让没有安全感的人找到自信。离开实验室的有利影响是提高了一些人的独立性和自信心，令人担忧的不利影响是开始创建项目的人和实验室成员，特别是低年级实验室成员，会失去自信。

保持与实验室每一个成员的联系。不要把与实验室所有成员的联系压缩到只与实验室某一个人的联系。你可以在实验室选择一名年长的人保持更多的联系，让这个人负责实验室，让他来代替了你与所有实验室其他成员的联系，这可能也是个错误。

优先化实验室的每一个项目。根据资金、时区、个人喜好，你可以选择电话、电子邮件或者偶尔回到实验室，保持对实验室项目进展的了解。要求每个人每周进行电子邮件更新是一个好的开始。阅读和反馈每个更新邮件需要更新有效。你必须继续带头执行，尽管存在一定的距离。

让资深科学家在自己的实验室里度过学术休假是愉快合作的最高境界。这样做能够延续和加强领域内的网络联系和恢复你对科学思考的兴趣。尽管许多实验室成员不会欣然与老板挑战智力，但学术休假的科学家就不必要为智力原因或社会原因而犹豫不决，你可能被激发而获得新生。其他成员也会被资深的科学家所激活。你有机会在实验室里拥有另外一个专家，另外一个有潜在作用的榜样和导师。

如同评价要来实验室的一个新人一样，你要仔细评估要来你实验室学术休假的访问者的个性和适应性，这很重要。在某种程度上，尽管要来的人是临时性的，使他能够和其他人友好相处非常重要，因为他对实验室的影响会是长期的。他必须清楚自己是一条“双车道”，在学习的同时也要将他的知识共享出来。

学术休假的科学家来到实验室以后，选择项目可能是最困难的事情。最好有一个特别的项目，不然实验室的人会认为这个人是来学技术的，这是要事先做好协商的事。

在这个人还没有来实验室前较长的时间，你就应该和他讨论好将来合作的事项，或利用学术休假来帮助做些实验。一旦这个人来到了实验室，你就要像对待其他新人一样。让访问学者和实验室融为一体可能是更加困难的，由于级别、年龄、经验等的差别，会使实验室的人很难放松。将这种关系当成合作关系，对待访问学者如同团队队员，这样有助于建立好的互动机制。

你的压力和紧张

Nüsslein-Volhard 认为她继承了轻度躁狂抑郁的倾向，在兴奋和沮丧的情绪间摆动。“我可能就是躁狂抑郁，不是病理性（临床）上的躁狂抑郁症，而是气质上的。”如Anderson发现的，不论什么原因，当Nüsslein-Volhard处于好情绪时，其他人也一样。“她可能是世界上最有魅力的人。当她情绪不好的时候，她使每一个人跟着她一起沮丧。”

Christiane Nüsslein-Volhard

1995年诺贝尔生理或医学奖

（Mcgrayne 1998，p. 401-402）

压力和紧张是PI工作的重要的一部分，紧紧跟随，实验室的其他人也是这样。当然，你要尽可能地减少造成压力和紧张的因素。但不是总能如愿的，你还可能发现事实上制造一些压力和紧张会驱使你去完成一篇综述，准备一份系列讲座。但压力只能在一定程度内，超过这个程度就会起副作用，很可能会妨碍你有效地工作。如果你有以下一些不好的反应（美国心理健康 2009），要在对你起副作用前或影响你的实验室成员前，采取行动以减少或控制紧张。

- 小麻烦或失望使你过分烦躁了吗？
- 生活中小的愉快不能让你满意吗？
- 你不能停止对你担忧的思考吗？
- 你觉得不够自信或是有自我怀疑？
- 你总是很累吗？
- 你经历过对原本不烦扰你的某种情况的愤怒吗？
- 你注意到了你睡觉和吃饭的方式改变了吗？
- 你患有慢性疼痛、头痛或背痛吗？

你必须确定你个人对压力的忍受能力，尽量生活在安全范围之内。

- **真实面对你所能做的。**如果你感到不堪重负，改变你的计划。
- **不要期望完美。**将困境看成拼图游戏，但不必要认为你必须完全解决它。
- **想象紧张境况下的结果。**找出如何更加成功地解决问题的办法。你可以更准确地确定是什么原因导致了紧张，你就越容易解决问题。
- **确定优先性。**一次只做一步。
- **不要经常批评**同事或实验室成员。
- **有时候放弃。**选择你的战场。
- **照顾好你的身体。**运动、吃好、睡足。
- **了解你的精神状态。**弄清楚是否是家庭问题、财政担忧或者工作压力造成了你的紧张。

抑郁症是常见的慢性应激反应。在这种情况下，减轻压力来源能够消除抑郁。尽管如此，抑郁也会在不知不觉中产生。这可能是一个不能忽视的医学问题。你能够较容易地认识到其他人处于抑郁等不正常状态，但事情到了自己身上就难了。否认问题的存在本身就是疾病的一部分。如果有人认为你行动上有些消沉，不要拒人门外。找人聊聊，离开工作场所找人聊天会让某些人更加舒适。担心染上心理疾病而不放松只会令你失去提升的机会。

筋疲力尽

传统上，公司认为个人生活与工作是不相容的……，许多人长时间工作，忠贞不贰，创造了生产力。特别是科学家们，经常评估奉献精神，他们的工作是多么的真诚专一，为了实验他们牺牲了自己。他们一致认为超负荷的工作就是为了成就。

Edwards (1999a)

压力和筋疲力尽就好像发热和肺炎一样。相伴筋疲力尽的压力是有害的，必须减轻，但是仅仅针对压力不能解决对导致筋疲力尽原因的理解。

Potter (1998)

筋疲力尽的感觉是什么？曾经对你有意义的工作变得令你讨厌和受挫。不再有激情，反而感到抑郁和焦虑，甚至可能发火。当你精疲力竭时，你做工作的能力遭受极大破坏。你的自信心会遭受重创，就像你的感觉一样你无法做好工作。

不管你有多爱你的实验室——特别是你充满热情地热爱你的实验室——你会因为精疲力竭而痛苦。通常这种情况会发生在 35～50 岁，当你已经完成了自己地位的建立，清楚了自己的职业生涯。筋疲力尽可能不止一次地发生，悄悄地发生。无论是男性还是女性，成功还是不成功，都可能发生。可能是渐渐地发生：你可能意识到工作不再像过去那样完美，你不再像 5 年前那样开心，与你的学生给你看他的新的重要实验结果相比，你更关心你新买的独木舟。这种情况可能突然发生，人一下子就消沉下去了。

导致筋疲力尽的原因

有一本书从三个方面解读了筋疲力尽：精力疲惫、玩世不恭和效率低下（Maslach and Leiter 1997）。下面是导致筋疲力尽的许多原因中的两个主要原因。

与实验室文化错位。当实验室的工作特性和个人做事的特性不匹配时，经常容易发生筋疲力尽现象。文化上的错位可大可小。你可能有了一个家庭，但系里需要你长时间在周末工作：你热衷于通宵工作和周末工作，但你发现常常只有你一个人在工作。其他的矛盾，如团队工作与独立性、保密和公开等也会成为原因。

缺乏控制。科学家们尤其感到缺乏权力的害处，许多人从事科学研究是因为这个职业允许他们自我控制。无论他们处于什么地位，研究人员都可以在一定程度上调整自己的时间，而强迫会是一种极端的羞辱。感觉缺乏控制你就要立即着手进行调查，并立即着手解决。这种情况不会自动消失，需要你自己补救。

防止筋疲力尽

你做的减轻压力的所有努力都会减少你筋疲力尽的机会。因此，管理好你的时间，清楚你的优先次序，这能够帮助你防止筋疲力尽。筋疲力尽的另一个原因是你有太多的事情要做，那就重新安排，确保你感觉到你能完成。为了释放压力，防止筋疲力尽。

- **与官僚机构和平共处。**附和它或离开它，但是如果花精力与他们斗争，会让你元气与精力大伤。
- **不要打折你的价值。**寻找某种合适的方法为了你的信念工作。
- **保持更新你的技能。**对在某一领域的落后不要麻木不仁。
- **投资你的个人生活。**当工作成为你的全部的时候，工作的烦恼特别容易让人筋疲力尽。

当我女儿去世的时候，我对自己说到此为止。我抱定科学研究应该是开心的事，我应该只做我感兴趣的事情……不再增加项目，不再为了获得承认而做研究，不再为了获得更多资金取悦基金会而做我不想做的事情。因为生命太短暂了。

从筋疲力尽中恢复过来

你没有必要通过更换你的工作来激发你的工作热情，创造机会做你想做的事情就够了。例如，如果你喜欢与实验室人员讨论研究问题，并需要更多的时间做这件事，那就想办法撤掉一个学期的教学任务，或者雇用人员处理你日常纷繁的文案工作。

从你自己的模式中走出来！你可能在写同一形式的文章，做特定类型的研究——现在冒点风险做些改变。学习如何更好地沟通，尝试再读些杂志，换个新题目写基金申请。你没有失去什么，即便你不再在乎，你也没有损失任何东西。

不要让你的玩世不恭影响实验室。你也许会有“做一天和尚撞一天钟”的想法，但是不要让你的缺乏激情影响到实验室里的任何人。这会导致无期限的恶性循环，在削弱实验室人员的同时也加重了你自己的消极情绪。

职业选择

换 工 作

在 1967 年，我得到了一个副总裁的职位，负责 Burroughs Wellcome 公司的研究工作。是不是我想要的职位，但我的经验告诉我一个科学家能够比行政人员更好地支持科学家们的利益，行政人员将科学研究放在次要的位置。

George H. Hitchings Jr.

（Frängsmyr and Lindsten 1993，p. 474）

有些教师天生对研究不感兴趣，与一些很有成就的研究人员害怕教学一样，但是最好的教师是那些既能研究又善于表达的人。

Vermeij（1997，p. 247）

很难确定你的工作是不是让你快乐。即使是最好的职业和最好的选择，你有时也会受挫、抑郁、渴望另一份工作。

- 分清是短期问题还是长期问题：是否因暂时发生了问题而降低了你的工作满意度，还是你一直不能对自己的处境高兴起来？
- 你是对实验室的某个特别方面还是对整个实验室的工作不满意？
- 你是期望一天中某个特定的时间，还是一整天都战战兢兢？
- 你是不希望某个特定的人在你身边，还是讨厌所有与你打交道的人？
- 最吸引你的工作是你现在的工作中最重要的部分吗？如果你受聘从事教学工作，但你发现做研究对你的吸引力非常大，你应该找机会调动工作，或寻找新的工作。

保持开放的心态对待工作变动并适应工作。你可能会发现工作中的某些方面比其他方面对你更具有吸引力。PI 在实验室的工作数以百计，你可能会感觉到教一门课、写项目申请或者帮助学生投入实验室工作会让你更愉快。也许就是你工作中某个方面的想法会使你感到热血沸腾。

实验室搬迁

很多 PI 在他们的职业生涯中至少搬过一次实验室。如果开始几年实验室运行良好，你可能会比第一次找工作有更多的挑选机会和选择。你会更加清楚你要什么，如何为此进行谈判。

寻找工作的起步阶段你不应该让你的实验室成员感觉到。首先，因为通常在你现在的单位要获得提拔或晋升，唯一的途径就是有另一个单位向你显示出愿意为你提供更大的空间，因此 PI 们将不得不去寻找自己并不愿意做的工作。这种制度上造成的时间浪费使得大家在寻找工作的初期都不愿意让别人有所察觉。

有效的寻找工作起初一般都是从学术报告开始的，在初步谈判后通常没有结果。你应该去拜访公司或者大学、作报告，一两天就要回来。你会接到很多电话，也会打出很多电话，以获得尽可能多的信息和建议。但是当你进行一次回访旅行以获得更多资讯或接受提供的工作时，实验室的人要开始议论了，不安定的因素也会出现了。

在你告诉系里的其他人以前告诉实验室人员。工作谈判可能进行至少一年。处理好你将要去的地方以后，你必须与现在的雇主商谈设备、资金及人员等的转移。PI 不愿意马上告诉实验室成员，因为事情还有不确定性，实验室成员中也有人不跟 PI 走，尽管他们当中可能有人想计划进入一个新的实验室。但是由于这种不道德的想法会影响每一个实验室成员的生活。同样，如果在他们跟你能够完成学业前你离开了，你还招收新生或博士后，你不告诉他们也是不道德的。必须要考虑好你离开实验室的最佳时间。

- **对你是最好的时间。**对于一些 PI，最好的时间是考虑家庭一起搬迁的最好时间。这个时间通常是夏季或冬季的假期，这个时间对实验室的学生们也有利。你的时间表还要考虑系里的工作，如教学。
- **对实验室人员最好的时间。**要让实验室的每一个人都觉得是合适的时间是非常困难的。你可能最多只有 6 个月的弹性时间，你最多能做的事是留点时间给要毕业的学生和博士后，帮助他们出站或完成一系列关键的实验。对于那些不跟你走，或必须留在这里的人，帮他们找个可靠的导师或实验室。
- **带人跟你一起走。**在新实验室创建和运行时，跟你一起走的学生或博士后会损失几个月的工作时间，所以最好只带走愿意跟你在一起工作几年的人。

换 职 业

很多 PI 在他们的职业生涯中一次或多次从企业跳到学院，或反过来从学院转到企业。对许多人来说，只在特定的时间段里与学院或企业相关的生活方式才与他们自己的生活更加相容，他们跳槽是为了让自己的生活方式得到协调。

已经确定的项目可以减少跳槽。例如，准备未来教师（PFF）的计划，这是一项国家计划，能给予大学教师培养学术抱负的机会，使他们能够在不同的机构体验教员职责，而他们被另一个机构正式培养。

完全离开研究机构的可能性很大，而且还非常令人满意。有些工作与研究存在外围上的相关性，如在一个研究机构承担行政工作或教学岗位。有些工作甚至更加只是外围上的相关，如技术协作。还有些工作，如投资银行业务或法律事务，它们与科学的唯一联系是两者都需要深度分析。

不能轻视换职业的困难。再次从图腾柱的最底部开始往上爬是有压力的。一份新职业的最初可能没有收入，可能需要到另一个地方居住。但是对于在目前位置不快乐或不满意的人来说，承受的代价也不能被忽略。像所有问题一样，职业上的不愉快不可能立即消失，越早采取行动越好。

命运与职业选择

“如果你感到不能控制你的生活，来看治疗专家，”这是纽约美国心理学精神分析协会培训研究所的所长 Seymour E. Coopersmith 的建议。“如果你感到能完全控制你的生活，找一个职业顾问。如果你觉得仅仅是工作问题，但是你知道事情总会解决的，那就找职业顾问。但如果有不断重复的趋势，还是去看治疗专家。”

Steinberg（2001，p. 4）

科学家们经常被他们的地位所禁锢，而不是被权力所禁锢。很多人认为，“我花费了这么多时间，不能说扔就扔了。”大多数科学家给自己的工作赋予了过多的感情，认为实验室是如此神圣以至于其他任何事情都是对科学和科学训练的背叛。

对科学的神圣感能极度地激发一个人。不只是为了金钱，而是为了更崇高的理由而工作，这就是为什么科学家比商人更容易保持激情。但对你来说不一定总是对的。如果你选择离开，并不表示你背叛了科学，或者背叛了你自己。

你的一些同事可能对另一个人改变职业的决定感到消极，因为这意味着他们自己的职业也并不如他们想象的那样高贵、美好、包罗一切。大多数人会挺过来，有些人永远也克服不了。而在你做决定时不要考虑这些。

了解什么工作适合你

科学不是一堆事实。科学是一种思想，是一种观察世界的方法，一种面对现实世界但不是从表面看世界的方法。科学是关于以大多数修整过的线索解决问题，以及将问题分解为可见的、可消化的细节的学问。

Angier（2007，p. 19）

当你经过了日日夜夜年年岁岁，你日常工作中总有一些部分你不愿意去做，而有些部分又是你乐意去做的。如果你做的工作中有些让你有了满足感，似乎你毫不费力地就学会了如何工作，并干得非常成功，那你就该是很幸运的了。显然这是能让你实现自我的工作。如果不知道什么工作适合你，设法弄清楚自己理想的工作是什么：

- 你在做的工作是最适合你的吗？
- 你最终的最完美的工作是什么？你能大概地描绘一下吗？能填充细节吗？能想象你自己在那儿吗？
- 能将你现在的工作调整而与你梦想的工作匹配吗？
- 能将你自己调整为你想成为的人吗？
- 你现在的工作或另外一个工作能让你最满意吗？

寻求导师的帮助。在你的科学研究生涯中你需要一个导师，当你考虑做大的改变时，你更需要导师。你需要新鲜的观点，你需要尽可能多的朋友和导师来提供不同观点。但是 PI 们有时不愿意把换职业的事情告诉他人，因此要找到合适的导师会很困难。当有人要离开这个职业，不是每个人都能客观地看问题的，职业范围内能提建议的导师也是如此。即使是一起做研究的同事能够支持你，也能够帮助你做决定。但最好还是找职业顾问谈、与猎头公司谈、与每个人谈。

拥有一切

实验室以外的家庭和生活

妻子、孩子、房子、固定的时间是致力于实验室研究的祸根，Watson 明确地说。

Judson（1996，p. 26）

天才经常性地狱般地活着，但是 Bragg 是一个天才，他快乐的家庭生活支撑着他的创造力；人们经常看到他在侍弄他的花园，和 Bragg 夫人、孩子们、孙子们在不起眼的地方饱享天伦，在得到晶体结构前，他会骄傲地向人炫示他最近种养的玫瑰。

Perutz，on W. L. Bragg（Perutz 1998，p. 294）

他自命不凡地告诉他的新娘，她有权得到他的爱，但是不能占用他的时间，让她自己去买结婚戒指，经常让她去买圣诞礼物。他被他的工作优先占据了，以至于 Jean 不得不成为 4 个孩子的父亲和母亲。他不关心现实生活中人的感情问题，但当他听到瓦格纳歌剧所表达的感情世界时，他着迷了。在“女武神”中 Wotan 向 Brunhilde 说再见时打动了他，而他的女儿离家出走几个月也没能让他这样。

关于 Peter Medawar（Perutz 1998，p. 112）

Perutz，From Jean Medawar's Biography of PM

在这本令人愉快的书中，Hodgkin（Alan）给人的印象深刻，他是一个天才和仁慈的科学家，在获得诺贝尔奖以前和得奖以后，他一直充满热情和兴趣地深入进行他的研究。36 年来他亲自完成他的大部分实验，仍然有时间过家庭生活，在文学、绘画和音乐方面有广泛的兴趣，和各种各样令人着魔的人保持联系。

Perutz（1998，p. 308）

关系的改变、购置一套房子或搬进另一套公寓、孩子、新的嗜好和着迷、地方政治——随着你变老，你的个人生活，一切都可能在变。它可能在不同的时期，与实验室工作的重要性相比，或大或小；不管怎么说，你得做些事情调整自己。处理实验室生活和家庭生活，要不断分清重要性，长期的需要这样做，短期的也需要这样做。

要小孩的恰当时间

不论你生活在哪个国家，对于年轻的 PI，面对的最难决定是是否以及什么时候要小孩。尽管每个国家产假的法律规定不同，但事实上为了保持竞争力，年轻的 PI 们不能休假，也不能只有部分时间工作。

Anne Ridley，From Featherstone（1999，p. 19）

生孩子的时间是没有所谓正确和错误的。PI 们之间通常有一个共识，要想成为真正意义上的父母，博士后期间想要孩子是最困难的。这是你要加倍努力争取找到工作的时候，而不是继续酝酿第二个博士后（有时是完全有可能的），没有其他选择。

> 当然，生孩子影响了我。因为小孩不愿意离开，我没有找到我想要的工作。如果没有小孩，我的工作时间会更多，我可以完成更多的论文……总而言之，我认为有小孩对我的职业生涯影响太大了。

假定有了孩子什么也不会改变是不现实的。即使你的配偶或朋友在家里，对你的影响也不仅仅是时间上的，而且会耗尽你的精力，严重影响你做事的优先顺序以及你的情绪。有些人的遭遇可能会更严重些，而且不是每件事情都是可预见的，如受到外伤的困扰等。因此你在考虑孩子的问题时，应该制订一个 5 年计划。

绝对毫无疑问，家庭将占用曾经属于实验室的时间。计划不成立家庭的 PI 们会在疑难问题被解决或者会议后在异国他乡旅游后大肆炫耀。但不可能就是否成立家庭会影响研究质量得出结论。如果家庭能够带来快乐，每天额外的 3～4 小时不是给你的极大礼物吗？关键在于如何把握你的生活与实验研究，而不是你花了多少时间。

> 有孩子对我的职业生涯既有好处也有坏处。我更快乐，但有了小孩做实验的时间少了。尽管如此，我不能肯定如果我没有小孩我是否会做得更好，因为花在实验室里的时间越长，得到的回报比例越小是个客观规律。

重建你的工作日

显然为了努力实现目标，我得改变我的工作风格。我要学习及时决策、疯狂地分派工作、聚焦大的蓝图而不是细节、大胆想象。我也将不再关心人们是否“喜欢”我。

White（1995，p. 10）

有了家庭责任，那种典型的单身生活已经结束，那些充满了交谈、阅读文献、实验、讨论、过了吃饭时间还和大家一起工作的日子成了记忆。对实验室的许多人来说，很难调整好同 PI 的沟通时间突然减少却还要跟上研究的步伐。下面是一些比较典型的变化。

> 没有同伴的支持我不可能做现在的工作。我一个礼拜中有两天要带孩子，我丈夫也带两天，周五我们都回家，周末轮流到实验室。孩子们从来没有看到我们在同一个房间。但这样我们熬过来了。

- 不再阅读论文，PI 们依靠实验室成员保持跟踪学术前沿课题。
- 许多会议不再一一参加，PI 们委派高级代表替他们开会，或者只参加会议中的几天。
- 不再去了解事情的全部，而将更多的事情委托给实验室成员负责。

不管怎么说，随着时间的推移，这些变化变得顺理成章。生存的窍门是不要过多地、过早地放弃控制。

消除内疚

科学研究对于选择这个职业的大多数人来说是终身职业。如果能够建立机构来帮助科学家度过关键的“建立家庭”的这几年，而且这种支持易于得到和维持，将具有重大的长期效应。

Gordon（1996，p. 2）

再没有什么感情能像内疚那样让人感到虚弱和无用。为人父母的科学家们经常因内疚而折磨自己，因没有更多时间待在家里而内疚，因没有通宵在实验室工作而内疚，因不能保持阅读文献而内疚。这种感觉在没有达到自己的预期目标时，或担心自己在其他人（项目领导、系领导、学生们）眼里不合格时就会产生。

将自己的精力奉献给你的家庭和工作没有什么可以惭愧的，但许多人会在他们必须优先考虑家庭事务或应对紧急情况时感到内疚。一些实验室培育了这种内疚感，当然也有实验室尽量消除内疚感。如果实验室拒绝为你尽家庭义务提供便利，仔细考虑一下，你可能在一个错误的地方工作。

别让你自己感到内疚！没有什么工作需要你以没有个人生活为前提。但在工作职责和行使个人生活权利之间要有一个底线。如果实验室不支持你的工作时间和工作观念，你可能会感到不安。但如果一贯感到内疚，那就一定有什么事情不正常。

让内疚服从你的最好的科学分析。将整体的内疚感分割成小块。如果你有什么事做错了，能够改正的话就立即处理。如果你感觉不好是因为已经有 6 周没有进行一对一的交流了，那么立即召开一个会议，并且保证以后定期举行。如果你正在写一份项目申请书，但是又一个星期没有在孩子睡觉前看望孩子了，那么早点回家，等他们睡着以后你再到实验室去。

一旦内疚感又一次闪现时，重新检查一下，看看如何改变你短期的优先次序去做些调整。如果小调整没有结果，可能对于长期也不会起作用，你得重新考虑你的优先级了。

时间不够用责备谁

与科学家结婚的女性科学家发表的论文比嫁给非科学家的女性科学家的多 40%。

Weiler 和 Yancy (1989)

几次争吵之后，导致女性放弃了，重新调整她们的期望值。不再把丈夫与她们自己对家庭的贡献作比较，而是比较自己的丈夫和别人的丈夫对家庭的贡献。

Deutsch（1999，第四章）

当你在艰难地平衡工作与家庭关系时，你会很容易去责备你的系统——科研、系里或者实验室其他成员。也许你总有一种持续的焦虑感，当实验室成员、行政人员或者其他什么人对你提出的要求没有做出你想要的快速反应时，当家里的麻烦给你带来压力时，你就会暴跳如雷。

通常主要的压力来源是你的伴侣。多数人会极力否认这一点。每个关系有自身错综复杂的原则和商量余地，而孩子的出生经常没有预见性地改变计划，让一个人来照顾孩子不是原来所希望的。也许问题在于：

- 一方当初更想要孩子，而现在承担了大部分的抚养事务。
- 一方的职业生涯处于十字路口，需要更多的时间工作以得到承认。
- 双方都同意各承担50%的家庭责任，但一方现在不愿意承担家务、带孩子等原来同意了的事。
- 各承担50%，但是一方比另一方需要更多的欣赏才能感到心理平衡。

抚养孩子的早期一般是女性要失去更多的工作时间。这有时是生物学原理决定的，因为母亲哺乳，或者是因为习惯。当她开始努力争取同等时间照顾小孩时，会遭到抵制。男性PI们指出许多机构认可女性可以回家而不用待在实验室，但男性不行。正如一位著名的科学家对一个准备来的新人评论在这个研究机构工作的男性PI们时说："直到有了孩子，他一直是一个最出色的实验室领导人之一。"

设定优先级并利用在家的零碎时间放松自己。正如在工作时一样，在家里充分利用时间也是实现目标的关键。大多数人知道要管理好工作时间，但许多人不愿意管理好家庭时间。他们将时间管理与工作联系起来，但没有意识到他们花费在家里的时间比在工作的时间要多。有许多有关家庭时间管理和家庭事务的书，本书最后的参考文献中也列出了一些这样的参考书。以下是其他一些PI总结出来的管好家庭生活的要点。

- **缩短交通距离。**许多人喜欢家里和实验室之间的空间距离所造成的心理距离。但交通距离过长使得你难以在吃过晚饭后再回到实验室，也很难能让你在白天把孩子放在家里。
- **家里雇人帮忙。**使生活过得更好的方法之一就是花钱请人帮忙。许多人花钱雇用一星期一次或两次的清洁钟点工或照看孩子的保姆，甚至有人雇人供差使。
- **简化家庭生活。**对有些人而言，比雇人帮忙更好的方法是简化家庭生活方式。购买的东西少点、家具少点，以减少花在家里的工作量。
- **协商分工照顾孩子。**事实上照顾孩子是许多家庭工作中唯一需要在家里做的事情，而通常照顾孩子是不容易完成的。买衣服、哄孩子睡觉、请保姆、捡起粗心丢在椅子上而引起心烦的外套，这些事情应该通过协商分工，明确由谁来做。

让家庭适合实验室文化

你为平衡家庭与工作权重方面树立行为榜样是如此的重要。向实验室成员展示你同时拥有家庭和工作，能够在多方面发展，就为实验室成员提供更多的选择。实验室成员的选择越舒适，工作环境就越好。

是否将你的家庭带到实验室生活中来，对于你和你的家庭来说，都是很个人的选择。这取决于个性、生活方式、距离和时机。如果你的伴侣也是科学家，最好让你的家庭和实验室成员相互熟悉。但PI有许多理由说服自己不让双方接触，最常见的理由是为了让自己能有时间彻底离开工作。但是当隐私变成秘密时，经常会给实验室带来副作用。

大多数 PI 喜欢他们的家庭和实验室其他成员的家庭之间保持轻松而亲密的交往。孩子们进进出出实验室，轻松地讨论学校和足球比赛。PI 们通常非常清楚各自家庭的欢乐和危机。邀请所有的家庭参加实验室聚会。PI 引导大家家庭生活很重要，但不一定都要保密，在这种氛围下，大多数实验室都能运转得好。还有些实验室几乎都是单身男性，但这样的实验室太少了。

扩展你的科学圈子

与我从科学得到的理解相关。我觉得其中的一些理解让我，已经让我作为一个科学人付出了更多的行动。我的意思是说，你可以得到一些信息，并利用这些信息做很多事情。你可以设法发表它；你可以尝试开发它的实践应用，像治疗或者一个药物；或者你能看到它在公共卫生方面的意义，或者公共政策上的应用。我想我总是在考虑让一些连续的信息变得有价值，因此我总是获取这样的信息并努力使之发挥作用。

David Baltimore

January 20，1995

Crotty (2001)

通常，实验室的灵感可能来自于你所做的实验室以外的工作。伴随着成功和经验，你可能觉得有义务将科学知识普及给那些不懂科学的人，或那些与科学政策或科学地方政治、医学等科学事务有关的人。这种工作相当有推动力，有助于激发或活化你的整个实验室。例如，有些实验室成员乐意给地方高中学生讲分子生物学课或教学生做实验。不管你是在学院还是在企业实验室工作，这能够成为整个实验室伦理的一部分，让你回忆当初是怎么走上科学道路的。

永远不要忘记你第一次做实验的快乐。如果你让你的实验室或者你自己承担很少的工作，你就该换个工作了。恐怕这也是你的耻辱。

参考文献

Amero S, Brandon M. 1998. The negative tenure decision. *Am Soc Cell Biol Newsletter* **21:** 20–21 (http://www.ascb.org).

Angier N. 2007. *The canon: A whirligig tour of the beautiful basics of science*. Houghton Mifflin Company, NY.

Boice R. 1990. *Professors as writers: A self-help guide to productive writing*. New Forums Press, Stillwater, OK.

Boschelli F. 1999. Making the transition from academia to industry. *Am Soc Cell Biol Newsletter* **22:** 12–13 (http://www.ascb.org).

Science Careers Booklet. 2009. *Career basics: Advice and resources for scientists* (http://sciencecareers.sciencemag.org/pdf/career_basics_2009/career_basics_book.pdf).

Caveman. 2000. *Caveman*. The Company of Biologists Limited, Cambridge.

Clifton DO, Nelson P. 1992. *Soar with your strengths*, pp. 43–61. Delacorte, NY.

Cole PL, Curtis JW. 2004. *Academic work and family responsibility: A balancing act. Science Careers* (http://sciencecareers.sciencemag.org/career_magazine/previous_issues/articles/2004_01_16/noDOI.8501657169899476988.)

Cooper RK, Sawaf A. 1997. *Executive E.Q.: Emotional intelligence in leadership and organizations*. Grosset/Putnam, NY.

Covey SR. 2004. *The 7 habits of highly effective people*, 15th ed. Free Press, NY.

Crotty S. 2001. *Ahead of the curve: David Baltimore's life in science*. University of California Press, Berkeley, CA.

Day RA, Gastel B. 2006. *How to write and publish a scientific paper*, 6th ed. Greenwood Press, Westport, CT.

Deutsch FM. 1999. *Halving it all: How equally shared parenting works*. Harvard University Press, Cambridge, MA.

Dolgin E. 2009. Scoring on sabbaticals: How to make the most of the precious time away from your usual duties. *The Scientist* **23:** 58 (http://www.the-scientist.com/article/display/55857/).

Edwards CG. 1999. Get a life! New options for balancing work and home. *HMS Beagle* **54:** 1–5.

Featherstone C. 1999. What a life! Five views from women cell biologists from across the pond. *Am Soc Cell Biol* **22:** 15–19 (http://www.ascb.org).

Feibelman PJ. 1994. *A Ph.D. is not enough: A guide to survival in science*. Perseus Press, Reading, MA.

Ferry G. 2000. *Dorothy Hodgkin: A life*. Cold Spring Harbor Laboratory Press, Cold Spring Harbor, NY.

Fiske PS. 2000. *Put your science to work: The take-charge guide for scientists*. American Geophysical Union, Washington, D.C.

Frängsmyr T, Lindsten J, eds. 1993. Biography of George H. Hitchings, Jr. In *Nobel lectures: Physiology or medicine 1981–1990*, pp. 471–475. World Scientific, River Edge, NJ.

Freedman T. 2009. Considering consulting? Find out what you need to do to start (and succeed at) your own consultancy. *The Scientist* (http://www.the-scientist.com/careers/article/display/56020/).

Friedland AJ, Folt CL. 2000. *Writing successful science proposals*. Yale University Press, New Haven.

Goldberg J. 1988. *Anatomy of a scientific discovery*. Bantam Books, NY.

Gordon K. 1996. Balancing career and family: A male perspective. *Science's Next Wave*, October 18, pp. 1–3 (http://sciencecareers.sciencemag.org).

Gosling PA, Noordam BD. 2006. *Mastering your PhD: Survival and success in the doctoral years and beyond*. Springer-Verlag, NY.

Hamer D, Copeland P. 1994. *The science of desire*. Simon & Schuster, NY.

Hoagland M. 1990. *Toward the habit of truth: A life in science*. W.W. Norton, NY.

Howard Hughes Medical Institute and the Burroughs Wellcome Fund. 2006. *Making the right moves: A practical guide to scientific management for postdocs and new faculty*, 2nd ed. Chevy Chase, MD (http://www.hhmi.org/resources/labmanagement/moves.html).

Judson HF. 1996. *The eighth day of creation. The makers of the revolution in biology*, Expanded ed. Cold Spring Harbor Laboratory Press, Cold Spring Harbor, NY.

Katz MJ. 2009. *From research to manuscript: A guide to scientific writing*, 2nd ed. Springer, NY.

Kreeger KY. 1999. *Guide to nontraditional careers in science*. Taylor & Francis, Philadelphia.

Lanthes A. 1998. Management and motivation issues for scientists in industry. *Science's Next Wave*, January 28, pp. 1–4 (http://sciencecareers.sciencemag.org).

Levi P. 1984. *The periodic table*. Schocken Books, NY.

Lipman-Blumen J. 2005. *The allure of toxic leaders: Why we follow destructive bosses and corrupt politicians—and how we can survive them*. Oxford University Press, NY.

Luria SE. 1984. *A slot machine, a broken test tube*. Harper & Row, NY.

Malone RJ. 1999. Professional development and advancement. In *The full-time faculty handbook* (ed. V Bianco-Mathis, N Chalofsky), pp. 155–164. Sage Publications, Thousand Oaks, CA.

Maslach C, Leiter MP. 1997. *The truth about burnout: How organizations cause personal stress and what to do about it*. Jossey-Bass Publishers, San Francisco.

McCabe ERB. 1999. *How to succeed in academics*. Academic Press, San Diego.

McGrayne SH. 1998. Christiane Nüsslein-Volhard. In *Nobel prize women in science: Their lives, struggles and momentous discoveries*, pp. 380–408. Carol Publishing Group, Secaucus, NJ.

McKenna EP. 1997. *When work doesn't work anymore*. Delacorte Press, NY.

Mental Health America. 2009. *Factsheet: Stress: Coping with everyday problems* (http://www.mentalhealthamerica.net/go/information/get-info/stress/stress-coping-with-everyday-problems/stress-coping-with-everyday-problems).

Monosson E, ed. 2008. *Motherhood, the elephant in the laboratory: Women scientists speak out*. Cornell University Press, Ithaca, NY

National Research Council. 1998. *Trends in the early causes of life scientists*. Committee on Dimensions. National Academy Press, Washington, D.C.

Perutz M. 1998. *I wish I'd made you angrier earlier: Essays on science and scientists*. Cold Spring Harbor Laboratory Press, Cold Spring Harbor, NY.

Potter B. 1998. *Overcoming job burnout*, 2nd ed. Ronin Publishing, Berkeley, CA.

Pycior HM, Slack NG, Abir-Am PG, eds. 1996. *Creative couples in the sciences*. Rutgers University Press, New Brunswick, NJ.

Reis RM. 1997. *Tomorrow's professor: Preparing for academic careers in science and engineering*. IEEE Press, NY.

Reis R. 1999. Establishing your absence. *Chronicle of higher education*, August 12, pp. 1–5 (http://www.chronicle.com).

Reis R. 2000. Top ten commandments of tenure success. *Tomorrow's Professor Listserve* No. 223. Stanford University Learning Library (http://cis.stanford.edu/structure/tomprof/listserver.html).

Robbins-Roth C. 2006. *Alternative careers in science*, 2nd ed. Elsevier Academic Press, Burlington, MA.

Rosen S, Paul C. 1998. *Career renewal: Tools for scientists and technical professionals*. Academic Press, NY.

Sherman KF. 2000. *A housekeeper is cheaper than a divorce: Why you CAN afford to hire help and how to get it*. Life Tools Press, Mountain View, CA.

Steinberg D. 2001 Career guides for the perplexed: Counselors help scientists move from the lab to the office. *The Scientist* **15:** 26 (http://www.the-scientist.com).

Theriot J. 1999. Crossing to the other side. *Am Soc Cell Biol Newsletter* **22:** 21–22 (http://www.acsb.org).

Toth E. 2005. *Ms. mentor's impeccable advice for women in academia*. University of Pennsylvania Press, Philadelphia.

Vermeij G. 1997. *Privileged hands: A scientific life*. W.H. Freeman, NY.

Weiler CS, Yancy PH. 1989. Dual-career couples and science: Opportunities, challenges and strategies. *Oceanography* **64:** 28–31.

Weiner J. 2000. Lord of the flies. In *The best American science writing 2000* (ed. J Gleick), pp. 30–44. HarperCollins, NY.

Whicker M, Kornenfeld J, Strickland R. 1993. *Getting tenure*. Sage Publications, Thousand Oaks, CA.

White K. 1995. *Why good girls don't get ahead but gutsy girls do*. Warner Books, NY.

Yentsch C, Sinderman CJ. 1992. *The woman scientist: Meeting the challenges for a successful career*. Plenum Press, NY.

英汉词汇对照

A

Academia 学术界，另见 Industry versus academia

ADA(Americans with Disabilities Act) 美国残疾人法案

Administrative assistant 行政助理

acting as your own 你作为自己的助理

appropriate manners to use 合适的使用方法

deciding when to hire 决定何时雇用

hiring sources 招聘来源

human resource's role in hiring 招聘中人力资源的作用

including in lab activities 包括实验室活动

interview questions 面试问题

job objectives 工作目标

part-time 部分时间

privacy issues 隐私问题

reporting line 报告路线

routines setting 日常工作

sharing with another P. I. 与另一个 PI 共用

tasking for and skills needed 需要的工作和技能

typical motivation problems 典型的动机问题

Advisor-advisee relationship 导师-学生关系，见 Mentoring; Mentors

Alcohol policies and lab morale 饮酒政策和实验室道德

Americans with Disabilities Act (ADA) 美国残疾人法案

Anger 愤怒，另见 Conflict management

violence 暴力，另见 Violence in the workplace

Artemis 阿耳忒弥斯项目管理软件(月神与狩猎女神)

Asian cultural differences 亚洲文化差异

Auditory learners 听觉型学习者

Austrian workers 奥地利工人

Authorship 作者(身份)

accountability for 问责

allowing manuscripts without your name 允许手稿不署你姓名

establishing a lab ethic for papers 建立实验室论文伦理

guidelines for 指南

papers left unwritten 没有写完的论文

technicians as authors 技术员作为作者

B

B-1 visas B-1 签证

Behavioral interviewing 行为面试

Benchtime maintaining 实验(台)时间，维持

Benefits industry versus academia 利益，企业(界)与学术(界)

Bibliographic software 书目管理软件

Biblioscape 文献管理软件

Burnout 筋疲力尽

dealing with 处理(对待)

preventing 防止

C

2collab 万维网合作文献管理软件

Careers in labs 实验室事业

changes due to evolution of the lab 实验室变化的工作转变，见 Evolution of the lab

changing jobs 变换工作

family responsibilities and 家庭责任，见 Families and lab work balance

mentors for help with your career 帮助你事业的导师

moving the lab 实验室搬迁

personal 5-year plan for 个人 5 年计划

switching careers 换职业

Checklist for supplies 用品清单

Chinese workers 中国工人

Chrome (Google) 谷歌浏览器

CiteULike 万维网合作文献管理软件

Civil Rights Act (1964) 公民权利法案民权法

Collaborations 合作

establishing a policy on 制订一个合作方针
maintaining connections with former lab members,与以前实验室成员保持联系
Colleagues 同事
being a boss to 成为一个老板
romances with 与……恋爱
writing recommendations 写推荐信
Communication 交流,Meetings and Seminars
as a prerequisite for success 作为成功的先决条件
basics of communication 基本的交流(沟通)
between P. I. and lab members PI 与实验室成员间
constructive criticism and 建设性批评和
cultural differences and 文化差异和
dealing with anger 处理(对待)愤怒
fostering with computers 利用计算机促进交流
bibliographic software 书目管理软件
internet use 互联网
presentation software 演讲软件
project management software 项目管理软件
word processing software and 文字处理软件和
gender issues 性别问题
communication style and 交流风格
gender-associated speech patterns 性别相关的讲话风格
implications and interpretations of speech 讲话的暗示与理解
guidelines for speaking effectively 有效率地讲话指南
helping reticent speakers 帮助不善表达的人
listening and 倾听和
managing mood swings 处理情感波动
nonnative english speakers and 非英语母语讲演者
nonverbal communication 非语言交流
orders versus requests 命令和要求
rapport building 建立和谐
stopping a conversation 停止对话(交谈)
variations in listening 倾听的多样性
with nonscientists 与非科学家交流
working with emotions 带着情绪工作
Computers 计算机
backing up data 备份数据
bibliographic software 书目管理软件
databases for supplies 日用品数据库
distributing reagents 赠送试剂
internet use 互联网使用
maintenance and repair 维护和修理
ordering reagents and supplies 订购试剂和日用品
personnel computer requirements 个人计算机备份
presentation software 演讲软件
project management software 项目管理软件
protocols and 实验方案
record keeping 保持记录
software selection 软件选择
tracking money 记录资金去向
word processing software 文字处理软件
Conflict management 冲突管理
confrontations 冲突
getting outside help 获得外部帮助
interest-based conflict mediation 基于利益的冲突调解
knowing when to back off 知道什么时候让步
need to understand the emotions involved 需要了解涉及的情感
negotiation strategies 谈判策略
Confrontation management 冲突管理
Connotea 用于合作的书面管理软件
Constructive criticism 建设性批评
Correspondence streamlining 流线型通信
e-mail 电子邮件
letters 信件
phone calls 打电话
Covey, Stephen R 科维·史提芬
Cultural differences 文化差异
among lab members 实验室成员间
balancing accommodation and fairness 平衡和解与公平
between P. I and lab members PI 与实验室成员间
admitting mistakes 承认错误
communication style and 交流风格和
differences in dealing with authority 对待权威

的差异
directness versus indirectness 直率对婉转
expressing emotion 表达情感
nonverbal communication 非语言交流
communication issues 交流问题
diversity quiz 多样性测试
family responsibilities and 家庭责任和
language and 语言和
nonnative English speakers and 非英语母语演讲人
prejudices and subcultures 偏见和亚文化
questionnaire for interviews 面试的提问
recognizing,认识
salary negotiations and 薪水谈判和
stereotyping 铅排版
variables to consider 变量考虑
view of money and 对钱的看法和
Cultural diversity quiz 文化多样性测试
Culture in a lab 实验室文化，另见 Laboratory culture

D

Daily to-do list use 每日工作计划表的使用
Delegation and time management 分派和时间管理
Depression and other illnesses 抑郁和其他疾病，另见 Stress and depression among lab members
DiskWarrier 消除目录损坏和恢复数据
Diversity in the laboratory 实验室多样性，见 Cultural differences; Gender issues
Diversity quiz 多样性测试
Division of Sponsored Programs，另见 Office of Sponsored Programs

E

E1 visas E1 签证
E2 visas E2 签证
E3 visas E3 签证
Educational Amendment to Civil Rights Act 民权法教育修正案
EEOC (Equal Employment Opportunity Commission) 平等就业机会委员会
Electronic lab notebooks (ELNs) 实验室电子记录本
E-mail and time management 电子邮件和时间管理
Emergency contacts in a lab 实验室紧急情况的联系
Emotions 情感
communication style and 交流风格和
conflict management and 冲突管理和
cultural differences in expressing 表达的文化差异
dealing with anger 处理(对待)愤怒
depression and other illnesses 抑郁和其他疾病，另见实验室成员的压力和沮丧
EndNote 书目管理软件
Enthusiasm, maintaining 激情维持，见 Maintaining enthusiasm
Equal Employment Opportunity Commission (EEOC) 平等就业机会委员会
Equilibrium among lab members 实验室成员之间的平衡，见 Maintaining personnel equilibrium
Equipment 设备，另见 Supplies
dealing with disputes over 解决争端
for starting a lab 初建的实验室
industry versus academia 企业(界)与学术(界)
maintenance and repair 维护和修理
negotiating for 谈判
Ethics for writing papers 写论文的伦理
establishing a lab ethic 建立实验室伦理
fraud 欺诈
guidelines for dealing with fraud 处理(对待)欺诈指导方针
Ethics in the lab 实验室的伦理
discussing with lab members 与实验室成员讨论
establishing a work ethic 建立工作伦理
maintaining the right atmosphere 维持公正的氛围
modeling expected behavior 成为榜样
Evaluating job candidates 评价候选人
characteristics and qualities to avoid 要避免的性格和品质
enlisting other opinions 征集其他意见
factors to consider 考虑的因素
hiring mistakes 雇佣错误

informing candidates of your decision 通知面试人结果
looking past first impressions 不被第一印象蒙蔽
people from other cultures 来自其他文化的人
visa status and 签证状态
employment-based immigration 基于雇用的移民
F-1 F-1 签证
Green Card 绿卡
H-1B/H-1 H-1B/H-1 签证
J-1/J-2 J-1/J-2 签证
L category L-类签证
other categories 其他类型(签证)
TN TN 签证
visa concerns 签证问题
Evaluations of personnel 个人评价，另见 Laboratory personnel management
Evolution of the lab 实验室演化，另见 Careers in labs
adjusting to changes in lab size 实验室大小改变的调整
allowing lab members to leave 允许实验室成员离开
allowing manuscripts without your name 允许手稿没有你的署名
allowing projects to leave 允许带走项目
changes in nature of P. I.'s work PI 工作本质的改变
delegating public speaking opportunities 代表你在公共场合讲话
maintaining benchtime 保持实验(台)时间
maintaining connections with former lab members 与以前实验室的人保持联系
managerial style and 管理风格和
promotions and 提升和
using a lab manager 使用实验室管理员(经理)

F

F-1 visas F-1 签证
5-year plan 5 年计划
achieving tenure and 获得任期
considerations for 考虑
priority setting and 设置优先性
purpose of 目标
Families and lab work balance 家庭和实验室工作的平衡
avoiding guilt 消除内疚
bringing science into your outside-the-lab life 将科学融入你实验室外的生活
cultural differences and 文化差异和
fitting families into the culture of the lab 让家庭适合实验室文化
having a life beyond the lab 拥有实验室外的生活
having kids 要孩子
organizing your home life 组织你的家庭生活
restructuring your workday to accommodate a family 重建的工作日以适合家庭
FileMaker Pro 试剂日用品的管理软件
Firefox (Mozilla) Firefox 浏览器
Firing 解雇，另见处理非理想雇员的雇用
documenting the problem 问题记录
easing people out 打发走人
offering a warning 给出警告
reasons to fire someone 解雇某人的理由
Firing 另见 Hiring
Foreign job applicants 国外职业申请人
cultural differences questionnaire 文化差异提问
hiring process 雇用过程
language differences and 语言差别和
visa status and 签证状态，另见 Visas 签证
Fraud 欺诈，另见 Ethics in the lab

G

Gender issues 性别问题
communication style and 交流风格
gender-associated speech patterns 性别相关的讲话风格
implications and interpretations of speech 讲话的暗示和解释
maternity/paternity leave 产假/育婴假
Graduate students 研究生
hiring sources 雇佣来源
job objectives 工作目标
training techniques for 培训技术
Grants and Contracts office 基金和签约办公室，

另见资助计划办公室
Grants. gov 联邦政府基金网站
Grants software 基金软件
Green Card 绿卡

H

H-1B/H-1 visas H-1B/H-1 签证
H-2B visas H-2B 签证
H-3 visas H-3 签证
Hans Sherrie 汉斯·雪莉(皮尤基金官员)
Hiring 雇佣，另见 Evaluating job candidates；Firing
administrative assistants sources 行政助理的来源
checklist for new employees 新员工清单
creating training partnerships 创建培训关系
deciding what jobs to fill 取决于要完成的工作
family members 家庭成员
finding potential applicants 寻找潜在的申请人
graduate students sources 研究生来源
industry versus academia 企业(界)对科学(界)
introductory tasks for new hire's first day 新员工第一天工作介绍
patience when setting a timeline for 设定时间后耐心等待
physicians sources 内科医生来源
postdocs sources 博士后来源
process of (雇用)过程，另见 Hiring process relationship establis hment with first hire
screening for violence in the hiring process 在雇用职员过程中甄别暴力
technician sources 技术员来源
undergraduate students sources 本科生来源
Hiring process 雇用过程
establishing a hiring protocol 建立一个雇用流程
foreign applicants 国外申请人
interpreting recommendations 解读推荐信
Interviewing 面试，另见 Interviewing applicants
reference checking 确认介绍人
resume review 简历面试
selection process example 选择过程范例
working with human resources 与人力资源部门工作
Hostile environment harassment 敌意的环境性骚扰，另见 Sexual haras sment 性骚扰
Human Resources (HR) 人力资源
getting help with hiring from 获得雇用帮助
importance of having a relationshipwith 建立关系的重要性
new hire consultation 新的雇用咨询
role in hiring 雇用中的角色
visa status and 签证状态和
working with in the hiring process 在雇用过程中工作

I

ICMJE (International Committee of Medical Journal Editors) 国际医学杂志编辑委员会
Industry versus academia 企业(界)对学术(界)
coworkers 合作者
hiring practices 雇用实践
intellectual freedom and inspiration 学术自由和灵感
personal issues 个人观点
working conditions 工作条件
Information gathering 信息收集
Internet use 互联网使用
keeping up with the field 跟紧领域
sources of information 信息来源
Institutions 机构，另见 Industry versus academia
Intellectual freedom，industry versus academia
Interest-based conflict mediation 基于利益冲突的调解
International Committee of Medical Journal Editors (ICMJE) 国际医学杂志编辑委员会
Internet 互联网
Internet Explorer (Microsoft) IE 浏览器
Interviewing applicants 面试申请人
conducting the interview 进行面试
elements of an effective interview 有效面试的因素
evaluating candidates 评价候选人，另见 Evaluating job candidates
miscellaneous 其他方面(面试)

pregnant applicants 怀孕的申请人
prohibited questions 不能问的问题
purpose of an interview 面试的目的
questionnaires to use 用于(面试)的问题
red flags 亮红旗(反对)
selling the job 推销工作
be honest about the job 忠诚工作
understanding what hirees want 了解雇用所要的
Isolation avoidance among lab members 避免实验室成员的孤独感
Italian workers 意大利工人

J

J-1/J-2 visas J-1/J-2 签证
Japanese workers 日本工人
Job applicants 职位申请人,另见 Hiring process; Interviewing applicants
Journal clubs 期刊俱乐部

K

Keynote (Apple) 苹果演讲软件
Kinesthetic learners 动力型学习者

L

Laboratories 实验室
computer systems use 计算机系统使用,另见 Computers
cultural differences considerations 文化差异的考虑,另见 Cultural differences
culture in 文化,另见 Laboratory culture
elements of a successful lab 成功实验室的元素
organization requirement 组织的需要
qualities of a "good" lab 一个成功的实验室的特质
starting 开始,另见 Starting a laboratory
Laboratory culture 实验室文化
core values and 核心价值和
creating training partnerships 创建培训合作关系
evaluating job candidates for a good fit 评价工作候选人的适合度,另见 Evaluating job candidates
finding a role for everyone 为每个成员找角色
fitting families into 让家庭适合
introductory tasks for new hire's first day 新雇员第一天工作指南
Lab ethics 实验室伦理
discussing with lab members 与实验室成员讨论
establishing a work ethic 建立工作伦理
maintaining the right atmosphere 维持一种公正的氛围
modeling expected behavior 成为期望的榜样
maintaining equilibrium for members 维持实验室人员的平衡,另见 Maintaining personnel equilibrium
making your expectations clear 清楚你的目标
mission statement 使命宣言
money issues 钱的问题
morale awareness 道德意识,另见 Laboratory morale
relationship establishment with first hire 与第一个雇员建立关系
Laboratory Information Management Systems (LIMS) 实验室信息管理系统
Laboratory manager 实验室管理员(经理)
Laboratory morale 实验室道德,另见 Laboratory culture
alcohol policies and 饮酒政策
celebrating successes 庆祝成功
creating rituals 创建惯例
dysfunctional lab indications and solutions 实验室变坏的表现和解决方法
encouraging day-to-day socializing 一天一天的社会工作
encouraging lab get-togethers 鼓励实验室聚会
influences on 影响
motivating people 激励员工,另见 Motivation of personnel romances and; Laboratory romances
Laboratory performance appraisal 实验室绩效考核
Laboratory personnel management 实验室人员管理
allocating time to review others' projects 分配时间审查他人的项目
balancing teamwork and independence 平衡合

作和独立性
building and supporting a team 建立和维持一个团队
collaborations 合作
conflict management 冲突管理，另见 Conflict management
evaluations 评价
firing people 解雇人，另见 Firing
maintaining equilibrium for members. 另见 Maintaining personnel equilibrium
motivation 动机
by example 以身作则
lack of ability versus lack of motivation 能力缺乏与动力缺乏
preventing job burnout 防止工作筋疲力尽
problems caused by a deficit in 缺乏动力引起的问题
sources of motivation 动机的来源
typical problems 典型问题
progress reports requirement 进展报告需要的
recognizing stress and depression 认识压力和抑郁，另见 Stress and depression among lab members
sexual harassment and 性骚扰和 Sexual harassment
training 培训，另见 Training lab personnel
violence in the workplace 实验室暴力，另见 Violence in the workplace
Laboratory policies 实验室守则
creating a manual for 创建一本手册
establishing working hours 建立工作时间
notebooks and 记录本
checking 检查
kind of notebook to use 使用的记录本类型
maintenance of 记录本维持
ownership of (记录本)所有权
setting the requirement for 设定需求
on lab jobs 实验室事务
on maternity/paternity leave 休产假/育婴假
on pregnancy leave 休产假
rules setting considerations 制订规则的考虑
safety 安全
dealing with overreacters 处理太过激
emergency contacts 紧急情况的联络
issues to address 要解决的问题
laboratory safety department 实验室安全部门
vacations and 假期和
Laboratory renovations 实验室装修
Laboratory romances 实验室恋情(罗曼史)
member-to-member 成员与成员间的恋情
P. I. -to-member PI 和成员间的恋情
sexual harassment and 性骚扰和，另见 Sexual harassment
Laboratory Safety Department 实验室安全部门
Laboratory websites 实验室主页
Language differences in a lab 实验室的语言差异
Lcategory visas L 类签证
Leadership of a laboratory 实验室领导
analyzing your style 分析你的风格
being a boss and a colleague 成为一个老板和一个同事
creativity and 创造力
dealing with feelings about power 处理(对待)权力的感觉
deciding what yours will be 决定你的是什么样的
degree of control to exercise 行使控制的程度
personnel management 人员管理，另见 Laboratory personnel management
relationships with subordinates 与下属的关系
skills and qualities of an effective P. I 一个有效 PI 的技能和特质
types of authority 权威的类型
Learning styles 学习风格，另见 Training lab personnel 培训实验室人员
Learning Styles Questionnaire 学习风格调查表
Letters and time management 信件和时间管理
LIMS (Laboratory Information Management Systems) 实验室信息管理系统
Listening and communication 倾听和交流，另见 Communication
Log keeping and setting priorities 保持记录和设定优先级
Lying indications of 说谎 含义是

M

Maintaining enthusiasm 保持激情
changing perceptions of success and 成功的感知改变
dealing with burnout 处理(对待)筋疲力尽
dealing with stress and tension 对待(处理)压力和紧张
professional development resources 专业发展资源
sabbaticals and 学术休假
seeking inspiration 寻找激励
tenure and promotion process and 任期和提升过程
Maintaining personnel equilibrium 保持人员平衡
common lab disputes 常见实验室争端
dealing with disliking a lab worker 对待不喜欢的实验室工人
dealing with everyone disliking a lab worker 对待所有成员都不喜欢的人
playing favorites 偏爱
when to interfere or intervene 什么时候干预或介入
working within the lab culture 在实验室文化下工作
Management of personnel 人员管理，另见 Laboratory personnel management; Leadership of a laboratory
Manual lab 实验室手册
Manuscript construction 手稿的结构，另见 Writing papers Materials Transfer Agreement (MTA)
Maternity/paternity leave 产假/育婴假
Meetings and seminars 会议与学术报告，另见 Communication assessing the need for meetings
attendance policies 出席会议的政策
conducting meetings 主持会议
for brainstorming 头脑风暴
journal clubs 期刊俱乐部
lab time and 实验室时间
nonnative English speakers and 非英语母语讲演者
on the lab's doings 实验室做的
open door policies and 开门的规定
participation expectations 参与实验室会议和讨论
retreat meetings 休假式开会
scheduled one-on-one meetings 预定的一对一会议
unscheduled one-on-one meetings 不定期的一对一会议
with nonscientists 与非科学家
Mental disorders 精神紊乱，另见 Stress and depression among lab members
Mentoring 指导
aiding a shift in focus 协助重点的转移
building a network 建立联系网络
ending a mentoring relationship 结束指导关系
functions of a successful mentor 一个成功导师的作用
influences on mentoring style 影响指导风格
kinds of mentoring relationships 指导关系的类型
members of special interest groups 特殊利益小组成员
qualifications for successful 成功导师的优点
qualities of a good mentor 一个好导师的特质
reasons not to be a mentor 不成为导师的原因
whom to mentor outside your lab 实验室外指导谁
whom to mentor within your lab 实验室内指导谁
Mentors 导师
as a way to stay integrated 保持一体化的方式
avoiding isolation of lab members and 不让实验室人员孤立
choosing a mentor 找一个导师
finding a mentor 找到一个导师
functions of a successful mentor 一个成功导师的作用
qualities of a good mentor 一个好导师的特质
role models and 榜样的作用
seeking out for help with your career 寻求你职业上的帮助
the mentoring relationship 指导关系
value of 价值

Mission statement 使命宣言
Money-tracking programs 记录资金的去向
Morale. 道德，另见 Laboratory morale
Motivation-defined learning style 动机定义的学习类型
Motivation of personnel 人员的动机
  by example 以身作则
  involvement in projects and 参与项目
  lab morale and 实验室道德
  lack of ability versus lack of motivation 能力缺乏与动力缺乏
  maintaining interest in your field 维护你领域内的利益
  motivating by example 以身作则
  organizing with computers 用计算机组织
  preventing job burnout 防止工作筋疲力尽
  problems caused by a deficit in 缺乏动力导致的问题
  sources of motivation 动力的源泉
  typical problems 典型问题
Mozilla firefox 浏览器
MTA (materials transfer agreement) 材料转让同意书

N

Nature《自然》(杂志)
Negotiation strategies 谈判策略
  conflict management and 冲突管理
  for administrative assistant support 行政助理支持
  for salaries 薪水
  industry versus academia 企业与学术
  interest-based conflict mediation 基于利益的冲突的调解
  when moving the lab 什么时间搬迁实验室
  when starting a lab 什么时候创建实验室
  work-life balance and 工作-生活平衡
Netherlands 荷兰
Nonscientists and communication 非科学家和交流
Nonverbal communication 非语言交流
Northern Lights Software 北极光软件
Notebook policies 笔记本政策
  checking 检查
  kind of notebook to use 实验笔记本的类型
  maintenance of 维护
  ownership of (笔记本)主人
  setting the requirement for 设定需要

O

O-1 visas O-1 签证
Office of Public Health and Science 公共健康和科学办事处
Office of Research Integrity 科研诚信办公室
Office of Sponsored Programs (OSP) 办公室资助计划
Open door policies 开门政策
OpenOffice 文字处理软件
Opera 浏览器
Organizing the lab 组织实验室
  computers systems and 计算机系统和
  backing up data 备份数据
  databases for supplies 日用品数据库
  distributing reagents 赠送试剂
  maintenance and repair 维护和修理
  ordering reagents and supplies 订购试剂和日用品
  personnel computer requirements 个人计算机配件
  protocols and 流程和
  record keeping 保持记录
  software selection 软件选择
  tracking money 记录资金的去向
  correspondence streamlining 流线型通讯
  e-mail 电子邮件
  letters 信件
  phone calls 打电话

P

Papers 论文，另见 Writing papers
Patents 专利
  keeping a lab notebook and 保留实验记录本
  writing papers and 写论文和
Paternity leave 育婴假
Perfectionism and time management 完美主义者和时间管理
Personality profiling 性格分析
Petersen Anne 安妮·皮特森

Phone calls and time management 电话和时间管理

Physicians (内科)医生

hiring sources 雇用来源

job objectives 工作目标

training techniques for 培训技术

typical motivation problems 典型动机问题

Planning a laboratory 计划实验室

5-year plan 5 年计划

checklist for supplies 日用品清单

initial tasks for a new P. I. 新 PI 的起初计划

mission statement 使命宣言

people to build relationships with 建立关系的人

start-up deals from companies 公司的启动配套

typical first-year administrative problems 典型的第一年管理问题

Policies laboratory 实验室政策，另见 Laboratory policies

Postdocs 博士后

deciding when to hire 决定何时雇用

hiring sources 雇用来源

interviewing 面试

interview questions 面试问题

job objectives 工作目标

J visas and J 类签证

status in industry 在企业的状态

training techniques for 培训技术

typical motivation problems 典型动机问题

PowerPoint (Microsoft) 演讲软件

Pregnant lab personnel 怀孕人员

as job applicants 作为工作申请人

pregnancy leave policies 孕假政策

safety and 安全

Preparing future faculty 准备未来教师

Presentation software 演讲软件

ProCite 书目管理软件

Procrastination 拖延

styles and examples of 风格和举例

techniques for dealing with 处理的技术

Professional development resources 专业发展资源

Project (Microsoft) 项目(微软)

Project management 项目管理

allowing secret projects 允许私下项目

balancing teamwork and independence 平衡团队工作和独立性

building and supporting a team 建设和支持团队

collaboration policy 合作政策

considerations for setting a focus 考虑聚焦重点

good data generation as a goal 以好数据的产出作为目标

knowing your objectives 知道你的目标

responsibilities of the P. I. PI 的职责

safety and risk considerations 安全性和风险考虑

software for 软件

technicians and research associates roles 技术员和研究助理的作用

Project management software 项目管理软件

Promotions 提升，另见 Tenure

Protocols organizing 流程组织

Publication 发表，另见 Writing papers

PubMed 公共医学网站

R

Reagents 试剂

distribution guidelines 赠送试剂

establishing databases for 建立数据库

ordering 订购

Recommendations 推荐信

foreign applicants 国外申请人

interpreting 解释

privacy and 隐私和

red flags concerning 亮红灯

writing negative 写负面作用的

Reference checking 推荐信检查

Reference Manager 参考文献管理器

Renovations lab 实验室装修

Request for materials 索取材料

Resume review for hiring 雇用的简历面试

Retreat meetings 休假式会议

Romances laboratory 实验室恋情

member-to-member 成员与成员间

P. I. -to-member PI 与成员之间

sexual harassment and 性骚扰和，另见 Sexual

harassment
Running a lab 运行一个实验室
critical skills needed 需要的关键技能
leadership style and 领导风格
analyzing your style 分析你的风格
being a boss and a colleague 成为一个老板和同事
creativity and 创造力
dealing with feelings about power 对待权力的感觉
deciding what yours will be 决定你将成为的
degree of control to exercise 行使控制的程度
relationships with subordinates 与下属的关系
skills and qualities of an effective P. I. 有效 PI 的技能和特质
types of authority 权威的类型
staying organized 保持组织化的，另见 Organizing the lab
training requirements 训练的需要

S

Sabbaticals 学术休假
Safari (Apple) 浏览器
Safety 安全
dealing with overreacters 对待过火
emergency contacts 紧急联系
issues to address 要解决的问题
laboratory safety department help 实验室安全部门的帮助
Salary negotiations 薪水商谈
Science《科学》(杂志)
Secretaries 秘书，另见 Administrative assistant
Seminars 学术讨论会，另见 Meetings and seminars
Sexual harassment 性骚扰
avoiding charges of 避免指控
defined 定义
federal laws prohibiting 联邦法律禁止
responsibility to publicize policies 公开化政策的责任
steps to take if a complaint is made 如果抱怨形成采取的步骤
steps to take if you are harassed 如果你被骚扰采取的步骤
Situational interviews 情景面试
Slemmon Randall 司来曼・兰道尔
Small talk and communication 小型谈话和交流
Smartphones 智能手机
Software for the lab 实验室软件
Starting a laboratory 创建实验室
assessing the host organization 评估主办机构
checklist for supplies 日用品清单
industry versus academia 企业与学术
coworkers 合作者，同事
intellectual freedom and inspiration 文化自由和激励
personal issues 个人问题
working conditions 工作条件
influences on the organization 对机构的影响
forces outside the organization 组织外部的力量
within academia 学术(界)
within industry 企业内
lab renovations and 实验室装修
negotiation items 谈判项目
ordering supplies 订购日用品
Stress and depression among lab members 实验室成员之间的压力和抑郁
dealing with stress 对待压力
depression and other illnesses 抑郁和其他疾病
mental disorders 精神紊乱
reactive responses 对压力的反应
suicide and 自杀
Stress interviewing 压力面试
Structured interviews 结构面试
Student 学生
deciding when to hire 决定何时雇用
interview questions 面试问题
typical motivation problems 典型的动机问题
Suicide awareness 自杀警告
Supplies 日用品，另见 Equipment
checklist for 清单
databases for 数据库
ordering 订购
Sweden 瑞典

T

Tactile/kinesthetic learners 触觉型/动觉型学习者

Technicians/lab assistants 技术员 /实验室助手
as authors 作为作者
deciding when to hire 决定何时雇用
hiring sources 雇用资源
interview questions 面试问题
job objectives 工作目标
role in picking projects 在选择项目中的角色
status in industry 工业状态
training techniques for 技术培训
typical motivation problems 典型动机问题
Tenure 任期
5-year plan 5 年计划
surviving the process 幸存的过程
time management strategy and 时间管理策略
writing papers and 撰写论文
Time management 时间管理
avoiding interruptions 避免干扰
correspondence streamlining 流线型通讯
e-mail 电子邮件
letters 信件
phone calls 打电话
daily to-do list use 每日工作计划表的使用
delegation 分派
identifying your work style 确定你的工作风格
organization 组织
computer use 使用计算机
office purpose and 办公室目的
paper-based systems 基于论文的系统
smartphones use 智能手机的使用
perfectionism and 完美主义者
P. I responsibilities PI 的责任
priority setting 优先级设置
log keeping and 保持记日志
matrix for important versus urgent 重要的对紧急的矩阵
procrastination and 拖延
procrastination 拖延
styles and examples of 风格和举例
techniques for dealing with 处理的技术
speed-reading 快速阅读
tenure strategy and 任期策略
typical P. I complaints 典型的 PI 抱怨
typing improvement 打字改进
Time Management Matrix 时间管理矩阵
TN visas TN 签证
Training lab personnel 培训实验室人员
learning styles 学习风格
requirement to do it 做事需要的
teaching strategies for different learning styles 数不同学习风格的教学策略
techniques for specific workers 特别个人的技术
topics to teach 教的主题
training plan steps 培训计划步骤

U

Undergraduate students 本科生
hiring sources 雇用资源
job objectives 工作目标
training techniques for 培训技术
Uniform Requirements for Manuscripts(URM) 投稿统一要求
Utility and recovery programs 实用程序和恢复程序

V

Vacation policies 假期政策
Violence in the workplace 实验室暴力
defusing volatile situations 缓解暴力风险的局势
discerning potential violence 潜在暴力的甄别
predicting 预见
preventing 防止
screening for in the hiring process 雇用过程中甄别暴力
Visas 签证
concerns about 关心
employment-based immigration 基于雇用的移民
F-1 F-1 签证
Green Card 绿卡
H-1B/H-1 H-1B/H-1 签证
J-1/J-2 J-1/J-2 签证
L category L 类签证
other categories 其他类型签证
TN TN 签证
Visual learners 视觉型学习者

W

Websites laboratory 实验室网页
Word processing software 文字处理软件
Writing papers 撰写论文
  authorship 作者身份
    accountability for 署名权
    guidelines for 指南
    papers left unwritten 未写完的论文
    technicians as authors 技术员作为作者
  deciding when a paper should be written 决定什么时间写论文
  deciding who will write the paper 决定谁来写论文
  ethical considerations 伦理考虑
    establishing a lab ethic 建立实验室道德
    fraud 欺诈
    guidelines for dealing with fraud 处理欺诈的指南
  importance of 重要性
  manuscript construction 手稿结构
  patents and 专利

索　　引